河南省"十四五"普通高等教育规划教材

普通高等教育网络空间安全系列教材

IPv6 网络安全

主　　编　张连成

副主编　程兰馨　杜雯雯　郭毅　王阳

主　　审　朱俊虎

U0252515

科学出版社

北　京

内 容 简 介

互联网正在从 IPv4 向 IPv6 过渡，IPv6 规模应用为解决网络安全问题提供了新平台，为提高网络安全管理效率和创新网络安全机制提供了新思路。本书围绕 IPv6 网络与安全的相关概念、基本流程、关键技术等组织内容，将其切分为基础知识、安全威胁分析、安全防护三个逐步推进的层次，对 IPv6 网络与安全所涉及的基础知识、基本技术与主要方法进行讲解，以期提高读者的"IPv6+安全"综合能力。

本书适合作为高等学校网络空间安全、信息安全、网络工程、计算机科学与技术、软件工程等专业的配套教材，也可供有一定基础的本科生、研究生或研究人员作为参考资料。

图书在版编目（CIP）数据

IPv6 网络安全 / 张连成主编. -- 北京：科学出版社，2024. 11.
（河南省"十四五"普通高等教育规划教材）（普通高等教育网络空间安全系列教材）. -- ISBN 978-7-03-080085-5

Ⅰ. TN915.04

中国国家版本馆 CIP 数据核字第 2024H11G60 号

责任编辑：于海云 滕 云/责任校对：王 瑞
责任印制：师艳茹 / 封面设计：马晓敏

科 学 出 版 社 出版

北京东黄城根北街 16 号
邮政编码：100717
http://www.sciencep.com

三河市骏杰印刷有限公司印刷
科学出版社发行 各地新华书店经销

*

2024 年 11 月第 一 版 开本：787×1092 1/16
2024 年 11 月第二次印刷 印张：15
字数：380 000

定价：65.00 元

（如有印装质量问题，我社负责调换）

前　言

党的二十大报告指出："国家安全是民族复兴的根基，社会稳定是国家强盛的前提。"推进国家安全体系和能力现代化，以新安全格局保障新发展格局，是党的二十大对健全包括网络在内的一系列国家安全体系提出的新要求。

随着互联网规模的急剧膨胀及新型应用的不断涌现，IPv4 暴露出一系列严重问题，已难以适应现代社会对网络的迫切需求，互联网正在从 IPv4 向 IPv6 过渡。2017 年 11 月 26 日，中共中央办公厅、国务院办公厅印发的《推进互联网协议第六版（IPv6）规模部署行动计划》明确提出：IPv6 规模应用为解决网络安全问题提供了新平台，为提高网络安全管理效率和创新网络安全机制提供了新思路。

清华大学、北京邮电大学、郑州大学等高校均已开设 IPv6 下一代互联网的相关课程，国内也已先后出版和翻译多部 IPv6 下一代互联网相关的教材，对我国 IPv6 下一代互联网人才培养发挥了重要作用。

本书是作者在 10 余年的 IPv6 网络与安全教学科研积累的基础上，结合该领域的最新协议规范与科研成果编写完成的。围绕 IPv6 网络基础、IPv6 网络安全威胁分析、IPv6 网络安全防护三个逐步推进层次组织教学内容，对 IPv6 网络与安全所涉及的基础知识、基本技术与主要方法进行讲解，以期提高读者的"IPv6+安全"综合能力。

本书分为三部分，共 12 章。第一部分为 IPv6 网络基础，包括第 1~5 章。第 1 章介绍 IPv6 产生背景、协议标准化、特性与优势、全球部署、发展应用等情况，并解释 IPv6 典型术语；第 2 章介绍 IPv6 地址、IPv6 报头、IPv6 扩展报头的格式、类型与用途等；第 3 章介绍 ICMPv6 和邻节点发现协议的基本概念、数据结构、主要功能及运行机制等；第 4 章介绍 IPv6 地址自动配置和 RIPng、OSPFv3、BGP4+等路由协议的基本原理、典型特点等；第 5 章介绍双栈、隧道与翻译三类 IPv6 过渡机制的基本原理、主要技术与特点等。第二部分为 IPv6 网络安全威胁分析，主要针对 IPv6 网络、协议机制和协议栈实现等存在的安全威胁进行分析，包括第 6~9 章。第 6 章针对 IPv6 地址与报头的安全威胁展开分析；第 7 章围绕 ICMPv6 与邻节点发现协议的安全威胁进行分析；第 8 章介绍 IPv6 地址自动配置与路由协议存在的安全威胁；第 9 章对 IPv6 过渡时期双栈、隧道以及翻译技术存在的安全威胁予以分析。第三部分为 IPv6 网络安全防护，包括第 10~12 章。第 10 章介绍 IPsec 协议、安全邻节点发现协议等 IPv6 网络安全协议；第 11 章介绍地址隐私保护、真实源地址验证、RA-Guard、DHCPv6-Shield 等 IPv6 网络安全机制；第 12 章介绍 IPv6 通用安全防护措施，并从企业、服务提供商、家庭用户角度分别介绍 IPv6 网络安全防护措施。

本书由张连成担任主编，由程兰馨、杜雯雯、郭毅和王阳担任副主编，其中第 1 章由杜雯雯、张连成编写，第 2、3 章由杜雯雯编写，第 4、5 章由程兰馨编写，第 6、7 章及第 9~11 章由张连成编写，第 8 章由郭毅编写，第 12 章由王阳编写。全书由张连成进行统稿，朱俊虎教授作为本书的主审，对全书内容进行了审定。林斌、王吉昌、杨超强、夏文豪、任鸣越、胡明、刘孟凡、方亚开、朱浩杰等多位博士及硕士研究生参与了本书部分章节的资料搜集与整理工作,作者在此对他们一并表示感谢。

在本书成稿过程中,作者参考了部分专家学者的著作、论文等,在此对相关作者表示诚挚的谢意。

科学出版社编辑老师对本书进行了仔细审查并提出了很多建设性的意见及建议,使得本书内容更加完善和专业,感谢他们的辛勤付出。

尽管作者尽了最大的努力,但是由于 IPv6 网络与安全技术的不断发展,限于作者的能力与水平,书中仍难免存在疏漏之处,恳请领域专家和广大读者不吝赐教,以利修订。

作 者

2023 年 10 月

目　　录

第一部分　IPv6 网络基础

第三部分 IPv6 网络安全防护

第一部分 IPv6 网络基础

第 1 章 IPv6 概述

IPv6 是与互联网协议第 4 版（internet protocol version 4, IPv4）作用相同的网络层协议，与 IPv4 既有相同之处，又有显著差别，具备众多超越 IPv4 的新特性。

本章首先阐述 IPv4 面临的主要问题与 IPv6 的产生背景，而后介绍 IPv6 标准化情况，分析 IPv6 的特性与优势，介绍全球 IPv6 部署、IPv6 发展与应用情况，最后简要阐述 IPv6 涉及的典型术语。

1.1 IPv6 产生背景

IPv4 最初定义于 RFC 760（1980 年 1 月），RFC 760 后被 RFC 791 取代（1981 年 9 月）。40 多年来，IPv4 支持着互联网从小规模到大规模，直至今天在全球范围内应用的持续发展，这表明 IPv4 具备较好的互操作性和健壮性，然而，由于 IPv4 在设计之初未曾考虑支持全球级超大规模、超高带宽以及多媒体应用、移动互联、物物连接和安全管理等各个领域的广泛需求，日益显现出局限性。

IPv4 网络存在地址极度匮乏、路由急剧膨胀、配置不够方便、通信难保安全、服务质量（quality of service, QoS）提升困难等问题。

1. 地址极度匮乏

2019 年 11 月 25 日，负责英国、欧洲、中东和部分中亚地区互联网资源分配的欧洲网络协调中心宣布：全球所有 IPv4 地址已分配完毕，这意味着没有更多的 IPv4 地址可以分配给互联网服务提供商（internet service provider, ISP）和其他大型网络基础设施提供商。

此外，IPv4 地址采用 32 位（bit）的二进制数进行标识，虽然理论上可提供近 43 亿个地址，但实际上能用于分配的地址远远小于该数目，且分配极不均衡。中国互联网络信息中心（China Internet Network Information Center, CNNIC）第 51 次《中国互联网络发展状况统计报告》数据显示，截至 2022 年 12 月，我国 IPv4 地址数量为 39182 万个，而我国网民规模则达 10.67 亿，网民人均不足 0.37 个 IPv4 地址。其结果是：一方面被占用的地址大量空置；另一方面 IPv4 地址短缺迫使一些机构不得不通过网络地址转换（network address translation, NAT）技术把一个公共互联网协议（internet protocol, IP）地址映射为多个内部 IP 地址。尽管 NAT 支持对内部 IP 地址的重用，但它同时也造成了性能和应用的瓶颈。

2. 路由急剧膨胀

随着全球互联网用户与节点的不断增长，为提高 IPv4 地址使用率，现有 IPv4 地址分配较为分散，本属于同一网络的地址被分配给多个物理位置分散的子网络，导致决定着数据传输路由的路由表由于数目过多而出现膨胀现象，在很大程度上增加了路由的查找和存储开销，从而导致互联网效率出现了瓶颈现象，虽然人们发明了无类别域间路由（classless inter-domain routing, CIDR）技术，并且在一定程度上缓解了该问题，但是仍然有一些地址空间是不能改造的。

3. 配置不够方便

IPv4 诞生之初，互联网的结构以固定和有线为主，所以 IPv4 没有考虑对移动性的支持。在当前 IPv4 的实现方案中，多数情况下都要进行手动地址配置或使用动态主机配置协议（dynamic host configuration protocol, DHCP）对 IPv4 地址进行配置。随着越来越多的计算机和移动设备使用 IP，需要一种更加简便和自动化的地址配置方式，或者一种不需要依赖 DHCP 管理的配置方式。

4. 通信难保安全

途经公网（如互联网）的专用通信需要使用加密服务，以保证所传输的数据不会在传输过程中被窃取或者修改。尽管当前存在相关的标准，如互联网安全协议（internet protocol security, IPsec），可以为 IPv4 数据包的传输提供安全保证，但因为这个标准对 IPv4 来说是可选的，没有任何强制性措施用以保证 IPsec 在 IPv4 中的实施。

5. QoS 提升困难

尽管 IPv4 中已有服务质量（QoS）标准，但对实时通信流传送的支持还是依赖于 IPv4 中的服务类型（type of service, ToS）字段和报文标识，这些字段和标识通常使用用户数据报协议（user datagram protocol, UDP）或者传输控制协议（transmission control protocol, TCP）端口。遗憾的是，IPv4 的 ToS 字段功能有限，而且经过一段时间以后，它被重新定义，并在本地解析。当 IP 数据包的载荷以加密形式传送时，报文标识也无法从 TCP 或 UDP 中提取使用。

此外，IPv4 还面临寻址效率低、安全问题多、移动支持差等问题。为解决 IPv4 存在的上述以及其他相关问题，因特网工程任务组（Internet Engineering Task Force, IETF）开发了一套新的协议和标准，即互联网协议第 6 版（IPv6），吸纳了许多用于更新 IPv4 的新思想和新方法，并力图使其对上、下层协议造成的影响达到最小。

1.2　IPv6 协议标准化情况

早在 20 世纪 90 年代初期，因特网工程任务组就开始着手下一代互联网协议（IP the next generation, IPng）的制定工作，1992 年 6 月，IETF 公开征求对 IPng 的建议。1994 年 12 月，RFC 1726 技术评议标准推荐了 3 个主要建议：下一代互联网协议通用体系结构（common architecture for next generation internet protocol, CATNIP）、增强的简单互联网协议（simple internet protocol plus, SIPP）、在无连接网络协议（connectionless network protocol, CLNP）更大编址上的 TCP/UDP（TCP and UDP with bigger addresses, TUBA）。依据 RFC 1726 文档提出的 17 条评议标准，IETF 认为 CATNIP 不够完整，不考虑采用，而 SIPP 和 TUBA 也存在各自的问题，需要进行改进。

　　1994 年 7 月，IETF 决定以 SIPP 作为 IPng 的基础，对 SIPP 进行改进，所给出的新 IP 称为 IPv6。1995 年，由思科（Cisco）公司的 Steve Deering 和诺基亚（Nokia）公司的 Robert Hinden 起草完成了 IPv6 的草案。

　　1998 年 12 月，IPv6 规范 RFC 2460（标准跟踪）发布，1999 年，IETF 要求的协议审定和测试完成，该征求意见稿（request for comments, RFC）文档规定：采用 128 位地址空间，采用可实现路由汇聚和管理的层次结构地址；提供无状态和有状态两种地址分配方案，实现地址自动配置；简化 IP 报头，改进 IP 报头的数据结构，采用扩展报头以适应网络服务的新要求；改进了 ICMP，形成 ICMPv6，提供邻节点发现（neighbor discovery, ND）协议，支持移动 IPv6（mobile IPv6, MIPv6）；把 IPsec 作为 IPv6 组成部分，提供认证和加密等安全机制。

　　2016 年 11 月 7 日，因特网架构委员会（Internet Architecture Board, IAB）官方正式发布声明：建议 IETF 停止在新的或扩展的协议中兼容 IPv4，且未来的 IETF 协议工作将优化并依赖于 IPv6。2017 年 7 月，IPv6 标准 STD86（IPv6 规范）和 STD87（IPv6 路径最大传输单元发现）发布。

　　因此，IPv4 网络向 IPv6 网络的过渡和迁移已经是大势所趋。截至 2023 年 8 月 1 日，与 IPv6 相关的 RFC 标准已有 579 项，2022 年新增和更新 IPv6 相关 RFC 文档共计 9 项，2023 年新增和更新 IPv6 相关 RFC 文档共 8 项（截至 2023 年 8 月 1 日）。

　　目前，IETF 中负责 IPv6 标准制定的活跃工作组有三个：6man 工作组、v6ops 工作组和 6lo 工作组。

　　1. 6man 工作组

　　6man（IPv6 Maintenance）工作组是 IETF 中负责 IPv6 维护和改进的工作组，其主要任务是处理 IPv6 的漏洞、技术问题和改进需求，以确保 IPv6 的正确性、稳定性和互操作性。该工作组关注的领域包括 IPv6 本身的核心规范、扩展选项、传输和路由协议、邻节点发现、IP 安全等方面。

　　6man 工作组的工作主要涉及以下几个方面。

　　（1）IPv6 核心规范的维护和更新：负责审查和改进 IPv6 核心规范，包括 IPv6 的基本规范。

　　（2）技术问题和漏洞的处理：工作组成员通过讨论和协作，处理 IPv6 中的技术问题和漏洞，并提出相应的改进建议。

　　（3）扩展选项和扩展报头的定义和管理：负责制定和管理 IPv6 中的扩展报头和选项，以满足特定应用和需求的扩展性要求。

　　（4）邻节点发现协议的改进：关注 IPv6 邻节点发现协议，致力于提高其性能、安全性和可靠性。

　　（5）IPv6 安全性的增强：讨论和提出关于 IPv6 的安全性增强措施和当前最佳实践（best

current practice, BCP），以保护 IPv6 网络的安全。

2. v6ops 工作组

v6ops（IPv6 Operations）工作组负责演进机制、工具和部署运营方面的标准化工作，其前身是 2002 年解散的 NGtrans（Next Generation Transition）工作组。

该工作组的主要职责是：根据运营商和用户的要求和建议，研究 IPv4/IPv6 互联网在运营或操作交互方面的问题，并确定这些问题的解决方案或变通方案等；发布一些信息类 RFC 文档，指导应用开发人员开发出与 IP 相独立的应用和业务，即开发出同时适用于 IPv4 和 IPv6 的应用；发布一些信息类或当前最佳实践类 RFC 文档，确定和分析在公用网络环境中 IPv6 的设计方案；明确在上述环境中部署 IPv6 所面临的开放运营或安全问题，并将其归档为 RFC 或 ID，负责对演进/过渡机制的推进工作。

3. 6lo 工作组

6lo（IPv6 over Networks of Resource-constrained Nodes）工作组是 IETF 中负责将 IPv6 扩展到资源受限节点（如传感器和无线设备）的网络环境中的工作组，其主要目标是解决在计算、存储和带宽等资源受限的设备和网络中使用 IPv6 的问题，致力于制定适用于资源受限节点的 IPv6 扩展和优化的标准，以实现在这些节点上高效运行 IPv6。

具体而言，6lo 工作组的工作重点包括以下几个方面。

（1）压缩：关注在资源受限环境中减小 IPv6 报文的大小，以减少通信开销。探索和制定各种压缩技术的机制，包括报头压缩、地址压缩、数据包分片等。

（2）适配层：探索和定义适用于资源受限节点的适配层协议，使其能够在 IPv6 上运行。这些适配层协议可以是基于 IEEE 802.15.4、蓝牙低能耗（bluetooth low energy, BLE）、远距离无线电（long range radio, LoRa）等无线技术的扩展。

（3）邻节点发现和路由：研究和提出适用于资源受限节点的邻节点发现和路由协议，以支持节点之间的发现和通信，着眼于减少通信开销和能耗，提高网络的可靠性和效率。

（4）安全性：关注在资源受限节点中实现 IPv6 通信的安全性，研究和定义适用于这些节点的安全机制和协议，以保护通信的机密性、完整性和认证性。

1.3 IPv6 特性与优势分析

IPv6 是为了解决 IPv4 所存在的问题而提出的，同时，它还在许多方面进行了改进，IPv6 与 IPv4 的典型区别如表 1.1 所示。

表 1.1 IPv6 与 IPv4 的典型区别

IPv4 主要特点	IPv6 主要特点
源地址和目的地址的长度为 32 位（4 字节）	源地址和目的地址的长度是 128 位（16 字节）
对 IPsec 的支持是可选的	早期要求必须支持 IPsec，RFC 6434（2011 年 12 月，信息类）之后改为可选，RFC 8504（2019 年 1 月，当前最佳实践类）保留了该建议

续表

IPv4 主要特点	IPv6 主要特点
在 IPv4 报头中，没有设计通信流标识，路由器无法进行 QoS 管理	IPv6 报头中使用流标签字段来标识通信流，使得路由器可以进行 QoS 管理
数据包拆分操作在发送主机和中间路由器上都会进行，在路由器上进行数据包拆分会降低路由器的性能	数据包拆分只在发送主机上进行
对链路层数据包的大小没有要求，必须能重组 576 字节的数据包	链路层必须支持 1280 字节的数据包，必须能重组 1500 字节的数据包
报头中包含校验和字段	报头中不包含校验和字段
报头中包含选项	所有选项都被移到 IPv6 扩展报头中
地址解析协议（address resolution protocol, ARP）使用广播 ARP 请求帧，将 IPv4 地址解析为链路层地址	ARP 请求报文被组播邻节点请求（neighbor solicitation, NS）报文取代
使用互联网组管理协议（internet group management protocol, IGMP）来管理本地子网的组成员	IGMP 被组播侦听者发现（multicast listener discovery, MLD）协议所取代
互联网控制报文协议第 4 版（internet control message protocol version 4, ICMPv4）路由器发现是可选的，它可用于确定最佳默认网关的 IPv4 地址	ICMPv4 路由器发现被 ICMPv6 的路由器请求（router solicitation, RS）和路由器公告（router advertisement, RA）报文所取代，且必须实现
使用广播地址把通信流发送给子网上的所有节点	IPv6 中没有广播地址，作为替代，它使用链路本地范围内所有节点的组播地址（ff02::1）
必须手动或通过 DHCP 来配置 IPv4 地址	除了手动配置和 IPv6 动态主机配置协议（dynamic host configuration protocol for IPv6, DHCPv6）有状态地址自动配置，还可以无状态地址自动配置（stateless address autoconfiguration, SLAAC）
使用域名系统（domain name system, DNS）中的主机地址资源记录（address record, A 记录）将主机名映射为 IPv4 地址	使用 DNS 中的 AAAA 记录（quad-A record）将主机名映射为 IPv6 地址
使用 IN-ADDR.ARPADNS DNS 域中的指针资源记录（pointer record, PTR）将 IPv4 地址映射为主机名	使用 IPv6.INT DNS 域中的指针资源记录（PTR）将 IPv6 地址映射为主机名

1.3.1　IPv6 特性分析

IPv6 主要有巨大的地址空间、高效的寻址结构、便捷的即插即用（plug and play）、简短的报头格式、内置的 IP 层安全、增强的服务质量、良好的功能扩展和优化的移动支持等特性。

1. 巨大的地址空间

IPv6 源地址和目的地址都是 128 位（16 字节）的。128 位可以表达超过 3.4×10^{38} 种可能的组合，IPv6 巨大的地址空间在设计上允许使用多级的子网划分和地址分配，涵盖范围从互联网骨干到机构组织内部的各个子网。

IPv6 有充足的地址空间可供分配使用，不仅可为每个互联网用户分配 IPv6 地址，而且可以为移动电话、汽车、仪表、电器等分配 IPv6 地址，使得可连入互联网设备的数目几乎不受限制的持续增长。

由于 IPv6 有足够多的可用地址，不再需要 NAT 和 CIDR 技术来节约公共地址空间，因而对于应用程序和网关的开发者来说，地址和端口映射所带来的问题也随之消失。更重要的是，由于使用了不会在中途改变的地址，互联网上主机间的端到端（end-to-end）通信得以重建。随着对等音频、对等视频和其他个人通信实时协作技术的出现，这种功能上的重建将具有巨大的意义。

同时，128 位的地址长度也更能适应芯片和 CPU 的处理方式，对未来网络的发展有很好的适应性。

2. 高效的寻址结构

在 IPv4 中，一旦用户从某机构申请到一块地址空间，则将永远使用该地址空间，无论是从哪个互联网服务提供商（ISP）获得服务的，即地址空间是用户拥有的。这种方式的缺点是 ISP 必须在路由表中为每个用户的网络号维护相应的表项。随着用户数的增加，会出现大量无法汇聚的特殊路由，即使是 CIDR，也难以处理由此引发的路由表爆炸现象。

路由表的持续增长已成为当前互联网的严重问题之一，更加严重和急迫的问题还包括路由表的稳定性，只要一个路由"扰动"或状态发生变化，整个互联网骨干中的边界网关协议（border gateway protocol, BGP）进程都必须重新计算。路由"扰动"的次数越多，互联网的稳定性就越差，而且这种情况每天都在发生。

IPv6 改变了地址分配方式，从用户拥有地址变成了 ISP 拥有地址。互联网中 IPv6 全球地址的设计意图就是创建一个高效、分层的路由结构，因特网编号分配机构（Internet assigned numbers authority, IANA）分配给 ISP，用户的全球单播地址是 ISP 地址空间的子集，每当用户改变 ISP 时，全球单播地址必须更新为新 ISP 提供的地址。这样，骨干路由器具有更小的路由表，这种路由表对应着全球 ISP 的路由结构，ISP 能有效地控制路由信息，避免路由表爆炸现象的出现。

另外，IPv6 全球单播地址分层的等级结构也有利于 IP 地址的聚合，这意味着在机构的路由表中和互联网骨干路由器中只有很少的路由需要分析，其结果就是通信流量能以更高的速率被转发，这就使得今后使用多种数据形式、需要高带宽的应用程序时可以具备更高的性能。

根据 IPv6 地址结构体系的特点，结合目前地址分配的现状，也可以看出 IPv6 地址分配策略正在向如下趋势发展：利于市场推广与商业应用、便于移动、需时即连或持续在线、便于管理与应用、保证用户网络的服务质量。

3. 便捷的即插即用

此处的即插即用功能是指计算机在接入网络时，可以自动获取登录所需参数的自动配置和地址检索等功能，无须任何人工干预即可将节点接入网络。在 IPv6 中，利用邻节点发现、节点地址自动配置、路由器公告、路由器请求、路径最大传输单元发现等诸多新技术，实现 IPv6 网络的自动发现及自动配置等功能，从而大幅度减少管理者对网络配置、维护和地址映射管理的工作量。同时，移动节点也可以方便地在任何地方随时接入网络。

为简化主机配置，IPv6 既支持有状态地址配置（如有 DHCPv6 服务器时的地址配置），也支持无状态地址配置（如没有 DHCPv6 服务器时的地址配置）。在无状态地址配置中，链路上的主机会自动地为自己配置适合该条链路的 IPv6 地址，如链路本地地址或者路由器所公告网络前缀的 IPv6 地址等，甚至在没有路由器的情况下，同一链路上的所有主机也可以自动配置它们的链路本地地址，这样不用手动配置也可以进行通信。链路本地地址在瞬间就能自动配置完成，因此同一链路上节点的通信几乎是立即进行的。

当然，自动配置并不是 IPv6 节点分配地址的唯一方法，手动配置也可以为节点配置 IPv6 地址。对 IPv6 路由器来说，必须进行手动配置。

4. 简短的报头格式

IPv6 与 IPv4 在报头上的主要区别在于 IPv6 报头（为跟 IPv6 扩展报头进行区分，又称 IPv6 基本报头）采用了新的格式，将一些非根本性和可选的字段移到了 IPv6 报头之后的扩展报头中。

在 IPv4 报头中有 14 个字段（含选项与填充字段），IPv6 报头中只有 8 个字段。IPv6 数据包由一个报头和零个或多个扩展报头构成，可选字段存放在扩展报头中。如果没有可选字段，扩展报头就不需要，这样就可以缩短 IPv6 数据包的长度。

报头格式的简化使 IP 的某些工作方式发生了变化：因为所有 IPv6 报头的长度统一，所以不再需要报头长度字段；IPv6 中分片只在源节点进行，中间路由器不再对流经数据包进行分片，减轻了中间路由器的工作负载；去掉 IP 报头校验和并不影响可靠性，主要是因为报头校验和将由更高层协议（TCP/UDP）负责。

虽然 IPv6 地址位数是 IPv4 地址位数的 4 倍，但是 IPv6 报头长度仅是 IPv4 报头长度的 2 倍，且其长度固定，故不需要消耗过多的内存容量。而且，IPv6 报头要处理的字段由 IPv4 报头的 14 个（含选项与填充字段）减少到 8 个，从而大大减少了路由器上的处理内容，CPU 耗费较少。

值得注意的是，IPv4 报头和 IPv6 报头不具有互操作性。从功能上说，IPv6 并不是 IPv4 的超集，也就是说它并不向下兼容 IPv4。因此，每个主机或路由器都必须既实现 IPv4 协议栈，又实现 IPv6 协议栈，以便识别和处理两种不同的报头格式。

5. 内置的 IP 层安全

IPv4 只是作为简单的网络通信协议，其安全机制大多依赖于应用程序，应用程序的安全性通过其本身的私密性和认证机制来加强，如电子邮件加密等。但是，随着网络的发展和互联网应用的普及，安全问题日益紧迫，在报文传输过程中修改、窃取报文的行为对报文中数据的完整性和机密性构成了严重的安全威胁。

为确保网络通信的安全，从 1995 年开始，IETF 着手研究制定了一套用于保护通信安全的 IPsec。IPsec 是 IPv4 中的一个可选扩展项，曾经对于所有 IPv6 网络节点，IPsec 是强制实现的，后来在 RFC 6434（2011 年 12 月，信息类）中改为建议实现（RFC 8504 保留了该建议）。IPv6 的内置安全机制不仅为网络安全提供了一种标准解决方案，并且为跨区域的高安全性和私密性音视频服务提供了广阔的发展前景。

6. 增强的服务质量

IPv6 报头中定义了用于识别和处理通信流的新字段。通信流使用流量类别字段来区分其优先级，IPv6 报头中的流标签字段使得路由器可以对属于一条数据流的数据包进行识别和提供特殊处理。由于通信流是在 IPv6 报头中标识的，因此，即使数据包载荷已经用 IPsec 和封装安全载荷（encapsulating security payload, ESP）进行了网络层加密，仍然可以实现对 QoS 的支持。

7. 良好的功能扩展

IPv6 扩展报头可以为 IPv6 报文添加额外的信息，以满足不同的网络需求，可以通过添加不同的扩展报头来实现不同的功能。IPv6 中定义了多种扩展报头，如路由报头、分片报头、认证报头等。这些扩展报头可以单独使用，也可以组合使用，以满足不同场景的需求。

IPv6 具有很强的灵活性和可扩展性，可以在 IPv6 报头后的扩展报头中添加新特性。IPv4 报头最多只能支持 60 字节的选项，而 IPv6 扩展报头的大小仅受到整个 IPv6 数据包最大字节数的限制。

8. 优化的移动支持

网络的移动性是必须考虑的一个大方向，现在的互联网本质上应该称为移动互联网。与 IPv4 相比，IPv6 对移动功能进行了系统设计与实现。当然，移动 IPv6（MIPv6）也并不是全新的移动网络协议，而是学习和继承了众多移动 IPv4 的思路和概念。MIPv6 综合采用了隧道和源路由技术来向连接在外地链路上的移动节点传送数据报文，而在 MIPv4 中仅采用了隧道技术。

1.3.2　IPv6 优势分析

IPv6 可彻底解决地址短缺问题，有利于全球地址的均衡分配，具有地址限定和准入过滤机制，重建了端到端对等通信，此外，IPv6 具有更为高效的层级转发能力，并提供良好的 IP 层安全与移动能力。

1. 彻底解决地址短缺问题

IPv6 提供了一个能够在 21 世纪甚至更长时间内足够使用的地址空间。移动智能终端、汽车（车联网）、家电（物联网）等节点都可以获得多个互联网可路由的 IP 地址，可连入互联网的设备数目可认为不受限制。

2. 全球地址均衡分配

在 IPv6 时代，IP 地址不再是一个以特定国家为中心的资源。IPv4 互联网主要由特定国家的教育机构和政府机关创立，它们拥有大量的公共 IP 地址，然而，在 IPv6 中，公共 IP 地址前缀被分配给区域互联网注册机构，这些机构又根据正当的需要将地址前缀分配给其他 ISP 或者组织。除此之外，由于地址空间巨大，IPv6 还能解决地址空间不连续的问题。

3. 地址限定和准入过滤

与 IPv4 地址不同，IPv6 地址有其作用和使用的范围。在这个范围之内，它们是唯一的，并且是相互关联的。IPv6 路由器对 IPv6 地址的作用范围是敏感的，它绝不会越范围转发数据包。

4. 重建端到端对等通信

对等通话、对等视频和其他多人实时协作技术的出现使得连入互联网的众多设备包括越来越多的对等互联设备，IPv6 有利于推动移动电话、远程监控、远程医疗等对等应用的发展。在 IPv6 网络中无须使用 NAT，由于地址不会在中途改变，互联网主机间的端到端通信得以重建。

5. 层级转发更加高效

IPv6 数据包在转发过程中只有很少的字段需要处理，也只需要进行很少的路由决策。IPv6 全球单播地址的分层且可聚合的寻址结构意味着在一个层级的路由表中（如互联网骨干路由器中）只有很少的路由需要分析。通信流可以以更高的速率被转发，使得使用多种数据形式、带宽需求高的应用程序也会具有较高的性能。

6. IP 层安全与移动

IPv6 把安全性和移动性设计成内置的。虽然在 IPv4 中也试图增补这些特性，但是这些特性在 IPv4 中仅仅作为扩展部分，而扩展受到体系结构和连通性的限制，在 IPv6 中内置安全性和移动性，使得 IPv6 实现方案具有较少的局限性，并且具有更高的健壮性和可扩展性，可以满足当前和可预见的互联网安全和移动需求。

1.4　全球 IPv6 部署情况

随着 IPv4 地址资源的逐步枯竭，网络安全及网络服务质量的要求不断提升，全球主要的互联网大国已充分认识到现阶段部署 IPv6 的紧迫性和重要性，各国政府纷纷出台国家发展战略，制定明确的发展路线图和时间表来积极推进 IPv6 的大规模商用部署。日本、美国、韩国、加拿大、欧盟等国家和组织在 2008～2012 年都发布了相关的"IPv6 行动计划"或"IPv6 发展规划"。

近些年，新技术的不断涌现极大提高了 IP 地址需求，IPv6 逐渐从"可选项"变身为"必选项"。IPv6 下一代互联网是全球数字化升级的核心和底层基础，基于 IPv6 下一代互联网的新型基础设施建设愈加重要，全球各国也再次出台相应政策以确保不会在互联网的发展中"掉队"。

2020 年，美国管理和预算办公室的 IT 政策办公室发布指南，要求美国各机构尽快完成向 IPv6 的过渡，并且要求制定并实施相关计划，以确保到 2025 财年末联邦网络上超过 80% 的 IP 资源是 IPv6 单栈（IPv6-only）的。

日本是发展 IPv6 最早的国家之一，也是发展 IPv6 速度最快的国家，日本政府自 1992 年起就开始进行 IPv6 的研发和标准化工作，并取得了相当大的成果，甚至把 IPv6 技术的发展作为政府"超高速网络建设和竞争"的一项基本政策。目前，日本光纤通信的基础设施是由 IPv6 单栈构成的骨干网，而 IPv4 仅仅是一项增值服务。

在 2010 年之前，印度 IPv6 发展相对滞后，而且由于早期互联网发展缓慢，IPv4 地址严重供不应求，同时，印度政府在 2010 年出台《国家 IPv6 部署蓝图（第一版）》，2013 年

3月出台《国家IPv6部署路线图（第二版）》，针对服务提供商、内容和应用程序提供商、设备制造商、政府组织、政府项目的公共接口、云计算、数据中心等提供了相关的政策指南。总体上，印度政府对IPv6的部署分为三个阶段：第一阶段，使组织的总部和主要办事处能够支持IPv6，并实现安全的全球连通性；第二阶段，让组织的区域办事处和其他办事处支持IPv6，并实现全球的连通性；第三阶段，主要是应用程序的转换，以最大限度地利用IPv6功能，提高其稳定性和安全性。2017年8月，印度的IPv6用户数在全球国家中位列第一，且2017年以来一直保持着在全球IPv6用户数方面的领先地位。

为推动欧洲IPv6网络研究，欧盟投入约一亿欧元的资金，比利时由于其首都布鲁塞尔是欧盟总部所在地，顺势也发展为全球IPv6部署率最高的国家之一。

放眼全球，IPv6部署与应用进入加速期。印度、比利时、美国、日本等IPv6部署领先国家的经验表明，各国政府对推动IPv6部署与应用发挥了重要作用。同时，随着物联网、工业互联网等的快速发展和对网络安全日益迫切的需求，各国都加快了IPv6地址的申请节奏。

根据亚太互联网络信息中心（Asia-pacific Network Information Center, APNIC）统计数据，截至2023年8月1日，全球IPv6支持率已达35.6%（表1.2），印度已超过70%，有5个国家/地区IPv6支持率突破了60%，有14个国家/地区IPv6支持率突破了50%(表1.3)，有13个国家/地区IPv6支持率突破了40%，有10个国家/地区IPv6支持率突破了30%。

表 1.2　全球及各大洲 IPv6 支持率情况

代码	区域	IPv6 支持率/%	IPv6 首选率/%	样本数量
XA	全球	35.60	34.79	557531089
XC	美洲	43.01	42.29	99681321
XD	亚洲	40.41	39.37	315582499
XF	大洋洲	35.30	33.86	4142967
XE	欧洲	31.44	30.93	80634252
XB	非洲	2.20	2.16	57489701
XG	未分类	0.02	0.02	23670

表 1.3　IPv6 支持率较高的国家/地区

国家/地区	IPv6 支持率/%	IPv6 首选率/%	样本数量
印度、南亚、亚洲	78.11	77.78	106201989
马来西亚、东南亚、亚洲	66.92	65.97	5004499
法国、西欧、欧洲	66.92	66.60	9839592
比利时、西欧、欧洲	66.72	66.34	1588312
德国、西欧、欧洲	63.33	62.84	7126007
乌拉圭、南美洲、美洲	59.67	59.55	988337
沙特阿拉伯、西亚、亚洲	59.64	58.51	3691760
以色列、西亚、亚洲	57.76	54.59	1769135
美国、北美洲、美洲	57.41	56.06	32287486
越南、东南亚、亚洲	57.10	56.42	9382324

续表

国家/地区	IPv6 支持率/%	IPv6 首选率/%	样本数量
蒙特塞拉特拉岛、加勒比海、美洲	56.54	55.03	1599
希腊、南欧、欧洲	56.21	56.03	1855047
中国台湾、东亚、亚洲	54.18	50.76	4327033
斯里兰卡、南亚、亚洲	53.53	52.84	875766
阿兰群岛、北欧、欧洲	53.26	53.02	4745
日本、东亚、亚洲	52.91	51.11	12624938
阿联酋、西亚、亚洲	51.40	50.27	804845
芬兰、北欧、欧洲	50.76	50.27	715688
匈牙利、东欧、欧洲	50.62	50.42	1525218

我国一直高度重视 IPv6 和下一代互联网部署、发展与创新。2017 年 11 月 26 日，中共中央办公厅、国务院办公厅联合印发《推进互联网协议第六版（IPv6）规模部署行动计划》，明确提出未来 5～10 年我国 IPv6 下一代互联网发展的总体目标、路线图、时间表和重点任务，是加快推进我国 IPv6 规模部署、促进互联网演进升级和健康创新发展的行动指南。2021 年 3 月 12 日，《中华人民共和国国民经济和社会发展第十四个五年规划和 2035 年远景目标纲要》中明确指出：扩容骨干网互联节点，新设一批国际通信出入口，全面推进互联网协议第六版（IPv6）商用部署。2022 年 4 月 25 日，中央网信办、国家发展改革委、工业和信息化部联合印发《深入推进 IPv6 规模部署和应用 2022 年工作安排》，2023 年 4 月 20 日，工业和信息化部、中央网信办、国家发展改革委等八部门共同印发《关于推进 IPv6 技术演进和应用创新发展的实施意见》，先后对我国 IPv6 技术创新、产业支撑、设施建设、行业应用、安全保障等提出了明确而具体的要求。

我国主要网络运营商均已拥有大块 IPv6 地址，IPv6 互联网活跃用户保持高速增长。根据中国互联网络信息中心第 51 次《中国互联网络发展状况统计报告》，截至 2022 年 12 月，我国 IPv6 地址数量为 67369 块/32（图 1.1），较 2021 年 12 月增长 6.8%，位居全球第二，我国 IPv6 活跃用户数量达 7.28 亿人（图 1.2），占全国互联网用户总数的 68.23%，规模部署取得明显成效。

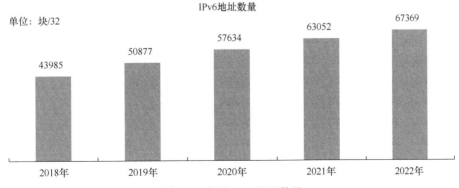

图 1.1 我国 IPv6 地址数量

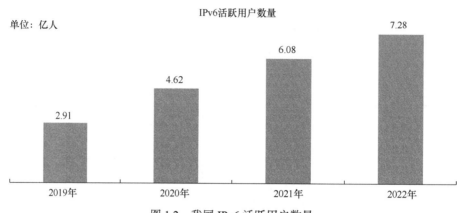

图 1.2　我国 IPv6 活跃用户数量
资料来源：国家 IPv6 发展监测平台（2022 年 12 月）

1.5　IPv6 发展与应用情况

IPv6 作为新的网络技术，具有许多 IPv4 无法比拟的优势，但其广泛应用需要一个长期的过渡阶段。包括我国在内的全球大部分国家在 IPv6 规模部署上已经取得了阶段性成就，例如，域名系统（DNS）、文件传输协议（file transfer protocol, FTP）等网络应用在 IPv4 和 IPv6 共存的网络环境中应用和部署；域名解析、内容分发网络（content delivery network, CDN）、云平台等基础设施提升了 IPv6 业务支持与承载能力；网站及互联网应用生态在加快向 IPv6 升级。自 2019 年 6 月起，我国各应用商店在醒目位置为支持 IPv6 的 App 设置专区并推荐用户使用，各应用商店新上架的 App 均应支持在 IPv6 网络环境正常工作。同时，要求开发者在开发 App、软件开发工具包（software development kit, SDK）以及服务器端程序时，考虑支持 IPv6 访问。

1.5.1　IPv6 应用层协议

本节以 DNS 和 FTP 两种常用应用层协议为例，介绍应用层协议在 IPv6 下使用和运行需要进行哪些改造与优化。

1. DNS

IPv4 和 IPv6 都会用 DNS 来执行域名和地址之间的相互解析。DNS 采用的是分布式的客户端/服务器通信模型，客户端向服务器发送包含域名的 DNS 查询消息，服务器会回复 DNS 响应消息，消息中会包含与域名相关联的 IP 地址。服务器会维护一个数据库，数据库中登记了与每个域名相关联的一个或多个 IPv4/IPv6 地址。

当前对域名系统中存储互联网地址的支持无法轻松扩展到支持 IPv6 地址，因为应用程序假定地址查询仅返回 32 位 IPv4 地址。为与现有软件兼容，保留对 IPv4 地址的支持，并支持在 DNS 中存储 IPv6 地址，RFC 3596 中定义了需要对域名系统进行的更改，以支持运行 IPv6 的主机。这些更改包括存储 IPv6 地址的资源记录类型、支持基于 IPv6 地址查找的域，以及更新返回互联网地址作为附加部分处理的现有查询类型的定义。这些更改与现有应用程序兼容,特别是与 DNS 实现本身兼容。

DNS 数据库中一条记录由标签、类别、类型及数据(包含了请求处理相关记录的说明)构成,虽然 DNS 资源记录的种类有很多,可用来满足不同的功能,但常见的 DNS 资源记录只有 A 资源记录、AAAA 资源记录和 CNAME 记录(canonical name 记录,是一种 DNS 资源记录类型,它允许将一个域名映射到另一个域名,实现资源的间接引用)。

A 资源记录是用来存储与域名相关联的 IPv4 地址的 DNS 资源记录,是互联网上最常见的一种 DNS 资源记录。AAAA 资源记录是用来存储与域名相关联的 IPv6 地址的 DNS 资源记录,定义于 RFC 3569,4 个 A 表示 IPv6 地址长度是 IPv4 的 4 倍,AAAA 资源记录的格式与 A 资源记录几乎相同,但长度(字节数)更长。IPv4 或 IPv6 数据包既可以用来传递 A 资源记录,也可以用来传递 AAAA 资源记录,为实现负载均衡,可将多个 IPv4 或 IPv6 地址与同一个域名相关联。因此,在 DNS 响应数据包的回应部分经常会出现多条 A 记录或 AAAA 记录。

包含完全限定域名(fully qualified domain name, FQDN)的 DNS IPv4 地址记录和 IPv6 地址记录如表 1.4 所示,完全限定域名指明了资源在 DNS 层级中的确切位置,如 www.kame.net(表示 kame.net 域内名为 www 的 Web 服务器)或 mail.example.com(表示 example.com 域内名为 mail 的邮件服务器)。

表 1.4　DNS IPv4 地址记录和 IPv6 地址记录

协议	资源记录	域名和地址的对应关系
IPv4	A 资源记录	www.kame.net　A　210.155.141.200
IPv6	AAAA 资源记录	www.kame.net　AAAA　2001:2f0:0:8800::1:1

对于 IPv6 DNS 反向查询,要用到一个特殊的域,即 ip6.arpa,与 IPv4 指针记录(PTR)一样,IPv6 指针记录包含的是 IPv6 地址与域名的对应关系。IPv6 指针记录包含的 IPv6 地址要反向书写,每个十六进制数之间用点号“.”隔开,再添加后缀 ip6.arpa。域名 www.kame.net 的 IPv4 和 IPv6 DNS 指针记录如表 1.5 所示。

表 1.5　IPv4 和 IPv6 DNS 指针记录

协议	指针记录的格式
IPv4	210.155.141.200　www.kame.net
IPv6	1.0.0.0.1.0.0.0.0.0.0.0.0.0.0.0.0.0.8.8.0.0.0.0.0.f.2.0.1.0.0.2.ip6.arpa　www.kame.net

2. FTP

FTP 有两种模式:PASV(被动模式)、PORT(主动模式)。

在被动模式下,客户端随机开启一个大于 1024 的 N 号端口向服务器的 21 号端口发起连接,同时会开启 $N+1$ 号端口,然后向服务器发送 PASV 命令,通知服务器自己处于被动模式。服务器收到命令后,会开放一个大于 1024 的端口号 P 进行监听,然后用 PORT P 命令通知客户端,自己的数据端口是 P。客户端收到命令后,会通过 $N+1$ 号端口连接服务器的端口 P,然后在两个端口之间进行数据传输。

在主动模式下，客户端随机开启一个大于 1024 的端口号 N 向服务器的 21 号端口发起连接，然后开放 N+1 号端口进行监听，并向服务器发出 PORT N+1 命令。服务器接收到命令后，会用其本地的 FTP 数据端口（通常是 20）来连接客户端指定的端口 $N+1$，然后进行数据传输。

FTP 最初假定网络地址的长度为 32 位。然而，随着 IPv6 的部署，IP 地址不再是 32 位。RFC 1639 对 FTP 进行扩展，以支持其在各种网络协议上的使用，然而该机制在多协议环境中可能会失败。

在 IPv4 和 IPv6 过渡期间，RFC 2428 提供了一种规范，使 FTP 可以为 IPv4 以外的网络协议提供通信数据连接端点信息。在此规范中，FTP 的 PORT 和 PASV 命令分别替换为 EPRT 和 EPSV 命令。

EPRT 命令允许为数据连接指定扩展地址，扩展地址必须包括网络协议、网络地址和传输地址，命令格式为 EPRT <d><net-prt><d><net-addr><d><tcp-port><d>。

EPSV 命令请求服务器监听数据端口并等待连接。EPSV 命令采用可选参数，对此命令的响应仅包括监听连接的 TCP 端口号，格式与 EPRT 命令的参数类似，允许对两个命令使用相同的解析程序。此外，该格式为网络协议和/或网络地址留下了一个占位符，这在未来的 EPSV 响应中可能需要。

使用扩展地址进入被动模式的响应代码必须为 229。当发出没有参数的 EPSV 命令时，服务器将根据用于控制连接的协议选择用于数据连接的协议。但是，在 FTP 代理的情况下，此协议可能不适用于两台服务器之间的通信。因此，客户端需要能够请求特定的协议。

如果服务器返回了将连接到端口的主机不支持的协议，则客户端必须发出 ABOR（中止）命令，以允许服务器关闭监听连接。然后，客户端可以发送 EPSV 命令，请求使用特定的网络协议，格式为 EPSV <net-prt>。如果请求的网络协议是服务器支持的，那就必须使用此协议，如果不支持，则返回 522。

最后，当 EPSV 命令带上参数 ALL 通过网络地址转换器时 EPRT 命令不再使用，格式为 EPSV ALL，接收到此命令后，服务器要拒绝除了 EPSV 以外所有建立连接的命令。

IPv4 和 IPv6 下 FTP 主动模式/被动模式请求及响应的对比如表 1.6 所示。

表 1.6 IPv4 和 IPv6 下 FTP 主动模式/被动模式请求及响应的对比

模式	IPv4	IPv6
主动模式	请求：PORT 172,16,1,54,250,151	请求：EPRT |1|132.235.1.2|6275| EPRT |2|1080::8:800:200C:417A|5282|
	响应：200 PORT command successful	响应：200 PORT command successful
被动模式	请求：PASV	请求：EPSV EPSV <net-prt> EPSV ALL
	响应：227 Entering Passive Mode (172,16,2,56,151,189)	响应：229 Extended Passive mode OK (|||41796|)

RFC 6384 对 FTP 应用层网关（application layer gateway, ALG）进行了标准化，允许未经修改的 IPv6 FTP 客户端与未经修改的 IPv4 FTP 服务器在使用 FTP 进行简单的文件传输时成功交互。

1.5.2　IPv6 新型应用

除了传统应用，若要使 IPv6 全面取代 IPv4，仍然依赖于令人心动、推而广之的新应用出现，从而为 IPv6 注入强大、持续的发展动力。目前的热点是将 IPv6 技术与其他技术结合起来，发展"IPv6+"与业务创新，如 IPv6 与分段路由（segment routing, SR）、IPv6 与移动互联网、IPv6 与物联网、IPv6 与智能电网等，其中 IPv6 分段路由（segment routing IPv6, SRv6）被誉为"未来网络的灵魂"。

1. IPv6 与分段路由

近年来，分段路由作为 IP 领域最重要的技术突破之一，已成为运营商 5G 数据传输网的主流选择。SRv6 是 IPv6 与 SR 技术的结合，依靠 IPv6 地址的灵活性，通过 IPv6 扩展报头支持隧道功能，从而取消了多协议标签交换（multi-protocol label switching, MPLS）转发承载技术，将 IP 转发和隧道转发统一，能够大幅简化运维，有效降低运营成本。同时，基于 IPv6 的灵活扩展性以及软件定义网络（software defined network, SDN）的全局网络管控能力，SRv6 可以实现灵活的可编程功能，便于快速部署新业务。

为在 IPv6 报文中实现 SRv6 转发，IPv6 引入 SRv6 扩展报头（路由类型为 4）——分段路由报头（segment routing header, SRH），用于进行分段的编程以组合形成 SRv6 路径，通过在报头封装一个有序的指令列表来指导报文在网络上的传输。

SRv6 利用 IPv6 地址 128bit 的可编程能力，丰富了 SRv6 指令表达的网络功能范畴，除了用于标识转发路径的指令外，还能标识增值服务，如防火墙、应用加速等网络功能，或者用户网关等功能。除此之外，SRv6 还有着非常强大的扩展性，如果要支持新的网络功能，只要定义新的指令即可，而不需要改变协议的机制或部署。这些优势大大缩短了网络创新业务的交付周期。

随着云网融合（云计算和通信网的融合）的逐步推进以及 IPv6 的广泛部署，SRv6 技术异军突起成为新的网络研究热点，被普遍认为是智能云网时代最具潜力的新技术，将是 5G 和云时代构建智能 IP 网络的基础，为未来智能 IP 网络切片、确定性网络、业务链等应用提供强有力支撑。如今，SRv6 在产业、标准、商用部署等方面均取得了较大进展，而且国内三大运营商纷纷开展 SRv6 研究与实践。

2. IPv6 与移动互联网

当前，移动互联网已经进入 5G 时代。从技术标准的角度来看，单个 5G 移动基站能够处理 20Gbit/s 的下行链路和 10Gbit/s 的上行链路。值得注意的是，基站范围内所有连接用户分享 20Gbit/s，其峰值理论传输速度可达 20Gbit/s，合 2.5GB/s，比第四代移动通信技术（fourth generation, 4G）网络的传输速度快 10 倍以上。5G 还能够在每平方千米支持至少一百万个用户。5G 规范要求基站可以支持高达 500km/h 的行驶速度，以便在用户移动时获得高质量的连接。在理想条件下，5G 用户遇到的最大延迟不应超过 4ms，这远低于长期演进（long term evolution, LTE）的 20ms 延迟。同时，超可靠的低延迟通信（ultra-reliable and low-latency communication, URLLC）将只有 1ms 的延迟。

从 2G 时代的核心网引入软交换开始，移动通信网络的 IP 化伴随着代际升级同时进行，最终在 4G 时代随着 IP 多媒体子系统（IP multimedia subsystem, IMS）大规模部署，基于长期演进的语音传输（voice over long-term evolution, VoLTE）功能上线，实现了核心网、承载网、接入网全业务层面的 IP 化。IP 化的网络具有非常显著的优势：提升了网络性能，降低了网络成本，增强了网络扩展灵活性，降低了网络管理复杂度；减少了网络层次，降低了网络处理复杂度；支持基于 IP 的应用，易于扩展移动网络新业务、新场景；面向未来，便于网络发展演进。

现在 5G 时代的到来更是进入全连接时代，随着 IPv6 开始正式大规模启用，IPv6 在解决 IPv4 地址匮乏问题的同时，可以为海量机器类通信提供足够的 IP 地址，使得联网终端的永久在线成为可能。伴随各种线上线下服务加快融合，移动互联网业务不断创新拓展，带动移动支付、移动出行、移动视频直播、餐饮外卖等应用加快普及，刺激移动互联网接入流量消费保持高速增长，移动网络的关键业务已从语音业务向基于互联网的数据业务转变。IPv6 与移动通信技术的结合展示出 IPv6 巨大地址空间的优势，成为实现众多新服务的关键，因此 IPv6 是移动运营商未来必须选择和发展的一项重要技术。

同时，5G 的建设投资将加速 IPv6 的普及。5G 的建设投资激发各领域加大数字化投资，加速互联网企业、电信运营商、垂直行业以及个人用户的设备部署与更新，一方面解决现有老旧设备对 IPv6 不支持的问题，另一方面 5G 新应用的出现刺激对 IPv6 部署的需求。

目前，中国电信、中国移动、中国联通已完成骨干网、城域网和 LTE 网络的 IPv6 升级改造，新建 5G 网络全面支持 IPv6，骨干直连点均实现 IPv6 互联互通。国家政策叠加全 IP 网络的业务需求，带动 LTE 网络端到端改造进程的加速，呈现出移动网络 IPv6 用户数发展速度大幅领先固定网络的趋势。

3. IPv6 与物联网

物联网（internet of things, IoT）是新一代信息技术的重要组成部分。物联网的基础仍是互联网，是其延伸与扩展。物联网利用局部网络或互联网等通信技术，将传感器、控制器与人员等联系在一起，具备信息化、智能化与远程管控的能力。若要实现"物物相连"的目标，需要为每个参与个体分配地址，IPv6 巨大的地址空间能够有效解决地址容量的问题。

目前来看，物联网发展涵盖到的热点领域包括以下几个。

（1）视频监控网络。视频监控技术已经基本完成从模拟时代向数字时代的转变，其中，全数字技术支持的、高度集成一体化的前端数字设备——网络摄像终端是不可或缺的组成部分，也是技术发展的必然趋势。而对 IPv6 的支持使网络摄像终端具有更强大的生命力，例如，每一个网络摄像终端都分配有全球唯一的 IP 地址，在互联网上可以随时随地被访问到；使用 IPsec 提供安全保护；拥有即插即用的强大优势，使用简单方便，便于普及；无论是运动中的网络摄像终端还是运动中的浏览端，都可实现永远在线不间断的监控服务。

（2）家庭网络。随着网络通信技术的发展和家用智能设备的普及，对家庭网络的需求正在快速增长。由于 IPv4 地址稀缺，当众多信息家电通过家庭网关连入网络时，无法为所有信息家电分配唯一的 IPv4 地址，只能利用如 NAT、私有地址空间等技术来绕过这一限制，但复杂的设置和管理将严重阻碍用户对于新技术的接受程度，而 IPv6 则没有这样的限制。IPv6 所拥有的巨大地址空间、即插即用易于配置、对移动性的内在支持等特点使得 IPv6

在实际运行中非常适合由巨大数量的各种小型设备组成的家庭网络。

（3）射频识别。射频识别（radio frequency identification, RFID）是一种非接触式的自动识别技术，通过射频信号自动识别目标对象并获取相关数据，识别工作无须人工干预。作为条形码的无线版本，RFID 具有条形码所不具备的防水、防磁、耐高温、使用寿命长、读取距离大、标签上的数据可以加密、存储数据容量更大、存储信息更改自如等优点，其应用已经给零售、物流等产业带来前所未有的革命性变化。由于 IPv6 地址空间巨大，对于 RFID 来说其非常适合应用和普及，IPv6 可以实现为每一个 RFID 分配一个地址。在全球有影响的大企业无不积极推动 RFID 在制造、物流、零售、交通等行业的应用。

4. IPv6 与智能电网

智能电网（smart power grid）是指对当前电网的智能化，建立在集成的高速双向通信网络的基础上，利用先进的传感技术、测量技术、控制方法以及决策技术，实现电网的可靠、安全、经济、高效、环境友好与安全使用的目标。

智能电网的主要特性包括自愈性、激励用户、抵御威胁、电能质量保护、不同发电形式接入与资产优化运行等。建立高速、双向、实时、集成的通信系统是实现智能电网的必要基础，通信系统需要为智能电网提供数据获取、安全保护、监测控制等基础能力，倘若缺乏这样的通信系统，上述特性均无法实现。利用 IPv6 的地址空间巨大、端到端高效数据传输、高安全性等特点，能够建立满足智能电网需求的通信系统。

在大数据时代，智能电网要求实现发电、输电、变电、配电、用电和调度六个环节的更广泛、更细化的数据采集和更深化的数据处理。数据采集将广泛采用物联网技术，大量的 RFID 标签、传感器等装置的使用导致对 IP 地址的需求快速增加。由于我国拥有并在建的输电线路距离长、分布广泛，输电线路的智能化建设将带来大量的 IP 地址需求。随着电力云在电网生产、营销等系统中的广泛应用，其对 IP 地址的需求也呈现几何级数增长。IPv6 在智能电网中的应用可以很好地解决 IP 地址资源紧张的问题，且保证了传输速度更快、传输更安全，满足物联网"物物互联"和云计算虚拟化对 IP 地址的需求。

1.6　IPv6 典型术语

为便于以下章节对 IPv6 网络内容的讲述，据图 1.3 介绍 IPv6 典型术语和概念。

节点（node）：任何运行 IPv6 的设备，包括路由器、主机和其他智能终端等。

路由器（router）：一个可以转发不是以它为目的地址的 IPv6 数据包的节点。在 IPv6 网络中，路由器通常会公告自己的信息，并承载各种配置信息。

主机（host）：一个不能转发不是以它为目的地址的 IPv6 数据包的节点（非路由器）。主机通常是 IPv6 数据包的源节点和目的节点，并无声丢弃接收到的不是发给自己的数据包。

上层协议（upper layer protocol）：IPv6 的上一层协议，如传输层协议（如 TCP 和 UDP）和 ICMPv6，但不包括应用层协议。

局域网段[local area network（LAN）segment]：IPv6 链路的一部分，它由单一介质组成，以网桥或二层交换设备为边界。

链路（link）：以路由器为边界的一个或多个局域网段。IPv6 定义了很多链路层技术，

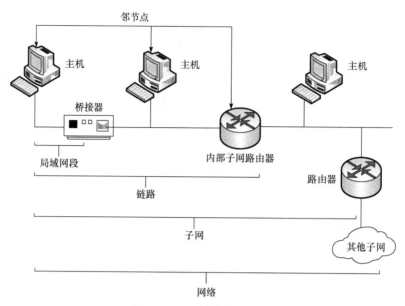

图 1.3　IPv6 网络典型元素

包括一些典型的局域网技术,如以太网、令牌环和光纤分布式数据接口(fiber distributed data interface, FDDI),还包括一些广域网(wide area network, WAN)技术,如点到点协议(point-to-point protocol, PPP)、帧中继和异步传输方式(asynchronous transfer mode, ATM)。此外,IPv6 数据包还可以在 IPv4 或 IPv6 网络的逻辑链路上发送,发送时只需将 IPv6 数据包封装在 IPv4 或 IPv6 报文中。

子网(subnet):使用相同的 64 位 IPv6 地址前缀的一条或多条链路,又称为网段。一个子网可以被内部子网路由器分为几个部分,内部子网路由器能够为子网中的每条链路提供转发和配置功能。

网络(network):由路由器连接起来的两个或多个子网。

邻节点(neighbor):连接到同一链路上的节点,又称为邻居。在 IPv6 中,邻节点有着特殊的重要性,因为 IPv6 邻节点发现具有解析邻节点链路层地址、检测邻节点是否可达、检测地址是否重复等功能。

接口(interface):表示连接到一条链路上的物理或逻辑接口。一个物理接口的例子是网络适配器,一个逻辑接口的例子是隧道接口,它主要用于在 IPv4 网络中发送 IPv6 数据包——通过将 IPv6 数据包封装到 IPv4 报头内部来实现。

地址(address):用作 IPv6 数据包源地址或目的地址的标识符,在网络层对一个或一组接口进行分配。

链路最大传输单元(link maximum transmission unit, LMTU):可在一条链路上发送的最大传输单元。由于最大帧长度中包含了链路层介质的帧头和帧尾,因此链路 MTU 与链路的最大帧长度不同。链路 MTU 与链路层技术的最大载荷大小是相等的。例如,对于以太网来说,最大载荷大小是 1500B,因此,链路 MTU 也是 1500B。对于一条采用多种链路层技术的链路来说(如桥接链路),链路 MTU 是该链路上存在的所有链路层技术中最小的链路 MTU。

路径最大传输单元（path maximum transmission unit, PMTU）：在 IPv6 网络中，从源节点到目的节点的一条路径上，在不执行数据包拆分的情况下可以发送的最大长度的 IPv6数据包。路径 MTU 是该条路径上所有链路的最小链路 MTU。

1.7　本 章 小 结

随着互联网商业化不断深入发展、网络规模持续膨胀和新型应用需求不断增长，IPv4互联网发展面临许多挑战，如地址匮乏、服务质量难以保证、互联互通监管困难、新业务不易开展、移动性支持有限等。为应对这些挑战，下一代网络服务需具备更高性能、更高质量、更加可靠与安全、更加经济与开放的特性，因特网工程任务组（IETF）通过设计 IPv6来解决这些问题。

本章阐述了 IPv4 网络存在的地址极度匮乏、路由急剧膨胀、配置不够方便、通信难保安全、服务质量（QoS）提升困难等问题，介绍了 IETF IPv6 标准化的主要过程及现状。分析了 IPv6 具有的巨大的地址空间、高效的寻址结构、便捷的即插即用、简短的报头格式、内置的 IP 层安全、增强的服务质量、良好的功能扩展和优化的移动支持等特性，阐述了 IPv6具备彻底解决地址短缺问题、全球地址均衡分配、地址限定和准入过滤、重建端到端对等通信、层级转发更加高效、IP 层安全及移动等优势。介绍了全球 IPv6 部署总体情况及我国 IPv6 规模部署现状，指出各国政府对推动 IPv6 部署与应用发挥了重要作用。介绍了 DNS、FTP 为适配 IPv6 所做的主要改造，并分析了 IPv6 与分段路由、移动互联网、物联网、智能电网等典型应用场景的结合与赋能。最后对 IPv6 节点、路由器、链路、子网、链路 MTU等典型术语进行了介绍。

IPv6 大潮的到来，一方面给予全球所有用户更为畅快的网络体验和更为优秀的网络应用，另一方面也迫切需要网络研究人员更加深入地理解其特性，尤其考虑到 IPv6 未来广阔的部署前景，亟须对其可能涉及的安全问题进行分析和挖掘，使得 IPv6 技术真正为我所用，发挥出最大的效能。

习　　题

1. IPv4 互联网存在的主要问题有哪些？IPv6 是如何解决这些问题的？哪些问题尚未解决？

2. 与 IPv4 相比，IPv6 拥有哪些新特性？

3. 与 IPv4 相比，IPv6 拥有哪些优势？

4. 在 IPv6 中，是否需要使用 NAT？谈谈你的看法。

5. 通过借助搜索引擎、阅读白皮书等途径，查看当前国内外 IPv6 规模部署最新进展。

6. 未来 IPv6 还会在哪些领域得到更好的应用？谈谈你的看法。

7. 查阅资料，了解"IPv6+"都有哪些新应用。

8. 查阅资料，谈谈你对 SDN、SRv6、IPv6 三者之间的关系的看法。

第 2 章 IPv6 地址与报头

IPv4 向 IPv6 的转变并不是一次简单的协议版本升级，而是做出了方方面面的改变。本章将重点介绍 IPv6 地址与报头相关的基础知识。

2.1 IPv6 地址

本节重点介绍 IPv6 地址空间、语法表示、类型，并对 IPv6 地址与 IPv4 地址进行对比。

2.1.1 IPv6 地址空间

与 IPv4 相比，IPv6 具有更大的地址空间。IPv6 地址长度为 128 位，是 32 位 IPv4 地址长度的 4 倍。IPv4 地址空间包含 2^{32} 个（或者说 4294967296 个）可能地址，而 IPv6 地址空间则包含 2^{128} 个（或者说 340282366920938463463374607431768211456 个，即 3.4×10^{38} 个）可能地址。IPv6 地址空间可为地球表面每平方米提供大约 6.65×10^{23} 个地址，足以为地球上的每粒沙子都分配 IPv6 地址。

事实上，设计 128 位 IPv6 地址长度的目的是能更好地把路由划分出层次结构，并更好反映现代互联网的拓扑结构。128 位地址长度可以容纳多级的层次结构，并使得对寻址和路由层次的设计更具灵活性，而这些正是 IPv4 互联网所缺乏的。

一个 IPv6 节点接口所分配的 128 位 IPv6 地址包括两部分：64 位子网标识符、64 位接口标识符。64 位子网标识符为满足不同级别的 ISP 以及寻址需求预留了足够的空间，而 64 位接口标识符可用于当前和未来链路层介质访问控制（medium access control, MAC）地址的映射。

2.1.2 IPv6 地址与前缀语法表示

IPv6 地址有 3 种格式：位段划分格式、零压缩格式、内嵌 IPv4 地址的 IPv6 地址格式。另外，本节将介绍 IPv6 前缀和内含 IPv6 地址的统一资源定位符（uniform resource locator, URL）的表示法。

1. 位段划分格式

32 位 IPv4 地址采用点分十进制表示法，并按每 8 位为一个位段划分，每个位段被转换为相应的十进制数，用点号隔开，如 10.5.3.1、127.0.0.1、201.199.244.102。而 128 位 IPv6 地址按每 16 位为一个位段划分，每个位段被转换为 4 个十六进制数，并用冒号隔开，这种表示法称为冒分十六进制（colon hexadecimal）表示法。

下面是一个用二进制格式表示的 IPv6 地址：

0010000111011010000000001101001100000000000000000010111100111011

0000001010101010000000001111111111111110001010001001110001011010

将该 128 位地址按每 16 位为一个位段划分：

0010000111011010 0000000011010011 0000000000000000 0010111100111011

0000001010101010 0000000011111111 1111111100010100 1001110001011010

将每个位段转换成 4 个十六进制数，并用冒号隔开，结果为 21da:00d3:0000:2f3b: 02aa:00ff:fe28:9c5a。

2. 零压缩格式

通过压缩每个位段中的前导零，可简化 IPv6 地址的表示，称为前导零压缩法。另外要注意的是，每个位段至少应该有一个数字（如果该位段是 0000，则保留一个 0）。根据前导零压缩法，上面的地址可进一步压缩表示为 21da:d3:0:2f3b:2aa:ff:fe28:9c5a。

有些类型的 IPv6 地址中包含一长串 0。为进一步简化 IPv6 地址的表示，在一个 IPv6 地址中，如果几个连续位段的值都为 0，那么这些 0 就可以简记为 "::"，称为双冒号（double colon）压缩法（也称为连续零压缩法）。例如，链路本地地址 fe80:0:0:0:2aa:ff:fe9a:4ca2 可以简记为 fe80::2aa:ff:fe9a:4ca2，组播地址 fe02:0:0:0:0:0:0:2 可以简记为 ff02::2。

值得注意的是，在使用零压缩法时，不能把一个位段内部的有效 0 也压缩掉。例如，不能把 ff02:30:0:0:0:0:0:5 简写为 ff02:3::5，而应该简写为 ff02:30::5。

那么，一个 IPv6 地址的双冒号 "::" 包含多少位呢？为此，要先确定该地址中有多少个位段，然后用 8 减去这个数，再将结果乘以 16。例如，若在地址 ff02::2 中有两个位段（"ff02" 和 "2"），则 "::" 表示有 96 位（96=（8-2）×16）。

在一个 IPv6 地址中，连续零压缩法只能使用一次。

3. 内嵌 IPv4 地址的 IPv6 地址格式

为支持 IPv4 向 IPv6 过渡，内嵌 IPv4 地址的 IPv6 地址的第一部分使用十六进制格式，而后面的 IPv4 地址部分使用十进制格式。

RFC 4291 定义了两种内嵌 IPv4 地址的 IPv6 地址：IPv4 兼容的 IPv6 地址（IPv4-compatible IPv6 address）和 IPv4 映射的 IPv6 地址（IPv4-mapped IPv6 address）。

（1）IPv4 兼容的 IPv6 地址。这种地址与 IPv6 过渡机制有关，其 IPv6 前缀表示为高 96 位为 0，紧跟 32 位 IPv4 地址，如 0:0:0:0:0:0:218.39.101.200 或 ::218.39.101.200。需要注意的是，该地址形式已被废弃。

（2）IPv4 映射的 IPv6 地址。其仅用于拥有 IPv4 和 IPv6 协议栈（双栈）节点的本地范围内。节点仅在其内部使用 IPv4 映射的 IPv6 地址，节点外部永远不会知道这些地址，因此这些地址不应该作为 IPv6 地址出现在链路上。其 IPv6 前缀表示为高 80 位为 0，接着 16 位为 1，最后是 32 位 IPv4 地址，如 0:0:0:0:0:ffff:218.39.101.200 或 ::ffff:218.39.101.200。

4. IPv6 前缀

IPv6 前缀采取格式前缀（format prefix）表示法，用作 IPv6 子网或路由标识的前缀，其表示法与 IPv4 中的无类别域间路由（CIDR）表示法相同，即 IPv6 前缀用 "地址/前缀长度" 表示。例如，21da:0:0:d3::/48 是一个路由前缀，21da:d3:0:2f3b::/64 是一个子网前缀。

　　IPv6 前缀只与路由及地址范围相关，任何少于 64 位的前缀要么是一个路由前缀，要么是包含了部分 IPv6 地址空间的一个地址范围。

　　在当前已经定义的 IPv6 单播地址中，用于标识子网的位数总是 64，用于标识子网内的主机的位数也总是 64。因此，尽管在 RFC 4291 里允许在 IPv6 单播地址中写明它的前缀长度，但在实际中，它的前缀长度总是 64，无须表示出来。例如，对于 IPv6 单播地址 fec0::2ac4:2aa:ff:fe9a:82d4，不需要把它表示成 fec0::2ac4:2aa:ff:fe9a:82d4/64，根据子网和接口标识平分 IPv6 地址的原则，其子网标识是 fec0:0:0:2ac4::/64。

　　在统一资源定位符（URL）格式中，冒号“:”定义为指定可选的端口号，如 www.test.net:8080/index.html。

　　在 IPv6 中，浏览器的 URL 解析器必须能够区分出其中的冒号是端口号还是 IPv6 地址的一部分。然而，IPv6 地址冒分十六进制表示法使用冒号区分不同位段。为既能保留 URL 格式的冒号（端口号），又能识别出 IPv6 地址，IPv6 地址用方括号区分（RFC 3986 中定义），再在方括号后面加上端口号等信息，如[3eff:b80:c08:1::30]:8080/index.html。

　　方括号中的 IPv6 地址常用于诊断，或者在不存在域名服务时使用。因为 IPv6 地址比 IPv4 地址长，所以用户倾向于使用域名和完全限定域名（FQDN）的格式，而不是用冒分十六进制表示的 IPv6 地址。

2.1.3　IPv6 地址类型

　　在 IPv6 中，一个节点一般会配置多个地址（称为单点多址），而在 IPv4 中，一个节点一般只有一个地址（回环地址除外，一般是 127.0.0.1）。特别需要说明的是，IPv6 地址不是分配给节点的，而是分配给接口的。一个主机或路由器都可看作一个节点，一个节点可以拥有多个接口，一个接口又可以有多个 IPv6 地址。

　　IPv6 地址寻址方式延续了 IPv4 地址模型中子网前缀分配给某一链路的特征，而且多个子网前缀可以分配给同一链路。IPv4 地址类型分为单播地址、组播地址和广播地址，而 IPv6 不再使用广播地址，它包括单播地址、组播地址和任播地址。

　　在每类地址中都有一种或多种地址，如单播地址有链路本地地址、唯一本地地址、全球单播地址、回环地址、未指定地址和 IPv4 映射地址（内嵌 IPv4 地址的 IPv6 地址的一种）等，组播地址有临时组播地址和请求节点组播地址（solicited node multicast address）等，任播地址采用与单播地址一样的地址区间与表示形式。IPv6 地址类型和典型地址如图 2.1 所示。

1. 单播地址

单播地址标识这种类型的地址作用域内的单个接口。地址作用域是指 IPv6 网络的一个区域，在该区域内，此地址是唯一的。在单播路由拓扑结构中，寻址到单播地址的数据包最终会被发送给唯一的接口。为适应负载均衡系统，IPv6 允许多个接口使用相同的地址，只要它们对于主机上的 IPv6 来说表现为一个接口。

IPv6 单播地址包括以下几种类型。

1）全球单播地址

全球单播地址（global unicast address, GUA），也称为全局单播地址，在 IPv6 互联网上

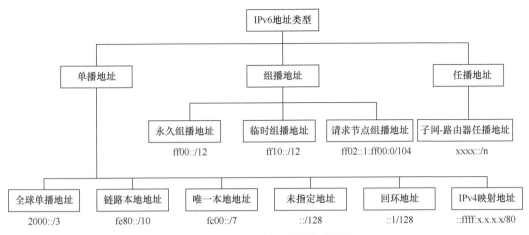

图 2.1　IPv6 地址类型和典型地址

可路由的地址，类似于 IPv4 公网地址。IPv6 可聚合全球单播地址在全球范围内是可路由和可达的，由全球路由前缀、子网 ID 和接口 ID 组成，用 001 标识，占全部 IPv6 地址空间的 1/8。全球单播地址结构如图 2.2 所示。

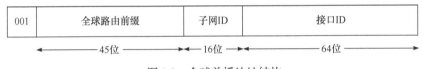

图 2.2　全球单播地址结构

（1）全球路由前缀：由提供商为客户网络或站点分配的全球单播地址的前缀或网络部分，与最高 3 位 001 一起组成 48 位的站点前缀，用来指定一个组织。IPv6 互联网上的路由器将根据这 48 位前缀把数据包传送到与该组织相连的路由器。

（2）子网 ID：标识同一站点中的不同子网，长度为 16 位。一个站点可以创建 65536 个子网。子网 ID 使 IPv6 子网划分比 IPv4 简单很多。

（3）接口 ID：标识特定子网上的接口，长度为 64 位。IPv6 接口 ID 相当于 IPv4 地址中的节点 ID 或主机 ID。

IPv6 地址结构和地址分配采用严格的层次结构，每一层都有利于 IP 地址聚合，也可降低路由器中的路由表规模。全球单播地址中的字段创建了一个 3 层的拓扑结构（图 2.3），公共拓扑是提供接入服务的 ISP 集合，站点拓扑是一个机构站点内子网的集合，接口标识符唯一标识一个机构站点内部子网上的接口。

图 2.3　全球单播地址拓扑结构

IETF 将 IPv6 地址空间管理的目标确定为保证世界范围内的唯一性、统一在注册数据库中注册、尽最大可能保证易聚合、避免空间浪费、分配公平公正及最小化注册管理开销等。

2）链路本地地址

链路本地地址（link local address）用于同一条本地链路上的 IPv6 邻节点之间的通信，作用域为本地链路（结构如图 2.4 所示）。目的地址为 IPv6 链路本地地址的数据包只能在特定链路上发送，不能被路由到该链路以外。

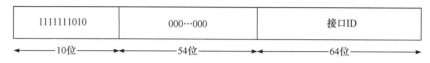

1111111010	000···000	接口ID
←10位→	←54位→	←64位→

图 2.4　链路本地地址结构

链路本地地址总是以 fe80::/10（1111111010）开始，第 11～64 位设为 0，其前缀总是 fe80::/64。链路本地地址对于邻节点发现过程是必需的，并且总是自动配置的，甚至在没有其他任何单播地址时也是如此。

在本地链路上的 IPv6 节点默认使用路由器的 IPv6 链路本地地址进行通信，而不使用路由器的全球单播地址。如果发生网络重编号，即可聚合全球单播地址前缀更改为一个新的可聚合全球单播地址前缀，那么总能使用链路本地地址到达默认路由器。在网络重编号过程中，节点和路由器的 IPv6 链路本地地址不会发生变化。

3）唯一本地地址

IPv6 唯一本地地址（unique local address, ULA）定义于 RFC 4193，是一种全球唯一的 IPv6 单播地址，代替站点本地地址用于本地通信。唯一本地地址结构如图 2.5 所示。

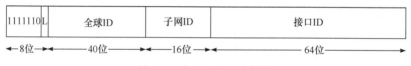

1111110L	全球ID	子网ID	接口ID
←8位→	←40位→	←16位→	←64位→

图 2.5　唯一本地地址结构

IPv6 唯一本地地址从 fc00::/7（1111110）开始。如果全球 ID 是本地分配的，则第 8 位（L 位）为 1，L 位为 0 表示未定义。

唯一本地地址在用途上类似于全球单播地址，但是只能在私有网络（简称私网）内使用，在互联网上是不可路由的，独立于互联网服务提供商，可用于站点内部的通信，可以在受限的区域（站点或站点之间）内路由。因为其使用全球唯一的前缀，所以不会发生地址冲突。

4）特殊 IPv6 地址

特殊 IPv6 地址主要指未指定地址（unspecified address）和回环地址（loopback address）。

（1）未指定地址（0:0:0:0:0:0:0:0 或::）：只用于表示地址暂缺，相当于 IPv4 未指定地址 0.0.0.0。当一个有效地址还不确定时，一般用未指定地址作为源地址。未指定地址从不会分配给一个接口，或者作为一个目的地址来使用，也不能用在 IPv6 路由报头中，路由器不会转发源地址为未指定地址的 IPv6 数据包。

（2）回环地址（0:0:0:0:0:0:0:1 或::1）：用于标识一个回环接口，以使一个节点可以给自己发送数据包，相当于 IPv4 回环地址 127.0.0.1。

5）内嵌 IPv4 地址的 IPv6 地址

为便于从 IPv4 到 IPv6 的迁移，以及 IPv4 和 IPv6 两种类型的主机共存，IPv6 定义了以下兼容地址。

（1）IPv4 映射的 IPv6 地址：形如 0:0:0:0:0:ffff:w.x.y.z 或::ffff:w.x.y.z 的地址，仅在本地范围内使用，用于使一个仅支持 IPv4 的节点表现为一个 IPv6 节点。

（2）6over4 地址：形如[64 位前缀]:0:0:wwxx:yyzz 的地址，其中 wwxx:yyzz 是 w.x.y.z（公共或私有 IPv4 地址）的冒分十六进制表示法，用于表示一个使用 6over4 隧道机制的节点。

（3）6to4 地址：形如 2002:wwxx:yyzz:[SLA ID]:[接口 ID]的地址，其中 wwxx:yyzz 是 w.x.y.z（公共 IPv4 地址）的冒分十六进制表示法，用于表示一个使用 6to4 隧道机制的节点。

（4）ISATAP 地址：形如[64 位前缀]:0:5efe:w.x.y.z 的地址，其中 w.x.y.z 是一个公共或私有 IPv4 地址，用于表示一个使用站点内自动隧道寻址协议（intra-site automatic tunnel addressing protocol, ISATAP）地址分配机制的节点。

2. 组播地址

组播地址标识零个或多个接口。在组播路由拓扑结构中，一个源节点可将单个数据包同时发往多个目的节点。注意，组播地址不能用作源地址或者路由报头中的中间目的地址。组播的主要目的是通过控制节点间交换的数据包数量，节省链路带宽。

在 IPv6 中，组播通信流的运行方式与其在 IPv4 中一样，任意位置上的 IPv6 节点可以监听任意 IPv6 组播地址上的组播通信流。组播含有组的概念，任何节点都可以是一个组播组的成员，一个源节点发送数据包到组播组，组播组的所有成员都能收到发往该组的数据包，节点可以随时加入或离开一个组播组。

IPv6 多处用到组播地址，如前缀公告、重复地址检测（duplicate address detection, DAD）和网络重编号等。IPv6 节点和路由器必须使用特定范围内的组播地址来行使特定功能。

1）组播地址结构

IPv6 组播地址的格式前缀是 0xff（11111111），其结构如图 2.6 所示。

（1）标志：标志字段含 4 个标志位，分别为 0（预留位）、R（聚合点位）、P（网络前缀位）、T（暂时标记位）。其中，当 T 位为 0 时，表示当前组播地址是由 IANA 所分配的一个永久组播地址，当 T 位为 1 时，表示当前组播地址是一个临时组播地址。

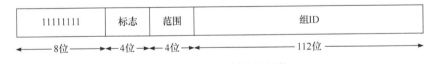

图 2.6　IPv6 组播地址结构

（2）范围：用于限制组播组的范围，字段长度为 4 位。除了组播路由协议所提供的信息外，路由器还使用组播范围来决定组播数据流是否可以被转发。范围字段值及含义如表 2.1 所示。例如，组播地址 ff02::/16 是仅用于链路本地范围的永久地址，组播地址 ff12::/16 的地址范围类似，但它是一个临时组播地址，而组播地址 ff05::/16 是站点本地范围的一个永久组播地址。

表 2.1　范围字段值及含义

范围字段值	含义
0、3、F	保留
1	接口本地范围（interface-local scope）
2	链路本地范围（link-local scope）
4	管理本地范围（admin-local scope）
5	站点本地范围（site-local scope）
8	机构本地范围（organization-local scope）
E	全球范围（global scope）
其他	未分配

（3）组 ID：标识给定范围内的组播组，字段长度为 112 位。永久分配的组 ID 是不受当前范围限制的。临时组 ID 只与特定范围相关。ff01::～ff0f::的组播地址是保留的专用地址。

2）预定义的组播地址

以下众所周知的组播地址是预定义的，本节中定义的组 ID 是明确的，不允许将这些组 ID 用于任何其他范围值。这类组播地址的 T 标志为 0，ff01::～ff0f::为预留的组播地址。

为标识接口本地和链路本地范围内的所有节点，还特别定义了以下组播地址：

（1）ff01::1（接口本地范围内所有节点的组播地址）。

（2）ff02::1（链路本地范围内所有节点的组播地址）。

为标识接口本地、链路本地和站点本地范围内的所有路由器，特别定义了以下组播地址：

（1）ff01::2（接口本地范围内所有路由器的组播地址）。

（2）ff02::2（链路本地范围内所有路由器的组播地址）。

（3）ff05::2（站点本地范围内所有路由器的组播地址）。

永久组播地址也属于是预定义的组播地址，是长期存在且不会改变的组播地址，用于标识特定的组播组。

3）请求节点组播地址

请求节点组播地址是由前缀 ff02::1:ff00:0/104 和 IPv6 单播地址的最后 24 位共同构成的。

在对一个 IPv6 地址进行链路层地址解析时，请求节点组播地址可提高查询网络节点的效率。在 IPv4 中，ARP 请求帧被广播发送到 MAC 层，这会干扰同一网段上的所有节点，包括并不运行 IPv4 的那些节点。IPv6 使用邻节点请求（NS）报文来完成链路层地址解析，然而 IPv6 并不把链路本地范围内所有节点的组播地址（ff02::1）用作邻节点请求报文的目的地址，因为那样将干扰本地链路上的所有 IPv6 节点，它使用的是请求节点组播地址。通过使用请求节点组播地址，几乎没有其他无关节点在地址解析过程中受到干扰。

假如分配给节点 A 的链路本地地址是 fe80::2aa:ff:fe28:9c5a，并且节点 A 也正在监听相应的请求节点组播地址 ff02::1:ff28:9c5a。现在本地链路上的节点 B 需要把节点 A 的链路本地地址 fe80::2aa:ff:fe28:9c5a 解析为与之对应的链路层地址，节点 B 将一个邻节点请求报文发送到请求节点组播地址 ff02::1:ff28:9c5a。由于节点 A 正在监听这个组播地址，所以它会处理此邻节点请求报文，并发送一个单播邻节点公告（neighbor advertisement, NA）报文作为回应。

实际上，由于链路层 MAC 地址、IPv6 接口 ID 和请求节点组播地址之间的关系，请求节点组播地址在非常高效的地址解析过程中，充当了一个伪单播地址的角色。

3. 任播地址

任播地址用来标识多个接口，通常这些接口属于不同节点。但与组播地址不同，如果向任播地址发送数据包，包含该任播地址的与源节点路由距离最近的一个接口将响应此数据包。

如何确定这个最近的接口？一般由路由选择协议来确定。为便于转发，路由系统必须知道那些拥有任播地址的接口以及它们的路由距离。这些信息通过部分网络路由系统上的主机路由广播获得，该部分网络的任播地址无法用路由前缀进行汇总。

子网-路由器（subnet-router）任播地址结构如图 2.7 所示。在创建子网-路由器任播地址时，地址中的子网前缀部分标识特定链路的前缀。该任播地址仅仅用作目的地址，而不能作为 IPv6 数据包的源地址，并且只分配给路由器，而不能分配给主机。

图 2.7　子网-路由器任播地址结构

由于任播地址是从单播地址空间中划分出来的，所以它与单播地址有相同的形式，因此当一个单播地址属于多个接口时，它就是任播地址，分配该地址的节点必须明确辨别出这是一个任播地址。任播地址的范围就是指定任播地址时所依据单播地址的作用范围。

例如，对于任播地址 3ffe:2900:d005:6187:2aa:ff:fe89:6b9a，这个地址的主机路由在分配了 48 位前缀 3ffe:2900:d005::/48 的机构的路由系统中广播。由于分配了这个任播地址的节点可能位于这个机构的内部网络（简称内网）中的任何地方，所以这个机构内所有路由器的路由表中均需包含所有配有该任播地址节点的源路由。在此机构以外，这个任播地址由分配给这个机构的前缀 3ffe:2900:d005::/48 来汇总。因此，在 IPv6 网络的路由系统中，并不需要使用将 IPv6 数据包转发到机构内网中最近的任播组成员所需的主机路由。

所有 IPv6 路由器在其每个子网接口上都必须支持子网-路由器任播地址，它用于同连接到特定子网的最近路由器进行通信。

4. 主机和路由器的 IPv6 地址

IPv6 主机和路由器要正常运行，一般都需要配置不同类型的 IPv6 地址。

1）主机的 IPv6 地址

有单块网卡的 IPv4 主机一般分配给这块网卡单个 IPv4 地址。然而，一台 IPv6 主机通常给每块网卡分配多个 IPv6 地址（单点多址）。

典型 IPv6 主机上的接口有如下单播地址：

（1）每个接口必需的链路本地地址。

（2）每个接口额外的单播地址（如一个或多个全球单播地址）。

（3）回环接口的回环地址（::1）。

典型 IPv6 主机在逻辑上总是多穴的，因为它们总是至少拥有两个地址：一个是用于链路本地通信的链路本地地址；另一个是可路由的全球单播地址。

IPv6 主机的每个接口随时在监听以下组播地址：

（1）接口本地范围内所有节点的组播地址（ff01::1）。

（2）链路本地范围内所有节点的组播地址（ff02::1）。

（3）每个单播地址的请求节点组播地址。

（4）同组的组播地址。

2）路由器的 IPv6 地址

IPv6 路由器接口有以下单播地址：

（1）每个接口必需的链路本地地址。

（2）每个接口额外的单播地址（如一个或多个全球单播地址）。

（3）回环接口的回环地址（::1）。

IPv6 路由器接口有以下任播地址：

（1）每个子网的子网-路由器任播地址。

（2）额外的任播地址。

另外，IPv6 路由器接口随时监听以下组播地址：

（1）接口本地范围内所有节点的组播地址（ff01::1）。

（2）接口本地范围内所有路由器的组播地址（ff01::2）。

（3）链路本地范围内所有节点的组播地址（ff02::1）。

（4）链路本地范围内所有路由器的组播地址（ff02::2）。

（5）站点本地范围内所有路由器的组播地址（ff05::2）。

（6）每个单播地址的请求节点组播地址。

（7）同组的组播地址。

总之，路由器必需的 IPv6 地址包括：

（1）节点必需的所有 IPv6 地址。

（2）所有路由器的组播地址（ff01::2、ff02::2、ff05::2）。

（3）子网-路由器任播地址。

（4）其他任播地址。

2.1.4　IPv6 与 IPv4 地址对比

与 IPv4 地址相比，IPv6 地址扩展了路由和寻址能力（IPv6 地址与 IPv4 地址对比如表 2.2 所示）。IPv6 把 IP 地址的长度由 32 位增加到 128 位，从而能够支持更大的地址空间，IPv6 地址编码采用类似于 CIDR 的分层分级结构（如同电话号码），简化了路由，加快了路由速度。

表 2.2 IPv6 地址与 IPv4 地址对比

比较内容	IPv4	IPv6
地址长度	32 位	128 位
地址表示法	点分十进制	冒分十六进制、前导零压缩、双冒号（连续零）压缩
分类	A、B、C、D、E 5 类 CIDR	单播、组播、任播
网络地址标识	子网掩码，前缀长度	前缀长度
回环地址	127.0.0.1 或 127.x.x.x	::1
公网地址	单播地址	可聚合全球单播地址
自动配置地址	169.254.0.0/16	链路本地地址 fe80::/64
组播地址	224.0.0.0/4	ff00::/8
未指定地址	0.0.0.0	::（0:0:0:0:0:0:0:0）
专网地址	10.0.0.0/8、172.16.0.0/12、192.168.0.0/16	唯一本地地址

1. IPv6 地址作用域

对于 IPv4 来说，单播地址不存在作用域，存在指定的专用地址范围和回环地址，该范围之外的地址均为全球地址。

在 IPv6 中，地址作用域是该体系结构的一部分。对于单播地址来说，全球单播地址的作用域为全球范围，链路本地地址的作用域是本地链路。组播地址已定义的作用域包括接口本地范围、链路本地范围、站点本地范围、管理本地范围、机构本地范围、全球范围。

为源和目的节点选择缺省地址时要考虑作用域，而区域是特定网络中作用域的实例。因此，有时必须输入 IPv6 地址或使它与区域标识相关联，区域标识的语法是%zid，其中 zid 是数字（通常较小）或名称。区域标识写在地址之后、前缀之前，如 2ba::1:2:14e:9a9b: c%3/48。

2. IPv6 地址生存期

通常除使用 DHCP 分配的地址之外，此概念不适用于 IPv4 地址。

IPv6 地址有两个生存期：首选生存期（preferred lifetime）和有效生存期（valid lifetime），而首选生存期总是小于或等于有效生存期。首选生存期到期后，如果有同样好的首选地址可用，那么该地址便不再用作新连接的源地址，此时不能主动发起连接，只能被动接受连接。有效生存期到期后，该地址不再用作任何数据包的有效目的地址或源地址。某些 IPv6 地址有无限长的首选生存期和有效生存期，如链路本地地址。

2.2 IPv6 报头与扩展报头

IPv6 报头与 IPv4 报头存在极大不同，IPv6 报头字段大大简化，且固定为 40 字节，从而减少了路由器处理报头的时间，降低了数据包通过网络的延迟。同时，IPv6 增加了服务质量支持和可扩展性。

1. IPv6 支持扩展和选项的改进

IPv6 报头选项编码方式的修改支持更加高效的传输，在选项长度方面限制更少，将来引入新的选项时有更强的适应性。

2. IPv6 增加了对流的支持

在 IPv6 报头里，增加了专门的 20 位流标签字段。主机发送报文时，如果需要把报文放到流中传输，只需在流标签里填入相应的流编号（如果流标签填 0，就作为一般的报文处理）。路由器收到流的第一个报文时，以流编号为索引建立处理上下文，流中的后续报文都按该上下文处理。

IPv6 报文是由一个 IPv6 报头、零个或多个扩展报头和一个上层协议数据单元（protocol data unit, PDU）组成的。IPv6 报头是每个 IPv6 报文所必需的，而扩展报头则根据具体情况设置为可选项。IPv6 数据包的结构如图 2.8 所示。

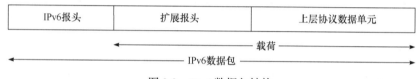

图 2.8　IPv6 数据包结构

IPv6 载荷由 IPv6 扩展报头和上层 PDU 构成。上层 PDU 一般由上层协议报头和其所携带的协议载荷构成。一般来说，IPv6 载荷长度最大可以达到 65535 字节，带有长度大于 65535 字节的载荷的 IPv6 数据包称为超大包（jumbogram），也是可以发送的。

IPv6 报头中的各个字段将在 2.2.2 节中详细介绍。

在 IPv6 数据包中，扩展报头可以具有不同的长度，IPv6 报头中包含的下一报头字段通常指向第一个扩展报头；在每个扩展报头中，也都包含下一报头字段，它们指向下一个扩展报头；最后一个扩展报头指向 PDU 中的上层协议报头，上层协议可以是 TCP、UDP 或者 ICMPv6 等。

IPv6 报头及其扩展报头代替了 IPv4 报头和选项。IPv6 报头中删除了标识、标志、分片偏移这些与分片相关的字段以及报头校验和字段，跳限制字段对应于 IPv4 中的生存时间字段，增加了流标签字段等。

新增的 IPv6 扩展报头增强了 IPv6 功能，使其可以满足未来的需求。与 IPv4 报头中的选项不同的是，IPv6 扩展报头没有最大长度的限制，因此可以容纳 IPv6 通信所需要的所有扩展数据。

在 TCP/IP 协议族中，缺乏对数据报文进行认证、加密及完整性保护等措施。为弥补这些安全方面的不足，人们通常在应用层增加了许多安全技术，而在 IPv6 中，添加网络层基本安全功能（IPsec）。

2.2.1　IPv6 报头

IPv6 报头的设计思路来源于对原有 IPv4 报头的修改，在修改的同时，引入了许多新的思路和功能拓展等。与 IPv4 相比，IPv6 报头所含字段少，结构更为简单，而且报头长度固定，更利于网络中路由器的硬件实现，而且 IPv6 数据报文在路由过程中不会被分割，从而进一步减轻了路由器负担。

1. IPv4 报头格式

IPv4 报头结构如图 2.9 所示。

1）版本

版本字段规定了 IP 的版本，长度是 4 位。通信双方使用的 IP 版本必须一致。目前广泛使用的 IP 版本号为 4（即 IPv4）。

2）互联网报头长度

互联网报头长度（internet header length, IHL）字段表示 IPv4 报头中 4 字节块的数量，长度为 4 位。因为 IPv4 报头的最小长度为 20 字节，所以 IHL 字段的最小值为 5。IPv4 选项是以 4 字节为增量扩展 IPv4 报头的，如果 IPv4 选项的长度不是 4 字节的整数倍，则选项长度除完 4 的余数剩余字节会以填充选项填充，从而使 IPv4 报头长度为 4 字节的整数倍。IHL 值最大为 0xF，因此，包含选项的 IPv4 报头的最大长度为 60（15×4）字节。

版本 (4位)	互联网报头 长度(4位)	服务类型 (8位)	总长度(16位)	
标识(16位)			标志 (3位)	分片偏移(13位)
生存时间(8位)		协议(8位)	报头校验和(16位)	
源地址(32位)				
目的地址(32位)				
选项(加填充)(长度可变)				

图 2.9　IPv4 报头结构

3）服务类型

服务类型字段表示数据包在由 IPv4 网络中的路由器转发时所期待的服务，长度是 8 位，包括优先级、延迟、吞吐量、可靠性和代价特征位。RFC 2474 提供了一个 8 位服务类型字段的可替换定义，该定义基于区分服务（differentiated service, DS）字段，提供非默认路由器信息，对这些信息的处理不需要使用信号协议或对每个路由器进行状态维护。

4）总长度

总长度字段表示 IPv4 数据包的总长度（IPv4 报头+IPv4 载荷），不包括链路层帧。该字段的长度是 16 位，表示 IPv4 数据包的最大长度为 65535 字节。

在 IP 层下面的每一种数据链路层都有其自己的帧格式，其中包括帧格式中的数据字段的最大长度，这称为最大传输单元（MTU）。当一个 IP 数据包封装成链路层的帧时，此数据包的总长度（报头加载荷）一定不能超过数据链路层的 MTU。当数据包长度超过数据链路层所容许的 MTU 时，就必须将过长的数据包进行分片，然后才能在网络上传送。这时，报头中的总长度字段不是指未分片前的数据包长度，而是指分片后每片的报头长度与载荷长度的总和。

5）标识

标识字段用于标识当前的数据包，长度是 16 位。标识字段由 IPv4 数据包的源节点来选择。如果 IPv4 数据包被拆分了，则所有分片都保留标识字段的值，以便目的节点对这些分片进行重组。

6）标志

标志字段包含了用于拆分过程的标志，长度是 3 位，当前只使用了其中 2 位。

（1）标志字段中最低位为更多分片（more fragment, MF）。MF = 1 表示后面还有分片，MF = 0 表示这已是若干分片的最后一个。

（2）标志字段中间一位为不能分片（don't fragment, DF）。只有 DF = 0 时才允许分片。

7）分片偏移

分片偏移字段表示相对于原始 IPv4 载荷起始位置的偏移，长度是 13 位。分片偏移以 8 字节为偏移单位，即每个分片的长度一定是 8 字节（64 位）的整数倍。

8）生存时间

生存时间（time to live, TTL）字段表示一个 IPv4 数据包在被丢弃前，可经链路的最大数量，长度是 8 位。TTL 字段起初被定义为一个时间计数，表示数据包可以在网络上生存多少秒。IPv4 路由器决定了转发 IPv4 数据包所需的时间长度（以秒为单位），并据此减少 TTL 值。现在的路由器几乎总能在不到 1s 的时间内转发一个 IPv4 数据包，并按照 RFC 791 的规定，将 TTL 值至少减 1。正是由于这个原因，才将 TTL 的定义变成了可经链路的最大数量，其值由发送节点来设置。当 TTL 为 0 时，路由器将向源节点发送超过生存时间的 ICMPv4 超时报文，然后将数据包丢弃。

9）协议

协议字段用于标识上层协议，长度是 8 位。

10）报头校验和

报头校验和字段用于存放 IPv4 报头的校验和，长度是 16 位。IPv4 载荷不包括在校验和计算中，因为 IPv4 载荷通常包含自己的校验和。每个接收 IPv4 数据包的 IPv4 节点都会验证校验和，如果验证失败，就丢弃 IPv4 数据包。当路由器转发 IPv4 数据包时，它必须递减 TTL。因此，在源地址和目的地址之间每跳一次，报头校验和的值都会重新计算。

11）源地址

源地址字段表示源节点的 IPv4 地址，长度是 32 位。

12）目的地址

目的地址字段表示目的节点的 IPv4 地址，长度是 32 位。

13）选项（加填充）

选项字段存放一个或多个 IPv4 选项，长度是 32 位（4 字节）的倍数。如果一个 IPv4 选项没有使用所有的 32 位，就必须填充选项，以确保 IPv4 报头是一个 4 字节块的倍数。

2. IPv6 报头格式

IPv6 报头去掉了 IPv4 中不需要或很少使用的字段，增加了能更好地支持实时通信流的字段。RFC 8200 中定义的 IPv6 报头结构如图 2.10 所示。

1）版本

版本字段规定了 IP 版本，长度为 4 位，值为 6。尽管版本字段的意义在 IPv4 和 IPv6 中都是相同的，但这个值却并不用于 IPv4 或 IPv6 层。

IP 协议版本是通过链路层报头中的协议标识字段来标识的。例如，在常见的 Ethernet II 以太网链路层封装中，使用一个 16 位的以太网类型（ether type）字段来标识以太网类型。对于 IPv4 数据包，以太类型字段的值为 0x0800，对于 IPv6 数据包，以太类型字段的值为 0x86DD。

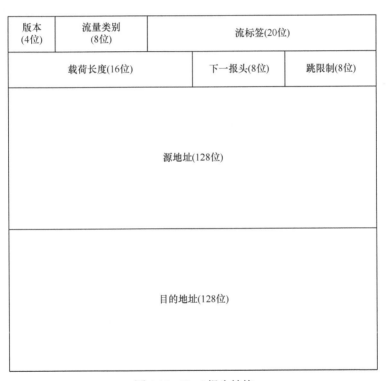

图 2.10 IPv6 报头结构

2）流量类别

8 位的流量类别字段可供源节点和转发路由器使用，用于流量管理，以识别和区分 IPv6 数据包的不同类别或优先级。该字段提供的功能类似于 IPv4 报头的服务类型字段。

IPv6 流量类别可分为非缺省质量服务和实时服务两大类。RFC 8200 中没有定义流量类别字段的值，但它在 IPv6 中是需要实现的。接收到的数据包或分片中流量类别字段的值可能与源节点发送的值不同。流量类别字段用于区分服务和显式拥塞通知时，在 RFC 2474 和 RFC 3168 中有详细定义。

3）流标签

流标签字段表示数据包属于源节点和目的节点之间的一个特定数据包序列，需要中间

IPv6 路由器进行特殊处理。该字段的长度是 20 位，用于非默认 QoS 连接，如实时数据（音频和视频）连接。对于默认的路由器处理，流标签字段的值为 0。在源节点和目的节点之间可能有多个流，它们以不同的非零流标签来区分彼此。流标签可以用于实现对流的特定处理，如质量服务、路由优化、安全等。

RFC 6438 介绍了 IPv6 流标签的一个特定用途，即在等价多路径路由（equal-cost multi-path routing, ECMP）和隧道中的链路聚合（link aggregation, LAG）中实现负载均衡。ECMP 和 LAG 是将多个网络路径或物理链路组合在一起，以提高传输容量和可靠性的技术。为有效分配流量到不同的路径或链路，需要一种方法来识别和区分不同的流。流标签可以作为一种简单有效的方法，用于在隧道场景中实现流识别和负载均衡。隧道是一种将数据包封装在另一个 IP 报头中，以便在不同的网络之间传输的技术。在隧道中，内部报头可能不可访问或不适合用于哈希算法，而外部报头可能缺乏足够的熵来区分不同的流。因此，隧道端点（tunnel end point, TEP）可以设置外部 IPv6 报头中的流标签，以便在隧道内部保持每个用户流的唯一性。这样，中间路由器就可以使用外部报头中的{源地址，目的地址，流标签}三元组作为哈希算法的输入，从而实现 ECMP 或 LAG。这种方法可以避免乱序传送，并提高负载均衡效率。

4）载荷长度

载荷长度字段表示 IPv6 载荷的长度，长度是 16 位，表示一个无符号整数，指明 IPv6 数据包中，除报头以外剩余部分的长度（包括扩展报头和上层 PDU）。

16 位的载荷长度字段表示 IPv6 载荷的最大长度为 65535 字节。如果载荷长度超过 65535 字节，则会将载荷长度字段的值置 0，而载荷长度用逐跳选项扩展报头中的超大载荷选项来表示。

5）下一报头

下一报头字段表示第一个扩展报头（如果存在）的类型，或者上层 PDU 中的协议（如 TCP、UDP 或 ICMPv6 等），长度为 8 位。下一报头字段使用与 IPv6 中定义的相同的值来表示上层协议。表 2.3 列出了 IPv6 下一报头字段的常见值。

表 2.3　IPv6 下一报头字段的常见值

值（十进制）	报头
0	逐跳选项报头
6	TCP
17	UDP
41	已封装的 IPv6 报头
43	路由报头
44	分片报头
50	封装安全载荷报头
51	认证报头
58	ICMPv6
59	无下一报头
60	目的选项报头

在下一报头字段中，将无下一报头的值定义为 59，也许有人认为把这个值定义为 0 会比 59 更合理一些。事实上，这样定义是因为 IPv6 设计者要优化 IPv6 数据包在中间路由器中的处理过程。每个中间路由器都应该处理的一个扩展报头是逐跳选项报头。为优化对逐跳选项报头是否存在的测试，才将逐跳选项报头的值定义为 0。在路由器的硬件中，测试一个值是否为 0 显然比测试一个值是否为 59 要容易得多。

6）跳限制

跳限制字段表示 IPv6 数据包在被丢弃前可以通过的最大链路数，长度是 8 位。源节点在生成 IPv6 报文时，把该字段设定为一个大于零的初始值。该数据包每经过一个路由器，路由器就将该字段的值减 1。除了与数据包在路由器队列中的总时间（以秒表示）没有关系这一点以外，跳限制字段与 IPv4 的 TTL 字段非常相似。在一个路由器中，当跳限制字段的值减为 0 时，路由器向源节点发送跳限制耗尽的 ICMPv6 超时报文，并丢弃数据包。

7）源地址

源地址字段表示源节点的 IPv6 地址，长度是 128 位。

8）目的地址

目的地址字段表示目的节点的 IPv6 地址，长度是 128 位，在大多数情况下，目的地址字段的值为最终的目的地址。然而，如果存在路由报头，则目的地址字段的值可能为下一个中间节点的地址。

3. IPv6 和 IPv4 报头对比

对 IPv6 和 IPv4 报头进行比较（表 2.4），可发现它们存在以下主要差异。

表 2.4　IPv4 和 IPv6 报头字段对比

IPv6 报头字段	IPv4 报头字段	对比结果
版本	版本	相同的字段，但是不同的版本号
	互联网报头长度	IPv6 已弃用，因 IPv6 报头长度固定为 40 字节。另外，每个 IPv6 扩展报头或者有固定长度，或者有表示自己长度的字段
流量类别	服务类型	服务类型字段由 IPv6 流量类别字段取代
载荷长度	总长度	总长度字段由 IPv6 载荷长度字段取代，它表示 IPv6 载荷长度
	标识、标志、分片偏移	IPv6 已弃用，IPv6 报头中不再包含分片信息，分片信息包含在分片报头中
跳限制	生存时间	生存时间字段由 IPv6 跳限制字段取代
下一报头	协议	协议字段由 IPv6 下一报头字段取代
	报头校验和	IPv6 已弃用。在 IPv6 中，链路层为整个 IPv6 数据包进行比特差错检测
源地址	源地址	IPv6 包含该字段，但 IPv6 中该字段的长度为 128 位
目的地址	目的地址	IPv6 包含该字段，但 IPv6 中该字段的长度为 128 位
	选项（加填充）	IPv6 已弃用，由 IPv6 扩展报头取代

（1）报头字段数量从 IPv4 报头中的 13 个[含选项（加填充）]降到了 IPv6 报头中的 8 个。

（2）中间路由器必须处理的字段从 6 个降到了 4 个，这就可以更有效率地转发普通

IPv6 数据包。

（3）很少使用的字段（如支持分片的字段以及 IPv4 报头中的选项（加填充）字段）被移到了 IPv6 扩展报头中。

（4）IPv6 报头长度是 IPv4 报头最小长度（20 字节）的两倍，达到 40 字节。然而，IPv6 报头中所包含源地址和目的地址的长度是 IPv4 源地址和目的地址的 4 倍。

（5）IPv6 报头新增 IPv4 报头没有的字段——流标签。流标签的主要目的是在源主机和目的主机之间标识一个数据流，以便网络设备（如路由器）可以根据流标签识别和处理特定的流量，可用于实现流量分流、优先级处理、流量隔离等网络管理和服务质量控制功能。

2.2.2　IPv6 扩展报头

IPv6 扩展报头在功能上对 IPv6 做了必要且有益的补充。IPv6 数据包并不是必须携带扩展报头，但可利用其来增强 IPv6 的灵活性和可扩展性。

IPv4 报头中包含所有选项，每个中间路由器都必须检查这些选项是否存在，如果存在，就必须处理它们，这些操作会降低中间路由器转发 IPv4 数据包的性能。

在 IPv6 中，选项（加填充）被移到了扩展报头中。每个中间路由器都应该处理的一个扩展报头是逐跳选项报头，这就提高了中间路由器处理 IPv6 报头的速度，也提高了其转发 IPv6 数据包的性能。

RFC 8200 规定所有 IPv6 节点都必须支持以下扩展报头：逐跳选项报头、目的选项报头、路由报头、分片报头、认证报头（authentication header, AH）、封装安全载荷报头。

在一般 IPv6 数据包中，并没有这么多扩展报头。需要中间路由器或目的节点做一些特殊处理时，源节点才会添加一个或多个扩展报头。每个扩展报头必须以 64 位（8 字节）为边界。有固定长度的扩展报头的长度必须是 8 字节的整数倍。而可变长度的扩展报头中包含了一个报头扩展长度字段，在需要的时候必须使用填充选项，以确保扩展报头的长度是 8 字节的整数倍。

IPv6 报头以及 0 个或多个扩展报头中的下一报头字段组成了一个类似于指针链表的 IPv6 报头链。每个指针表示紧跟在当前报头之后的报头类型，直至碰到上层协议标识。图 2.11 显示了由下一报头字段组成的 IPv6 报头链。

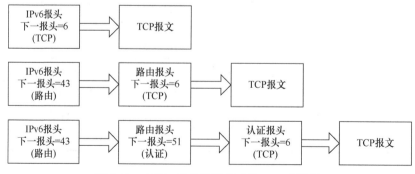

图 2.11　由下一报头字段组成的 IPv6 报头链

扩展报头按其出现的顺序被处理。由于逐跳选项报头是链路上的每个节点都应该处理的扩展报头，因此它应该首先被处理，其他扩展报头采用类似原则。RFC 8200 建议 IPv6 扩展报头以如下顺序排列：

（1）逐跳选项报头。

（2）目的选项报头（当存在路由报头时，用于中间节点）。

（3）路由报头。

（4）分片报头。

（5）认证报头。

（6）封装安全载荷报头。

（7）目的选项报头（用于最终目的节点）。

其中，认证报头（AH）和封装安全载荷（ESP）报头都是 IPsec 的支撑报头，AH 为 IPv6 数据包和 IPv6 报头中那些经过 IPv6 网络传输后值不会改变的字段提供了数据验证（对发送数据包的节点进行校验）、数据完整性确认（确认数据在传输中没有改变）和抗重放保护（确保所捕获的数据包不会被重发，也不会被当作载荷接收）等服务，而 ESP 报头提供机密性保证、数据源认证、无连接的完整性确认、抗重放保护和有限的通信流机密性保证等多种服务。ESP 报头可以与 AH 结合使用，也可以单独使用，提供了主机之间、安全网关之间、主机和安全网关之间的安全服务。关于 IPsec 及 AH、ESP 报头的细节将于 10.1 节进行介绍。

1. 逐跳选项报头

逐跳选项报头中包含了 IPv6 数据包传递路径上每个节点都应检查并处理的信息。如果有逐跳选项报头存在，那么它必须是紧跟在 IPv6 报头后的第一个扩展报头。它以 IPv6 报头中的下一报头字段的值 0 来标识。逐跳选项报头结构如图 2.12 所示。

图 2.12　逐跳选项报头结构

逐跳选项报头包括下一报头、报头扩展长度和选项字段（包含 1 个或多个选项）。报头扩展长度字段的值是逐跳选项报头中 8 字节的数量，其中不包括第一个 8 字节。因此，对于一个 8 字节的逐跳选项报头来说，其报头扩展长度字段的值为 0。填充选项用于确保 8 字节的边界。

逐跳选项报头中的报头扩展长度字段是 IPv6 设计者优化中间路由器对 IPv6 数据包的处理过程的又一个例子。对于那些带有逐跳选项报头的数据包，首先要做的操作就是确定报头的长度。如果报头扩展长度字段的值被定义为报头中 8 字节的数量，它的最小值应为 1（逐跳选项报头的最小长度为 8 字节）。为确保 IPv6 转发实现方案的健壮性，在进行其他处理以前，必须对那些有效值从 1 开始的字段进行检查，以保证它们的值不是无效的 0。在当前报头扩展长度字段的定义中，0 是一个有效值，因此不需要进行无效值的检验。逐跳选项报头字节数的计算公式为（报头扩展长度+1）×8。

选项是一系列字段的集合，它或者描述了数据包转发的某方面特性，或者用作填充。

每个选项以类型-长度-值（type-length-value, TLV）构成，该格式通常用于 TCP/IP 各类协议中。选项结构如图 2.13 所示。

图 2.13　选项结构

选项也有对齐要求，这是为了保证选项中的特定字段位于期望的边界之内。例如，如果一个 IPv6 地址位于 8 字节的边界上，则对它的处理会更加容易。对齐要求用 $xn+y$ 表示法来表示，选项必须从相当于 x 字节的整数倍加上从报头起始算起的 y 字节的这样一个字节边界开始。例如，对齐要求为 $4n+2$，表示选项必须以字节边界（4 字节的整数倍）+2 开始。换句话说，相对于逐跳选项报头或目的选项报头的起始，选项必须以字节边界 6、10、14 等开始，为符合对齐要求，通常会在选项之前进行填充，当有多个选项时，也会在两个选项之间进行填充。

选项类型字段既标识选项，又确定了相关节点对选项的处理方法。选项长度字段表示选项中的字节数，选项长度不包括选项类型字段和选项长度字段。选项数据（选项值）是与选项相关的特定数据。

在选项类型字段中，最高的 2 位表示当处理选项的节点不能识别选项类型时，应如何处理该选项。表 2.5 列出了这 2 位的值及处理方式。选项类型字段中的第三高位表示选项数据是否可以在到达数据包最终目的地址的途中更改，若可以更改，则其值为 1，否则为 0。

表 2.5　选项类型字段中最高 2 位的值及处理方式

值（二进制）	处理方式
00	跳过选项，并继续处理报头
01	丢弃数据包
10	丢弃数据包，无论该数据包的目的地址是否为组播地址，均向该数据包的源地址发送 ICMPv6 参数问题报文（代码 2），指明无法识别的选项类型
11	丢弃数据包，当且仅当该数据包的目的地址不是组播地址时，向该数据包的源地址发送 ICMPv6 参数问题报文（代码 2），指明无法识别的选项类型

下面介绍几种选项的具体结构。

1）Padl 选项

Padl 选项用于将 1 字节的填充插入报头的选项区域，以使逐跳选项报头或目的选项报头落在 8 字节的边界上，并符合选项的对齐要求。Padl 选项没有对齐要求，其结构如图 2.14 所示。

选项类型=0(8位)

图 2.14　Padl 选项结构

　　Padl 选项为 1 字节，选项类型的值为 0，它没有长度和数据字段。选项类型的值为 0 也意味着，如果选项不能被处理它的节点所识别，则该选项会被跳过，并且该选项在传输中不允许被改变。

2）PadN 选项

PadN 选项的作用是插入 2 个或多个填充字节，以使逐跳选项报头或目的选项报头落在 8 字节的边界上，并符合选项的对齐要求。PadN 选项也没有对齐要求，其结构如图 2.15 所示。

选项类型=1(8位)
选项长度(8位)
选项数据(长度可变)

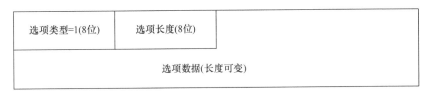

图 2.15　PadN 选项结构

PadN 选项包括选项类型字段（值为 1）、长度字段（值为后面选项数据的字节数）和选项数据（0 个或多个填充字节）。选项类型字段的值为 1 意味着：如果选项不能被处理它的节点所识别，则该选项会被跳过，并且该选项在传输中不允许被改变。

3）超大载荷选项

超大载荷选项在 RFC 2675 中定义，用于表示载荷长度大于 65535 字节。超大载荷选项有 4*n*+2 的对齐要求，其结构如图 2.16 所示。

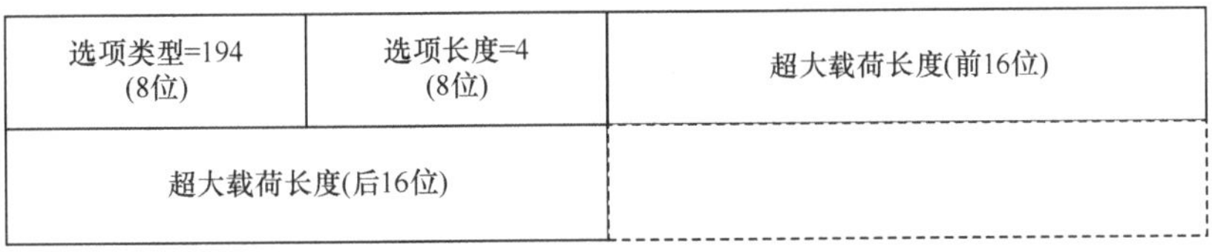

选项类型=194
(8位)
选项长度=4
(8位)
超大载荷长度(前16位)
超大载荷长度(后16位)

图 2.16　超大载荷选项结构

如果使用了超大载荷选项，则 IPv6 数据包的载荷长度不再用 IPv6 报头中的载荷长度字段来表示，而是用超大载荷选项中的超大载荷长度字段来表示，单位为字节。32 位的超大载荷长度字段表示的载荷长度可以达到 4294967295 字节。

超大载荷选项的选项类型字段的值为 194（十六进制表示为 0xC2，二进制表示为 11000010），这意味着：如果选项不能被处理它的节点所识别，且目的地址不是组播地址，则该数据包会被丢弃，并且向源地址发送一个 ICMPv6 参数问题报文，该选项在传输中不允许被改变。

4）路由器警告选项

路由器警告选项（选项类型值为 5）在 RFC 2711 中定义（在 RFC 6398 中更新），用于表示数据包内容需要额外处理。路由器警告选项有 2*n*+0 的对齐要求，其结构如图 2.17 所示。

选项类型=5(8位)
选项长度=2
(8位)
路由器警告值=0(16位)

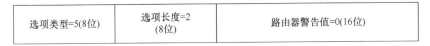

图 2.17　路由器警告选项结构

路由器警告选项用于组播侦听者发现（MLD）和资源预留协议（resource reservation protocol, RSVP）。选项类型字段的值为 5，这意味着：如果选项不能被处理它的节点所识别，则该选项将被跳过，并且该选项在传输中不允许被改变。

2. 目的选项报头

目的选项报头用于携带着仅需目的节点检验的可选信息。它要在 IPv6 目的地址域所列的第一个目的节点上处理,也要在路由报头所列的后续目的节点上处理,由前一个报头的下一报头字段的值 60 来标识。目的选项报头与逐跳选项报头结构相同。

用以下两种方式使用目的选项报头:①如果存在路由报头,则目的选项报头指定了在每个中间节点都要转发或处理的选项。在这种情况下,目的选项报头出现在路由报头之前。②如果不存在路由报头,或者目的选项报头出现在路由报头之后,则目的选项报头指定了在最终目的节点要转发或处理的选项。

Padl 选项和 PadN 选项已在前面介绍,下面介绍性能和诊断度量(performance and diagnostic metrics, PDM)选项,并进行选项类型总结。

1)性能和诊断度量选项

性能和诊断度量选项在 RFC 8250 中定义,用于在每个数据包中嵌入可选的序列号和时间信息,测量网络延迟、服务器延迟等指标。PDM 选项可以帮助诊断网络或服务器的性能问题,提高产品质量和提升用户体验。

2)选项类型的总结

表 2.6 列出了逐跳选项报头和目的选项报头中选项的不同类型。

表 2.6　选项类型

选项类型	选项及其使用位置	对齐要求
0	Padl 选项:逐跳选项报头和目的选项报头	无
1	PadN 选项:逐跳选项报头和目的选项报头	无
194(0xC2)	超大载荷选项:逐跳选项报头	$4n+2$
5	路由器警告选项:逐跳选项报头	$2n+0$
15(0xF)	性能和诊断度量选项:目的选项报头	无

3. 路由报头

IPv4 定义了严格源路由和自由源路由。在严格源路由中,每个中间节点只能经过 1 次;而在自由源路由中,每个中间节点可以经过 1 次或多次。IPv6 源节点使用路由报头来列出 1 个或多个要在到达数据包目的地址前需访问的中间节点。此功能与 IPv4 自由源路由和记录路由选项非常相似。

路由报头由前一个报头中的下一报头字段的值 43 来标识,其结构如图 2.18 所示。

下一报头(8位)	扩展报头长度 (8位)	路由类型(8位)	段剩余(8位)
路由特定类型数据(长度可变)			

图 2.18　路由报头结构

　　路由报头由下一报头、报头扩展长度（与逐跳选项报头中的定义方法一样）、路由类型、段剩余（表示还要访问的中间节点的数目）以及路由特定类型数据字段所组成。

　　RFC 2460 定义了类型 0 路由，用于自由源路由，类型 0 路由报头结构如图 2.19 所示。对于类型 0 路由报头来说，路由特定类型数据由一个 32 位的保留字段和一个中间目的地址的列表组成，列表中包括最终目的地址。

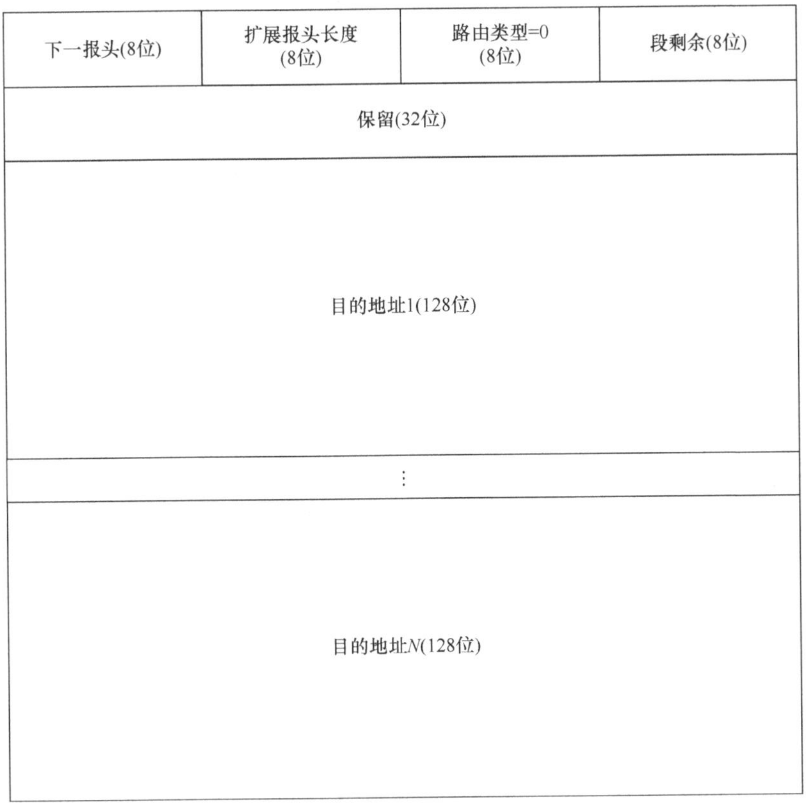

下一报头(8位)	扩展报头长度 (8位)	路由类型=0 (8位)	段剩余(8位)
保留(32位)			
目的地址1(128位)			
⋮			
目的地址N(128位)			

图 2.19　类型 0 路由报头结构

　　在数据包最初发送时，目的地址的值为第一个中间目的地址，路由特定类型数据的值为其他中间目的地址及最终目的地址的列表。段剩余字段的值为包含在路由类型数据中的地址总数。当 IPv6 数据包到达一个中间目的地址时，路由报头会被处理，并且会执行以下步骤：

　　（1）当前目的地址和地址列表中的第 N–段剩余+1 个地址相交换，这里 N 是路由报头中的地址总数。

　　（2）段剩余字段的值减 1。

　　（3）数据包被转发。当数据包到达最终目的地址的时候，段剩余字段的值被置为 0，在到达最终目的地址的路径中所访问过的中间目的地址列表会被记录在路由报头中。

　　但类型 0 路由报头提供的功能可以实现远程路径上的流量放大，从而产生拒绝服务（denial of service, DOS）威胁流量。鉴于此安全问题，RFC 5095 弃用了类型 0 路由报头。目前在用的有四类路由报头。

　　类型 1（RH1）：用于由美国国防部高级研究计划局（defense advanced research projects agency, DARPA）资助的 Nimrod 项目。

类型 2（RH2）：用于 IPv6 移动支持，详见 RFC 6275。

类型 3（RH3）：用于分配路由算法和参数（适用于任播数据包）。

类型 4（RH4）：用于分段路由，即 SRv6，详见 RFC 8754。

通过在 IPv6 报头和载荷之间插入 SRH（分段路由报头）的方式来实现源路由信息的编码，在整个报文转发过程中，普通的中间节点仅支持 IPv6 转发即可，无须支持特殊的转发逻辑，极大地增强了 SRv6 技术的扩展性和部署的灵活性，这也赋予了 SRv6 技术未来丰富的想象空间。

4. 分片报头

当从 IPv6 源地址发送的数据包的长度比到达目的地址所经过的路径上的最小 MTU 还要大时，该数据包就要被分成几段分别发送，这时就要用到分片报头。目的节点收到被分片发送的全部数据包后，再将它们组装起来。分片报头由前一个报头中的下一报头字段的值 44 来标识。分片报头结构如图 2.20 所示。

图 2.20　分片报头结构

分片报头中包括下一报头（8 位）、保留（8 位）、分片偏移（13 位）、保留（2 位）、分片未完成标志（M）（1 位）和标识（32 位）字段。分片偏移、分片未完成标志和标识字段的用法与 IPv4 报头中的相应字段一样。由于分片偏移字段的定义是 8 字节分片块的数量，13 位的分片偏移字段可以表示的最大数是 8191，分片偏移仅能表示起始位置最大为 65528（8191×8）字节的分片数据，因此分片报头不能用于超大包。

在 IPv6 中，只有在源节点可以对载荷进行拆分。如果上层协议提交的载荷的长度大于链路或路径 MTU，则 IPv6 会在源节点对载荷进行拆分，并使用分片报头来提供重组信息。IPv6 路由器绝不会对要转发的数据包进行拆分，这与 IPv4 路由器不同。

因为 IPv6 不会透明地拆分载荷，所以本该由源节点来分片的数据可能会被一个不知道目的节点路径 MTU 的应用程序直接发送出去，这就会产生不合理性，最终其会被 IPv6 路由器丢弃。这对于 UDP 报文或其他不使用 TCP 的各种类型报文的单播或组播通信流来说可能是个问题。

IPv4 和 IPv6 分片报头中的相应字段之间有一些细微区别。在 IPv4 中，分片标志是由标志字段和分片偏移字段所共同组成的 16 位中最高的 3 位，而在 IPv6 中，分片标志是由标志字段和分片偏移字段所共同组成的 16 位中最低的 3 位。在 IPv4 中，标识字段是 16 位，而不是像 IPv6 一样的 32 位。在 IPv6 中没有不要分片标志。因为 IPv6 路由器从不执行分片操作，所以对于所有的 IPv6 数据包来说，不要分片标志应该总是为 1，这样就没有必要将这个字段包括进去了。

1）IPv6 分片过程

在对一个 IPv6 数据包进行分片时，首先要将数据包划分为可分片的和不可分片的两部分。

（1）原始 IPv6 数据包的不可分片部分必须被分片节点和目的节点之间的中间节点处理，包括 IPv6 报头、逐跳选项报头、为中间节点所使用的目的选项报头以及路由报头。

（2）原始 IPv6 数据包的可分片部分必须被最终目的节点处理，包括认证报头、封装安全载荷报头、为最终目的节点所使用的目的选项报头以及上层 PDU。

下一步形成 IPv6 分片数据包，每个分片数据包由不可分片部分、分片报头和可分片部分的一部分组成。图 2.21 显示了将一个数据包拆分成 3 个分片的过程。

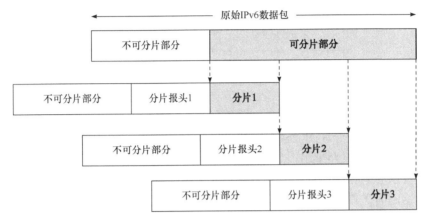

图 2.21　IPv6 数据包分片过程

在每个分片中，分片报头的下一报头字段表示起始可分片部分中的第一个报头或上层协议。分片报头中的分片偏移字段表示这个分片相对于原始载荷的偏移，偏移量以 8 字节为单位。分片未完成标志在数据包中除最后一个分片之外的所有分片上置位。一个 IPv6 数据包的所有分片都必须包含相同的标识字段值。

当发送主机的上层协议提交一个数据包给 IPv6 层，而这个数据包的长度大于通往目的节点的路径 MTU 时，对 IPv6 数据包的分片操作就会发生。当一个不知道路径 MTU 的 UDP 应用程序向目的节点发送大数据包，或者一个 TCP 应用程序在得知路径 MTU 降低前发送了一个数据包时，都会发生分片操作。在后者中，IPv6 知道新的路径 MTU，但 TCP 不知道，TCP 仍根据旧的更大的路径 MTU 来提交 TCP 段，这时 IPv6 就会对 TCP 段进行分片，以使其适合新的、更小的路径 MTU。一旦 TCP 知道了新的路径 MTU，后续的 TCP 段就无须再被拆分了。

IPv6 数据包发送到 IPv4 目的节点后，在进行从 IPv6 到 IPv4 报头转换时，可能会收到路径 MTU 的更新值小于 1280 的通知。在这种情况下，发送主机发送带分片报头的 IPv6 数据包，在分片报头中，分片偏移字段的值为 0，分片未完成标志则不置位，载荷长度字段的值为更小的 1272 字节。由于在数据包中包含了分片报头，因此 IPv6 到 IPv4 的转换器就可以使用分片报头中的标识字段来进行 IPv4 拆分，以使数据包最终到达 IPv4 目的节点。

2）IPv6 分片重组过程

分片数据包由中间 IPv6 路由器转发到 IPv6 目的地址。分片数据包可能通过不同的路径到达目的节点，也可能以与发送时不同的次序到达。

为将分片数据包重组为原始数据包，IPv6 使用 IPv6 报头中的源地址、目的地址以及分片报头中标识字段对分片进行重组。IPv6 分片重组过程如图 2.22 所示。

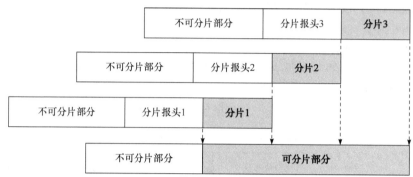

图 2.22　IPv6 分片重组过程

当所有分片都到达目的节点后，目的节点会计算原始载荷的长度，并更新重组数据中 IPv6 报头的载荷长度字段值。另外，在数据包的不可分片部分中，最后一个报头的下一报头字段值被置为第一个分片的分片报头的下一报头字段值。

RFC 8200 建议在放弃重组，并丢弃已部分重组的数据包之前，有 60s 的重组时间。如果第一个分片已经到达，而重组尚未完成，则正在进行重组的主机会发送一个 ICMPv6 超时（分片重组超时）差错报文给源节点。

5. 扩展报头优势分析

扩展报头是 IPv6 报头设计的重要一环，其功能类似于 IPv4 报头中的各种选项（加填充）。一个 IPv6 数据包可以没有扩展报头，只有在需要路由器或者目的节点做某些特殊处理时才由发送方添加一个或多个扩展报头，因此扩展报头的目的是实现特定的网络服务。这种设计模式有以下好处。

1）灵活性好

灵活性好主要体现在两个方面：一是在 IPv6 数据包传输过程中，可以根据其特定的网络需求，由其 IPv6 报头有选择、有针对性地携带一个或者多个 IPv6 扩展报头；二是 IPv6 扩展报头的总长度并没有一个固定的长度规定，可以根据新的网络应用，有针对性地设计新的扩展报头，以便于日后扩充新的扩展报头。当 IPv6 数据包需要新型网络服务时，只需将新设立的扩展报头按一定顺序排列在 IPv6 报头或某个扩展报头之后，而不必顾虑 IPv6 扩展报头有什么总长度的限制。

2）路由器转发效率高

IPv4 报头长度不固定，所以很难采用硬件对其提取、分析路由信息，这对进一步提高路由器的数据吞吐率也是不利的。与之相比，IPv6 报头的固定长度则非常有利于提高硬件处理报头的效率。另外，IPv6 报头比 IPv4 的报文更为简洁，能够减少路由器的操作，降低路由器处理数据的开销，这样有利于提高路由器的工作效率。而且，在 IPv6 网络路由过程中不会对所传输的数据报文进行分割，从而进一步减少了路由的负载。这一系列的改进使 IPv6 可以在一个合理的开销范围内适应未来网络流量的指数级增长速度。同时，扩展报头的设计也有助于这种性质的发展。因为 IPv6 的扩展报头只是在需要时才放置在 IPv6 报头之后，而大多数扩展报头（只有逐跳选项报头例外）在数据的网络传输路径中无须任何路由器的检查和处理，可以直达目的节点，从而方便了拥有（众多）扩展报头的数据包提高路由性能。当节点无法辨认某选项时，可对选项进行编码，从而更高效率地进行转发。

2.3　本章小结

本章主要介绍了 IPv6 地址和报头。IPv6 最为明显的优势就是拥有非常大的地址空间，目前来看，能够满足全球互联网的使用需求。由于 IPv6 地址为 128 位，为方便书写，IPv6 地址采用冒分十六进制表示法。

此外，IPv6 地址支持单播、组播和任播三种地址类型，本章重点介绍了全球单播地址、链路本地地址、特殊地址等单播地址，也介绍了典型的组播地址，尤其是请求节点组播地址，还对子网-路由器任播地址进行了介绍。

对于 IPv6 报头，其结构比 IPv4 报头简单，删除了很多不必要或不常使用的字段，也增加了新字段，仅设置版本、流量类别、流标签、载荷长度、下一报头、跳限制、源地址与目的地址 8 个字段。

IPv6 将 IPv4 报头中的选项（加填充）及其他扩展功能放入扩展报头（及选项）中，并提供了逐跳选项、目的选项、路由、分片、认证、封装安全载荷报头。值得注意的是，IPsec 作为 IPv6 的一个可选组成部分，能够无缝地为网络层提供安全特性，大幅度提高了现有 TCP/IP 协议族的安全能力。

习　　题

1. IPv6 地址空间是怎样进行划分的？请解释 IPv6 地址空间的层次结构，并说明每个层次的作用。

2. IPv6 地址的表示方式有哪些？请分别解释它们的特点。

3. IPv6 全球单播地址和链路本地地址有何区别？在什么情况下使用这些地址？

4. IPv6 链路本地地址与唯一本地地址的区别是什么？

5. IPv4 的私有地址、公网地址对应于 IPv6 的哪些地址？

6. 针对组播通信，IPv6 定义了哪些特定的地址类型？请列举并简要解释其作用。

7. IPv6 报文分片与 IPv4 报文分片的联系和区别是什么？

8. 请简要描述 IPv6 扩展报头的作用。

9. IPv6 报头中的流标签字段有什么用途？它如何帮助提高服务质量？

10. IPv6 报头中有哪些与安全相关的字段或选项？它们的作用是什么？

11. IPv6 报头中的下一报头字段起到了什么作用？如何识别下一个扩展报头或上层协议的类型？

12. IPv6 扩展报头的格式与结构是怎样的？请列举几种常见的扩展报头。

13. 如何确定 IPv6 数据包中使用哪种扩展报头？

第3章　ICMPv6 与邻节点发现协议

IPv6 使用的 ICMPv6 可以执行与 ICMPv4 相似的功能，如报告数据包发送中的错误以及提供简单的回送服务。相比于 IPv4 的 ICMPv4，ICMPv6 提供了很多 IPv6 操作必需的重要函数，与其他高层协议（如 TCP 或 UDP）不同，IPv4 的 ICMPv4 和 IPv6 的 ICMPv6 是两个完全不同的协议。

ICMPv6 也为邻节点发现（ND）协议和组播侦听者发现（MLD）协议等提供了支持。邻节点发现协议包含 5 种 ICMPv6 报文，用于管理链路上节点与节点之间的通信，ND 协议取代了 IPv4 中的地址解析协议（ARP）、ICMPv4 路由器发现以及 ICMPv4 重定向消息。组播侦听者发现包含 3 种 ICMPv6 报文，对应于 IPv4 中用于管理组播的互联网组管理协议（IGMP）。

3.1　ICMPv6

ICMPv4 用于 IP 节点之间传递控制消息，控制消息是指网络通不通、主机是否可达、路由是否可用等网络本身的消息。这些控制消息虽然并不传输用户数据，但是对于用户数据的传递起着重要的作用，ICMPv6 除了对 ICMPv4 的功能进行了改进，还纳入了很多新功能，实现了 IPv4 中的 ICMP、ARP 和 IGMP 的功能。

3.1.1　ICMPv6 概述

ICMPv6 是 IPv6 的重要组成部分，每个 IPv6 节点都必须完全实现 ICMPv6 基础协议。

ICMPv6 报文结构与 ICMPv4 报文结构相同，但是对 ICMPv4 报文的类型进行了重新定义。ICMPv6 报文分为两类：差错报文（error message）和信息报文（informational message）。表 3.1 是对 ICMPv4 和 ICMPv6 部分报文类型进行的对比。

表 3.1　ICMPv4 与 ICMPv6 部分报文类型的对比

报文名称	ICMPv4	ICMPv6
回送应答报文	类型 0	类型 129
目的不可达报文	类型 3	类型 1
包太大报文	类型 4，需要分片和设置 DF	类型 2
源抑制报文	类型 4	无此报文
重定向报文	类型 5	类型 137
回送请求报文	类型 8	类型 128
超时报文	类型 11	类型 3
参数问题报文	类型 12	类型 4

续表

报文名称	ICMPv4	ICMPv6
时间戳请求报文	类型 13	无此报文
时间戳应答报文	类型 14	无此报文
路由器请求报文	类型 10	类型 133
路由器公告报文	类型 9	类型 134
邻节点请求报文	无此报文	类型 135
邻节点公告报文	无此报文	类型 136
家乡代理地址发现请求报文	无此报文	类型 144
家乡代理地址发现应答报文	无此报文	类型 145
移动前缀请求报文	无此报文	类型 146
移动前缀公告报文	无此报文	类型 147

以下介绍 ICMPv6 报文通用格式，如图 3.1 所示，并对其中各字段进行具体说明。

图 3.1　ICMPv6 报文的通用格式

1. 类型

类型字段长度是 8 位，定义 ICMPv6 报文所属分类类型。它的值决定了后面数据的格式，定义 ICMPv6 报文的大类。如果该字段的最高位是 0，那么表示的是差错报文，因此差错报文类型定义在 0～127；如果该字段的最高位是 1，那么表示的是信息报文，因此信息报文类型定义在 128～255。

2. 代码

代码字段长度是 8 位，依赖于报文类型。在确定类型之后，代码字段更明确地定义 ICMPv6 报文类型，指明其具体功能。例如，类型 1 表示目的不可达报文，进一步定义代码字段后，可得到类型 1、代码 3 表示的是地址不可达报文和类型 1、代码 4 表示的是端口不可达报文。

3. 校验和

校验和字段长度是 16 位，用于检验 ICMPv6 报文和部分 IPv6 报头数据的正确性。

4. 报文主体

报文主体字段长度和内容，依据报文类型的不同而不同。

在每一个 ICMPv6 报文发送时，在它前面加上 IPv6 报头和若干（或没有）扩展报头，将带有 IPv6 报头的 ICMPv6 报文作为 IPv6 数据包的载荷。这时，在 ICMPv6 报文之前，与之紧邻的报头（IPv6 报头或扩展报头）中的下一报头字段值是 58 时，表明其是一个 ICMPv6 报文（这和在 IPv4 中的 ICMPv4 识别有很大不同）。其中，ICMPv6 报头包括类型、代码和校验和，数据就是报文主体。携带 ICMPv6 报文的 IPv6 数据包格式如图 3.2 所示。

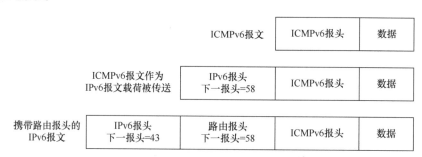

图 3.2　携带 ICMPv6 报文的 IPv6 数据包格式

3.1.2　ICMPv6 差错报文

ICMPv6 差错报文包含目的不可达（destination unreachable）、包太大（packet too big）、超时（time exceeded）和参数问题（parameter problem）四种类型。

同 ICMP 一样，ICMPv6 差错报文是 traceroute 功能的基础，traceroute 是用来探测源主机和目的主机之间所经路由情况的重要工具。通过 ICMPv6 可以定位源主机和目的主机之间的所有路由器。

1. 目的不可达报文

目的不可达报文由路由器或源主机在因除流量拥塞之外的原因而无法转发一个数据包时产生，其结构如图 3.3 所示。其中，类型字段值为 1，代码字段值为 0～6（代表不同的子类型，如表 3.2 所示），校验和字段用于存储 ICMPv6 报头的 16 位校验和，对于未使用字段，发送方必须将其初始化为 0，接收方必须将其忽略，在 ICMPv6 报文的长度不超过 IPv6 最小 MTU 的情况下，尽可能多地在数据字段放入触发本 ICMPv6 报文的原始 IPv6 数据包内容。

图 3.3　目的不可达报文结构

表 3.2　目的不可达报文代码字段值

代码字段值	目的不可达报文子类型	描述
0	无路由到目的地址	该报文在路由器没有定义 IP 数据包的目的地址路由时产生。由于这意味着无法将数据包发送到目的节点所在的本地网络上，其等价于 ICMPv4 中的网络不可达报文子类型
1	与管理受禁的目的地址通信	当被禁止的某类流量到达防火墙内部的一个主机时，包过滤防火墙将产生该报文。其等价于 ICMPv4 中具有相同名称的报文子类型
2	超出了源地址的范围	通常如果从起始区域将数据包的源地址转发到另一个范围区域中，中间节点就会生成该差错报文
3	地址不可达	该报文在试图向目的地址指定的主机交付数据包时存在问题的情况下产生，等价于 ICMPv4 中的主机不可达报文子类型，且通常意味着目的地址错误或将它解析为链路层地址时存在问题
4	端口不可达	UDP 或 TCP 报头中指定的目的端口无效，或目的主机不存在这样的端口
5	源地址未通过出入策略检查	入站或出站的数据包过滤策略不允许具有某个源地址的数据包通过
6	拒绝路由到达目的地址	数据包匹配了某条拒绝路由条目而遭到丢弃。拒绝路由是在路由器上配置的一个地址前缀，对于去往这个前缀的流量，路由器会立刻丢弃

2. 包太大报文

当接收某数据包的路由器由于包长度大于将要转发到的链路 MTU 而无法对其进行转发时，将会产生包太大报文。该 ICMPv6 差错报文中有一个字段指出导致该问题的链路 MTU，在路径 MTU 发现（path MTU discovery, PMTUD）过程中，这是一个有用的差错报文。

包太大报文结构如图 3.4 所示，其中，类型字段值为 2，对于代码字段，发送方将其设为 0，接收方将其忽略，最大传输单元（MTU）存放数据包将转发到的下一跳链路的最大传输单元值，数据字段尽可能多地包含触发 ICMPv6 包太大消息的原始数据包的内容。

类型=2(8位)	代码=0(8位)	校验和(16位)
最大传输单元(32位)		
数据(长度可变)		

图 3.4　包太大报文结构

3. 超时报文

当路由器收到一个跳限制为 0 的数据包或者路由器将数据包的跳数限制减为 0 时，路由器必须丢弃该包，并向源节点发送一个代码为 0 的 ICMPv6 超时报文。源节点在收到该报文后，可以认为最初的跳限制设置得太小（数据包的真实路由比源节点想象的要长），也可以认为有一个路由循环导致数据包无法交付。

在路由跟踪（traceroute）功能中，ICMPv6 超时报文非常有用。路由跟踪功能使得一个节点可以标识一个数据包从源节点到目的节点的路径上的所有路由器。其工作方式如下：首先，一个去往目的节点的数据包的跳限制被设置为 1。它所到达的第一个路由器将减少跳限制，并回送一个超时报文，这样源节点就标识了路径上的第一个路由器。如果该数据包必须经过第二个路由器，源节点会再发送一个跳限制为 2 的数据包，该路由器将把跳限制减小到 0，并产生另一个超时报文。这将持续到数据包最终到达其目的节点为止，同时源节点也获得了从每个中间路由器发来的超时报文。超时报文与目的不可达报文结构相同，其中类型字段值为 3，代码字段值为 0 时表示传输中超过跳限制，为 1 时表示数据包重组超时，对于未使用字段，发送方必须将其初始化为 0，接收方必须将其忽略。

4. 参数问题报文

当一个数据包的 IPv6 报头或扩展报头中的某部分有问题时，路由器会由于无法处理该数据包而将其丢弃。路由器实现中应该产生一个 ICMPv6 参数问题报文来指出问题的类型（如错误的报头字段、无法识别的下一报头类型或无法识别的 IPv6 选项等），并通过一个指针值指出在第几个字节遇到这种问题的情况。

参数问题报文结构如图 3.5 所示，其中类型字段值为 4，代码字段值为 0 时表示错误的报头字段，为 1 时表示未定义的下一报头类型，为 2 时表示未定义的 IPv6 选项，为 5 时表示中间节点无法识别的下一报头类型，为 6 时表示扩展报头太大，为 7 时表示扩展报头链太长，为 8 时表示扩展报头太多，为 9 时表示扩展报头中的选项太多，为 10 时表示选项太大。指针字段用于指定引起参数问题的数据相对于原始报文的字节（8 位）偏移量（如果由于 MTU 限制而进行了截尾操作，源数据包中引起错误的字段即使在 ICMPv6 差错报文达到最大长度时也不能被包括在内，指针的值将超过 ICMPv6 数据的长度）。

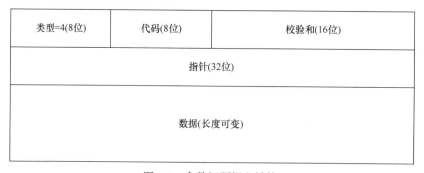

类型=4(8位)	代码(8位)	校验和(16位)
指针(32位)		
数据(长度可变)		

图 3.5　参数问题报文结构

RFC 8883 定义了 6 种（代码 5～10）新的 ICMPv6 差错报文代码类型。如果一个 IPv6 节点因为发现了 IPv6 报头或扩展报头中的某字段有问题而导致数据包处理失败，那它必须丢弃该数据包，并发送一个 ICMPv6 参数问题报文给源节点，指出出错的地方和类型。指针字段指出了检测出错误的地方相对于源数据包报头的字节数，例如，一个类型字段值为 4、代码字段值为 1、指针字段值为 40 的 ICMPv6 报文指出了源数据包中跟在 IPv6 报头后的 IPv6 扩展报头的下一报头字段有一个不被识别的值。

3.1.3　ICMPv6 信息报文

ICMPv6 信息报文不仅用来探测网络环境和网络节点可达性，如回送请求（echo request）报文和回送应答（echo reply）报文，也用在邻节点发现、组播侦听者发现、组播路由器发现、反向邻节点发现、路由器重编号、节点信息查询等功能中。

邻节点发现（ND）：IPv6 最重要的协议之一，结合了 IPv4 中的地址解析协议（ARP）、互联网控制报文协议（ICMP）和路由器发现功能，并新增了前缀发现、重复地址检测等一系列功能。ND 包括 5 种类型的 ICMPv6 报文：路由器请求、路由器公告、邻节点请求、邻节点公告、重定向。

组播侦听者发现（MLD）：IPv6 路由器借助 MLD 功能来发现特定子网内的 IPv6 组播客户端，对应 IPv4 中的互联网组管理协议功能，定义于 RFC 2710，包括 3 种类型的 ICMPv6 报文：组播侦听者查询、组播侦听者报告、组播侦听者完成。

组播路由器发现（multicast router discovery, MRD）：有助于确定连接到交换机的哪些节点启动了组播路由，定义于 RFC 4286。通过利用 MRD 报文，二层交换机可以确定向谁发送组播源数据和组成员消息。MRD 由 3 条用于发现路由器的 ICMPv6 报文组成：组播路由器公告、组播路由器请求、组播路由器终止。

反向邻节点发现（inverse neighbor discovery, IND）：允许节点确定并公告对应于给定链路层地址的 IPv6 地址，对应于 IPv4 中的反向 ARP（reverse ARP, RARP），定义于 RFC 3122。IND 最初是为帧中继网络提出的，但也适用于具有类似行为的其他网络。其包括 2 种类型的 ICMPv6 报文：反向邻节点发现请求、反向邻节点发现公告。

路由器重编号（router renumber, RR）：允许重新配置路由器上的地址前缀，定义于 RFC 2894，RR 报文在 ICMPv6 报文中的类型为 138。

节点信息查询（node information query, NIQ）：请求 IPv6 节点提供某些网络信息，例如，请求节点提供其主机名或完全限定域名（RFC 4620），包括节点信息查询报文、节点信息应答报文。

表 3.3 列出了 ICMPv6 信息报文的类型及对应描述。

表 3.3　ICMPv6 信息报文类型及描述

类型		类型描述	代码
ping 报文	128	回送请求	0
	129	回送应答	0
组播侦听者发现（MLD）报文	130	组播侦听者查询	0
	131	组播侦听者报告	0
	132	组播侦听者完成	0
邻节点发现报文	133	路由器请求	0
	134	路由器公告	0
	135	邻节点请求	0
	136	邻节点公告	0
	137	重定向	0

类型		类型描述	代码
路由器重编号报文（138）			
节点信息查询报文	139	节点信息查询	0、1、2
	140	节点信息应答	0、1、2
反向邻节点发现报文	141	反向邻节点发现请求	0
	142	反向邻节点发现公告	0
组播侦听者报告第 2 版报文（143）			
移动 IPv6 报文	144	家乡代理地址发现请求	0
	145	家乡代理地址发现应答	0
	146	移动前缀请求	0
	147	移动前缀公告	0
安全邻节点发现报文	148	证书路径请求	0
	149	证书路径公告	0
组播路由器发现报文	151	组播路由器公告	无代码字段
	152	组播路由器请求	无代码字段
	153	组播路由器终止	无代码字段

回送请求报文可以向任何一个正确的 IPv6 地址发送，并且其中包含一个回送请求标识符、一个序列号和一些数据。尽管回送请求标识符和序列号都是可选项，但二者可以用来区分对应不同请求的响应。回送请求报文的数据也是一个选项，并可用于诊断。

ICMPv6 回送请求/应答报文对是 ping（在有些操作系统中是 ping6）功能的基础。ping 是一个重要的诊断功能，是检测源主机是否与目的主机连通的典型方式。

1. 回送请求报文

回送请求报文可以发送给一个单播地址，也可以发送给组播地址。回送请求报文结构如图 3.6 所示，其中类型为 128，代码 0，标识符和序列号用来匹配一对回送请求与回送应答报文（可能为 0），数据为 0 个或多个 8 位的任意数据。

类型=128(8位)	代码=0(8位)	校验和(16位)
标识符(32位)		
序列号(32位)		
数据(长度可变)		

图 3.6 回送请求报文结构

每个 IPv6 节点必须能够完成 ICMPv6 回送应答功能，即在收到 ICMPv6 回送请求报文时发出相应的 ICMPv6 回送应答报文。为进行网络诊断，一个节点还应该为发送回送请求报文、接收回送应答报文提供应用层接口。

2. 回送应答报文

回送应答报文的结构与回送请求报文相同，其中类型为 129，代码为 0，标识符和序列号为回送请求报文中标识符和序列号字段的值，数据为回送请求报文中数据字段的值。

当 IPv6 节点收到回送请求报文时，应向源节点回复一个回送应答报文。对发送给单播地址的回送请求报文做应答时，回送应答报文的源地址必须和所接收到的回送请求报文的目的地址相同。对发送到 IPv6 组播或任播地址的回送请求报文，应回复回送应答报文，其源地址必须是属于接收回送请求报文的接口的单播地址。值得注意的是，ICMPv6 回送请求报文中数据字段的值必须完整、不加改变地放在回送应答报文的数据字段中发送回去。

3.1.4　路径 MTU 发现

当有大量数据需要发送时，发送最大可能长度的数据包将使网络的使用效率达到最大。由于 IPv6 路由器不再支持流经数据包的分片，为此，发送方应该主动发现发送到目的节点的数据包的最大长度，并以此大小来发送无须分片的数据包。对于使用 Ethernet Ⅱ 封装的以太网链路来说，链路 MTU 为 1500 字节，而最大长度的帧为 1526 字节（包括以太网前导码、源地址、目的地址、以太网类型和帧校验序列字段）。

以当前路径 MTU 为长度的 IPv6 数据包不需要经过发送方的分片处理就可以被此路径上的所有路由器成功转发。为发现当前路径 MTU，发送方需要依赖接收到的 ICMPv6 包太大报文。

路径 MTU 发现要经过以下过程。

（1）发送方假定到目的节点的路径 MTU 是当前正在进行转发的接口的链路 MTU。

（2）发送方以假定的路径 MTU 发送 IPv6 数据包。

（3）如果这条路径上的一个路由器因为其接口的链路 MTU 小于数据包的长度而不能转发此数据包，那么该路由器会将一个 ICMPv6 包太大报文发回给发送方，并丢弃此数据包。ICMPv6 包太大报文包含了转发失败的网络接口的链路 MTU。

（4）根据 ICMPv6 包太大报文中的 MTU 字段值，发送方设置新的发送到目的节点的数据包的假定路径 MTU。

发送方在第 2 步和第 4 步之间多次往复，直至发现最终路径 MTU。当发送方再也接收不到新的 ICMPv6 包太大报文，或者发送方接收到来自目的节点的确认或应答数据包时，路径 MTU 就得以确定。在第 4 步发送方更新 MTU 字段值的同时会启动一个路径 MTU 定时器，这个定时器的作用是允许发送方在更新路径 MTU 后等待一段时间，以确保路径上的 MTU 已经调整为适当的大小，从而避免数据包被丢弃或分片，保证数据的顺利传输。

RFC 1981 详细定义了 IPv6 路径 MTU 发现机制，那些不支持路径 MTU 发现的节点必须使用 1280 字节的最小链路 MTU 作为其所有路径的 MTU。如果路径 MTU 发生改变，可能是由于路由拓扑结构的变化或从源节点到目的节点的路径随着时间而改变。

当新路径要求一个较小的路径 MTU 时，可以直接从上面描述的路径 MTU 发现过程中的第 3 步开始，并在第 2 步和第 4 步之间往复进行，直至发现新的路径 MTU。图 3.7 简要描述了 IPv6 网络路径 MTU 发现的一般过程。

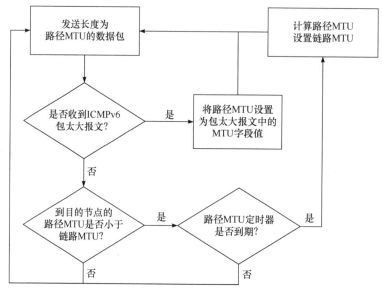

图 3.7　路径 MTU 发现过程

当路径 MTU 减小时，可以通过接收到 ICMPv6 包太大报文被立即发现，而路径 MTU 增大时，则必须通过发送方的检测才能发现。根据 RFC 1981，发送方可以通过试图发送更长的数据包来进行检测，而这种检测应该在距离接收到 ICMPv6 包太大报文最少 5min（建议取 10min）之后进行。

考虑到安全事宜，2017 年 7 月发布的 RFC 8201（废弃了 RFC 1981）重新定义了 IPv6 路径 MTU 发现机制，其定义 IPv6 最小链路 MTU 为 1280 字节，如果收到 ICMPv6 包太大报文，且携带的 MTU 小于 1280 字节，则丢弃该报文，同时不减小链路 MTU。

2022 年 8 月发布的 RFC 9268 定义了一种新的 IPv6 逐跳选项——最小路径 MTU（minimum path MTU, MinPMTU），用于记录源节点和目的节点之间的最小路径 MTU，其结构如图 3.8 所示。该选项可以让目的主机把沿途发现的 MinPMTU 值返回给源节点，从而提高路径 MTU 发现（PMTUD）的效率和可靠性。该选项不依赖于网络中间节点发送 ICMPv6 包太大报文，也不会替代现有 PMTUD 方法，而是与之配合使用。

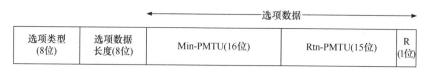

图 3.8　MinPMTU 结构

Min-PMTU 字段长 16 位，用于记录沿途发现的最小路径 MTU（以字节为单位）。源主机在发送带有 MinPMTU 选项的 IPv6 数据包时，会用它出站链路的 MTU 来填充该字段。沿途路由器如果支持 MinPMTU 选项，会将它们出站链路的 MTU 与该字段的值进行比较，如果小于 Min-PMTU 字段的值，就用较小的值重写该字段。当数据包到达目的主机时，目的主机就可知道从源主机到它的最小路径 MTU。

Rtn-PMTU 字段长 15 位，用于反馈沿途发现的最小路径 MTU 给源主机。目的主机在收到一个带有 MinPMTU 选项的 IPv6 数据包时，如果它的 R 标志（长度为 1 位）被置位，目的主机就会在下一个 IPv6 数据包中包含该选项，并且用收到的 Min-PMTU 字段值来填充 Rtn-PMTU 字段。源主机在收到该选项后，可使用 Rtn-PMTU 字段值作为路径 MTU 设置的输入。

简而言之，Min-PMTU 字段用于记录从源主机到目的主机的路径上的最小路径 MTU，而 Rtn-PMTU 字段用于反馈从源主机到目的主机的路径上的最小路径 MTU。

使用 MinPMTU 逐跳选项的优势如下：

（1）可提高路径 MTU 发现的效率和可靠性，因为它不依赖于网络中间节点发送 ICMPv6 包太大报文，而是让目的主机把沿途发现的最小路径 MTU 值返回给源主机。

（2）可在单个往返时延内完成路径 MTU 发现（即使有连续多条链路的每条链路都有较小 MTU 的情况下）。

（3）可在源主机和目的主机之间更好地利用支持较大路径 MTU 的路径，如数据中心和数据中心之间的路径。

（4）可发送较大的数据包，从而提高主机性能。

（5）可与现有路径 MTU 发现方法配合使用，从而提供更好的灵活性和鲁棒性。

3.2　邻节点发现协议

邻节点发现（ND）协议是 IPv6 的基础支撑协议之一，描述了 IPv6 节点间的基本通信机制，结合了多个 IPv4 中有关本地节点通信的协议，并进行了改进，使得节点之间的相互通信和地址自动配置等成为可能。IPv4 和 IPv6 互联网控制报文比较如表 3.4 所示。

表 3.4　IPv4 和 IPv6 互联网控制报文比较

IPv4	IPv6
ARP 请求报文	邻节点请求报文
ARP 应答报文	邻节点公告报文
ARP 缓存	邻节点缓存
无偿 ARP	重复地址检测
路由器请求报文（可选）	路由器请求报文（必选）
路由器公告报文（可选）	路由器公告报文（必选）
重定向报文	重定向报文

IPv6 协议族中各个协议的正常通信都要遵循邻节点发现协议。

3.2.1　IPv6 数据包结构

IPv6 邻节点发现协议包括 IPv4 下的地址解析协议（ARP）、互联网控制报文协议

（ICMP）和路由器公告（RA）等功能。

1. 邻节点发现协议的功能

当一个 IPv6 节点（包括主机和路由器）在网络上出现时，与其直接相连的链路上的其他 IPv6 节点可以通过邻节点发现协议发现它，进而获得它的链路层地址。IPv6 节点也能通过邻节点发现协议来查找路由器，并维护路径上活跃邻节点的可达性信息等。

邻节点发现协议解决了连接在同一链路上的节点之间的一系列交互问题，定义了解决如下问题的机制。

（1）节点利用邻节点发现可实现的功能：

① 解析 IPv6 数据包将被转发到的邻节点的链路层地址。

② 确定邻节点的链路层地址什么时候发生改变。

③ 确定邻节点是否仍然可以到达。

（2）主机利用邻节点发现可实现的功能：

① 发现相邻的路由器。

② 自动配置地址、地址前缀、路由和其他配置参数。

（3）路由器利用邻节点发现可实现的功能：

公告自己的存在、主机的配置参数、路由和链路上的前缀。

邻节点发现功能依赖于路由器请求（RS）、路由器公告（RA）、邻节点请求（NS）、邻节点公告（NA）和重定向 5 种 ICMPv6 报文，且使用更高效的组播形式。总体而言，邻节点发现协议可实现如下 9 种功能。

（1）路由器发现：用于主机定位本地网络中的路由器。

（2）前缀发现：前缀是指 IPv6 地址的网络字段。主机利用前缀发现确定链路本地地址的前缀以及必须发送给路由器进行转发的全局地址前缀。

（3）参数发现：主机利用参数发现获取本地网络或路由器的关键参数，如本地链路的最大传输单元（MTU）和发送数据包的默认跳限制。

（4）地址自动配置：用于节点自动为接口配置 IPv6 地址。

（5）重定向：路由器通过重定向报文通知主机有更好的下一跳。对于特定的目的地址，如果不是最佳路由，则通知主机到达目的节点的最佳下一跳，或者如果发现数据包的目的节点与源节点隶属于同一子网，则通知源节点可直接与目的节点通信。

（6）地址解析：在仅知道目的节点的 IPv6 地址的情况下，确定目的节点的链路层地址。在 IPv4 中实现此功能的是 ARP。

（7）下一跳地址确定：把数据包的 IPv6 目的地址映射为邻节点的 IPv6 地址（发送到目的节点的数据流首先要被发送给该邻节点）。下一跳可以是路由器地址，也可以是目的地址本身。

（8）邻节点不可达检测（neighbor unreachability detection, NUD）：确认原来已经连接的邻节点（主机或路由器）是否还能够连通（可达）。

（9）重复地址检测（DAD）：确认节点将要使用的地址是否已经被同一链路上的其他节点使用。

2. 邻节点发现报文的结构

邻节点发现协议的各种功能是通过交换 ICMPv6 报文实现的，ND 报文使用 ICMPv6 报文结构（报文类型为 133～137），由邻节点发现报文报头和 0 个或多个邻节点发现报文选项组成，其结构如图 3.9 所示。

图 3.9　邻节点发现报文结构

其中，邻节点发现报文报头由 ICMPv6 报头和 ND 报文特定数据构成。邻节点发现报文选项提供附加信息，用于表示 MAC 地址、链路上的网络前缀、链路上的 MTU 信息、重定向数据、移动信息和特定路由等。

在无认证保护的情况下，为确保收到的邻节点发现报文发自本地链路上的节点，发送方将其发出的所有邻节点发现报文中的跳限制字段值都置为 255。当接收方收到一个邻节点发现报文时，将首先检查 IPv6 报头中的跳限制字段，如果此字段的值不等于 255，则丢弃该报文。

验证邻节点发现报文中的跳限制字段值是否等于 255 这一方法可防止链路外的节点发起基于邻节点发现的安全威胁，因为路由器在转发数据包时会减少其跳限制值。

3. ND 协议与 ARP 的比较分析

邻节点发现协议比 IPv4 相应部分在许多方面有了更大的改善，本节主要对 ND 协议和 ARP 进行对比。

（1）在 IPv4 中，从 IP 地址到链路层地址的解析（ARP）是基于链路层的广播机制来实现的，数据包由逻辑链路控制（logical link control，LLC）网桥进行转发，在比较大的网络内会占用大量带宽，有时还会引起广播风暴。而在 IPv6 中，这一过程是基于 IP 层的组播机制实现的，在地址解析过程中受到因地址解析而发送数据包影响的节点数大大减少，而且非 IPv6 节点根本不受影响。另外，在 IPv6 邻节点发现协议中，路由器公告报文会携带自己的链路层地址，还会携带本地链路的前缀，从而避免了每个节点配置自己的子网掩码。

（2）IPv4 的 ARP 是不安全的，难以保证回应 ARP 请求报文的节点是正确的节点，会导致发往一个节点的数据包被另一个节点窃听到。而邻节点发现协议运行在 IPv6 之上，属于网络层协议，其安全性可由 IPv6 网络层安全协议来保证。

（3）IPv4 的 ARP 运行在数据链路层，不同的网络介质需要有不同的 ARP，例如，以太网 ARP 与光纤分布式数据接口（FDDI）ARP 就不完全相同。而邻节点发现协议运行在网络层，与网络介质无关，任何网络介质都可以运行相同的邻节点发现协议。

（4）与 IPv4 不同，通过邻节点发现协议得到的各种地址信息都有一定的生存期，这些生存期由这些信息的发送方规定。路由器能够通知主机如何执行地址配置，例如，路由器能指示主机是使用有状态地址自动配置还是使用无状态地址自动配置。路由器能够公告本地链路的最大传输单元（MTU），以使同一链路上的所有节点使用相同的 MTU。对于无状态地址自动配置来说，邻节点发现协议能够提供主机进行无状态地址自动配置所需的全部信息。

（5）邻节点不可达检测成为 ND 协议的一部分，在很大程度上提高了数据包传输的健壮性。当链路中存在不可用路由器、部分链路失效或者节点改变其链路层地址时，通过邻节点不可达检测可很快发现。与 ARP 不同，ND 协议可以通过邻节点不可达检测机制检测出单链路不可达，从而避免向双链路连接无效的节点发送数据包。

此外，在 IPv4 中，主机通过链路上的网络掩码来判断重定向报文中的下一跳地址是否在链路内，若不在链路内，则忽略该重定向报文。邻节点发现协议中重定向报文中包含新的下一跳链路层地址，因此收到重定向报文后不需要进行地址解析。

3.2.2 邻节点发现报文

IPv6 邻节点发现的 5 种报文如下：

路由器请求（ICMPv6 报文类型 133）报文：由主机发送，请求任一本地路由器的路由器公告报文，以使它们不必等待下一个公告周期才会发送的路由器公告报文。

路由器公告（ICMPv6 报文类型 134）报文：由路由器定期发送，告知主机它的存在，并向主机提供重要的前缀和参数信息。

邻节点请求（ICMPv6 报文类型 135）报文：由主机发送，以证实另一个主机的存在，并请求该主机发回一个邻节点公告报文。

邻节点公告（ICMPv6 报文类型 136）报文：由主机发送，表明主机存在，并提供其相关信息。

重定向报文（ICMPv6 报文类型 137）：由路由器发送，告知主机到达某个特定目的地址的更优下一跳信息。

1. 路由器请求报文

路由器请求（RS）报文用于发现链路上是否有 IPv6 路由器，报文结构如图 3.10 所示。

类型=133(8位)	代码=0(8位)	校验和(16位)
保留(32位)		
选项(长度可变)		

图 3.10　路由器请求报文结构

假定本地链路是以太网，则在 RS 报文的以太网报头中存在以下设置。

（1）源地址字段值为发送方网卡的 MAC 地址。

（2）目标地址字段值为组播 MAC 地址 33-33-00-00-00-02。

IPv6 报文相关字段配置如下。

（1）IPv6 域。

① 源地址字段值为分配给发送方接口的链路本地地址或者未指定地址（::）。

② 目标地址字段值为链路本地范围内所有路由器的组播地址（ff02::2）。

③ 跳限制字段值为 255。

（2）ICMPv6 域。

① 类型字段值为 133。

② 代码字段值为 0。

③ 校验和字段值为 ICMPv6 报文的校验和。

④ 保留字段留作将来使用，长度为 32 位，且所有位都置 0。

可能的选项如下。

源链路层地址（source link-layer address, SLLA）选项，包含了发送方的链路层地址。对于以太网节点，源链路层地址选项包含发送主机的以太网 MAC 地址。接收到 RS 报文的 IPv6 路由器根据源链路层地址选项中的地址来确定相应的单播路由器公告报文将发送到哪个主机的单播 MAC 地址。

2. 路由器公告报文

IPv6 路由器周期性地发送路由器公告（RA）报文，并且对接收到的 RS 报文进行响应。RA 报文中包含主机所需要的信息，用于确定链路前缀、链路 MTU、特定路由、是否使用地址自动配置以及由地址自动配置协议所创建的有效生存期和首选生存期，路由器公告报文结构如图 3.11 所示。

类型=134(8位)	代码=0(8位)					校验和(16位)
当前跳限制(8位)	M (1位)	O (1位)	H (1位)	优先级 (2位)	保留 (3位)	路由器生存期(16位)
可达时间(32位)						
重发定时器(32位)						
选项(长度可变)						

图 3.11　路由器公告报文结构

假定本地链路是以太网，则在 RA 报文的以太网报头中存在以下设置。

（1）源地址字段值为发送方网卡的 MAC 地址。

（2）目标地址字段值为组播 MAC 地址 33-33-00-00-00-01，或者为发送 RS 报文的主机的单播 MAC 地址。

IPv6 报文相关字段配置如下。

（1）IPv6 域。

① 源地址字段值为分配给发送接口的链路本地地址。

② 目标地址字段值为链路本地范围内所有节点的组播地址（ff02::1）或者发送 RS 报

文的主机的单播 IPv6 地址。

③ 跳限制字段值为 255。

（2）ICMPv6 域。

① 类型字段值为 134。

② 代码字段值为 0。

③ 校验和字段值为 ICMPv6 报文的校验和。

④ 当前跳限制字段表示接收到该 RA 报文的主机所发送的数据包的 IPv6 报头的跳限制字段的默认值。此字段长度为 8 位。如果该字段值为 0，则表示路由器没有规定跳限制字段的默认值。

⑤ 管理地址配置（M）标志置 1 时，主机除了使用无状态地址自动配置以外，还使用管理（状态）协议进行地址自动配置。

⑥ 其他配置（O）标志置 1 时，主机使用管理（状态）协议对其他（非地址）信息进行自动配置。

⑦ 家乡代理（H）标志置 1 时，表明路由器可作为移动节点的家乡代理。

⑧ 优先级（默认路由器优先级）字段表示路由器作为默认路由器的优先级。如果有多个路由器将自己公告为默认路由器，则可以通过配置这些路由器，使它们在公告自己为默认路由器时带有不同优先级。此字段的长度为 2 位，用二进制格式表示的有效值有 01（高）、00（中）和 11（低）。如果优先级为 10，则接收报文的主机应该认为报文的路由器生存期字段的值为 0，禁止路由器将自己公告为默认路由器。使用默认路由器优先级的典型配置是在一个 IPv6 子网内有两个路由器连接到互联网或者机构的内网，其中一个作为主路由器，而另一个作为辅助路由器，为主路由器提供容错服务。两个路由器都将它们自己公告为默认路由器。然而，主路由器公告的默认路由器优先级为 01（高），而辅助路由器公告的默认路由器优先级为 00（中）。这样当主路由器不可用时，子网上的主机就会选择使用辅助路由器，直到主路由器重新变得可用为止。

⑨ 保留字段留作将来使用，其长度为 3 位，且所有位都置 0。

⑩ 路由器生存期字段表示路由器作为默认路由器的生存期（以秒为单位）。此字段的长度为 16 位，最大值为 65535s（大约 18.2h）。此字段值为 0 时，表示路由器不能被认作默认路由器，但 RA 报文中的所有其他信息仍然有效。

⑪ 可达时间字段表示在收到可达性确认后，节点认为邻节点可以保持可达状态的时间（单位为毫秒）。此字段的长度为 32 位，它的值为 0 时，表示路由器没有指定可达时间。

⑫ 重发定时器字段表示重发 NS 报文的时间间隔（单位为毫秒）。此字段的长度为 32 位。在邻节点不可达检测过程中会使用重发定时器。此字段的值为 0 时，表示路由器没有指定重发定时器的值。

可能的选项如下。

① 源链路层地址选项，包含发送 RA 报文的接口的链路层地址。当路由器正在多个链路层地址上进行负载均衡时，该选项可以被忽略。

② MTU 选项，包含链路 MTU 值。通常，MTU 选项用于具有可变 MTU 的链路或者在同一链路上有多种链路层技术的交换环境中。

③ 前缀信息选项，包含用于地址自动配置协议的链路上的前缀。链路本地前缀从不会用于前缀信息选项中。

④ 公告间隔选项，包含后续由家乡代理路由器自发发送的组播 RA 报文之间的时间间隔。

⑤ 家乡代理信息选项，包含家乡代理的生存期和优先级。

⑥ 路由信息选项，包含可添加到本地路由表中的路由，这些路由会使主机在发送数据包时做出的决定更有效率。

3. 邻节点请求报文

IPv6 主机发送邻节点请求（NS）报文来发现链路上的 IPv6 节点的链路层地址。在 NS 报文中通常会包含发送方的链路层地址。一般来说，邻节点请求报文在进行地址解析时以组播形式发送，而在检测邻节点可达性时则以单播形式发送。邻节点请求报文结构如图 3.12 所示。

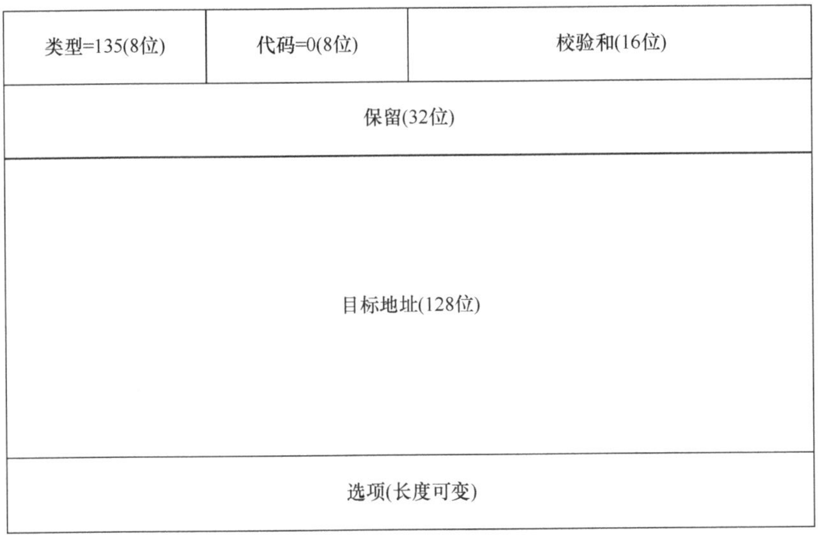

类型=135(8位)	代码=0(8位)	校验和(16位)
保留(32位)		
目标地址(128位)		
选项(长度可变)		

图 3.12 邻节点请求报文结构

假定本地链路是以太网，则在 NS 报文的以太网报头中存在以下设置。

（1）源地址字段值为发送方网卡的 MAC 地址。

（2）对于组播 NS 报文，目标地址字段值为与目的节点的请求节点组播地址相对应的以太网 MAC 地址。对于 NS 报文，目标地址字段值为邻节点的单播 MAC 地址。

IPv6 报文相关字段配置如下。

（1）IPv6 域。

① 源地址字段值为分配给发送方接口的单播 IPv6 地址或者在重复地址检测阶段的未指定 IPv6 地址（::）。

② 对于组播 NS 报文，目标地址字段值为目的节点的请求节点组播地址。对于单播 NS 报文，目标地址字段值为目的节点的单播地址。

③ 跳限制字段值为 255。

（2）ICMPv6 域。

① 类型字段值为 135。

② 代码字段值为 0。

③ 校验和字段值为 ICMPv6 报文的校验和。

④ 保留字段留作将来使用，其长度为 32 位，且所有位都置 0。

⑤ 目标地址字段表示目的节点的 IPv6 地址，此字段长度为 128 位。

可能的选项如下。

源链路层地址选项，包含发送方的链路层地址。对于以太网节点来说，源链路层地址选项中包含发送节点的以太网 MAC 地址。接收报文的节点根据源链路层地址选项中的地址来确定相应的 NA 报文将发送到哪个节点的单播 MAC 地址。在重复地址检测过程中，如果源 IPv6 地址是未指定地址（::），则 NS 报文中不包括源链路层地址选项。

4. 邻节点公告报文

IPv6 节点通过发送邻节点公告（NA）报文来响应 NS 报文，也可以发送非请求 NA 报文，以便迅速地传达新信息（非可靠地），例如，通知邻节点自己的链路层地址发生改变，或者自己的角色发生改变。

邻节点公告报文中包含节点所需要的信息，这些信息用于确定 NA 报文的类型、报文发送方在网络中的角色和其链路层地址。邻节点公告报文结构如图 3.13 所示。

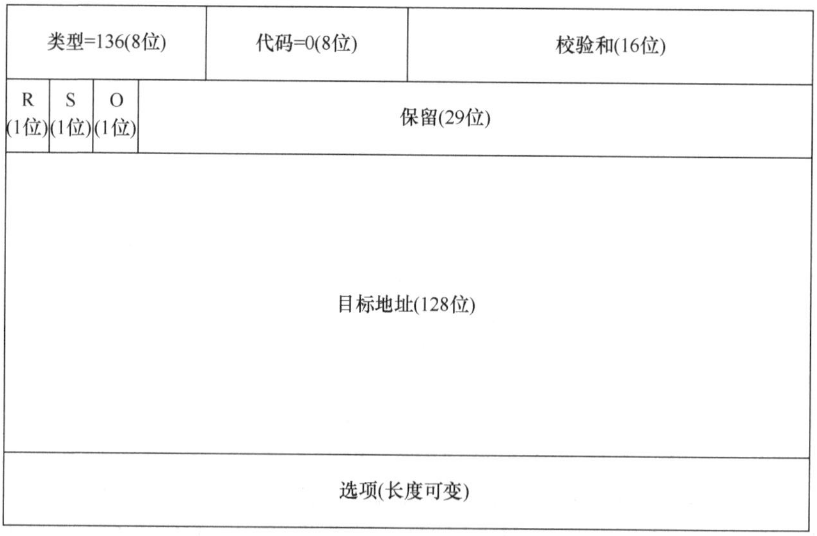

图 3.13 邻节点公告报文结构

假定本地链路是以太网，则在 NA 报文的以太网报头中存在以下设置。

（1）源地址字段值为发送方网卡的 MAC 地址。

（2）对于响应请求的 NA 报文，目标地址字段值为最初 NS 报文发送方的单播 MAC 地址。对于自发发送的 NA 报文，目标地址字段值为 33-33-00-00-00-01，这是与链路本地范围内所有节点的组播地址（ff02::1）相对应的以太网 MAC 地址。

IPv6 报文相关字段配置如下。

（1）IPv6 域。

① 源地址字段值为分配给发送接口的单播地址。

② 对于响应请求的 NA 报文，目标地址字段值为 NS 报文的最初发送方的单播 IPv6 地址。对于自发的 NA 报文，目标地址字段值为链路本地范围内所有节点的组播地址（ff02::1）。

③ 跳限制字段值为 255。

（2）ICMPv6 域。

① 类型字段值为 136。

② 代码字段值为 0。

③ 校验和字段值为 ICMPv6 报文的校验和。

④ 路由器（R）标志字段表示 NA 报文发送方的角色，长度为 1 位。当发送方为路由器时，路由器标志为 1。当发送方不是路由器时，路由器标志为 0。路由器标志主要用于邻节点不可达检测过程，以确定一个路由器什么时候变成了一个主机。

⑤ 请求（S）标志为 1 时，表示 NA 报文是对 NS 报文的响应，长度为 1 位。在邻节点不可达检测过程中，请求标志用于确认邻节点的可达性。在组播 NA 报文和自发的单播 NA 报文中，请求标志都为 0。

⑥ 覆盖（O）标志为 1 时，表示应该用包含在目标链路层地址（target link-layer address, TLLA）选项中的链路层地址来覆盖当前的邻节点缓存表项中的链路层地址，长度为 1 位。如果覆盖标志为 0，则只有在链路层地址未知时，才能用目标链路层地址选项中的链路层地址来更新邻节点缓存表项。在响应任播地址请求的公告报文或者代理公告报文中，覆盖标志为 0。在响应其他请求的 NA 报文和自发的 NA 报文中，覆盖标志为 1。

⑦ 保留字段留作将来使用，其长度为 29 位，且所有位都置为 0。

⑧ 目标地址字段表示要公告的地址，长度为 128 位。对于响应请求的 NA 报文，目标地址字段值为相应的 NS 报文中的目标地址字段值。对于自发的 NA 报文，目标地址字段值为链路层地址或角色发生改变节点的地址。

可能的选项如下。

目标链路层地址选项，包含 NA 报文发送方的链路层地址。对于以太网节点来说，目标链路层地址选项中包含发送 NA 报文的节点的以太网 MAC 地址。

5. 重定向报文

IPv6 路由器通过发送重定向报文来通知源主机对于指定的目的地址有更好的下一跳地址。路由器仅为单播数据流发送重定向报文，而重定向报文也仅仅以单播形式发向源主机，并且只会被源主机所处理。重定向报文结构如图 3.14 所示。

假定本地链路是以太网，则在重定向报文的以太网报头中存在以下设置。

（1）源地址字段值为重定向报文发送方网卡的 MAC 地址。

（2）目标地址字段值为源主机的单播 MAC 地址。

图 3.14　重定向报文结构

IPv6 报文相关字段配置如下。

（1）IPv6 域。

① 源地址字段值为重定向报文的发送接口的 IPv6 单播地址。

② 目标地址字段值为源主机的 IPv6 单播地址。

③ 跳限制字段值为 255。

（2）ICMPv6 域。

① 类型字段值为 137。

② 代码字段值为 0。

③ 校验和字段值为 ICMPv6 报文的校验和。

④ 保留字段留作将来使用，其长度为 32 位，且所有位都置 0。

⑤ 目标地址字段表示去往目的地址更优的下一跳地址，长度为 128 位。对于链路外的流量，目标地址字段值为本地路由器的链路本地地址。对于链路内的流量，目标地址字段值为重定向报文的目标地址字段值。

⑥ 目的地址字段包含引起路由器发送重定向报文的数据包的目的地址。此字段的长度为 128 位。当源主机接收到重定向报文后，它使用下一跳地址和目的地址字段来更新发送方向的信息。此主机在向目的地址发送后续数据包时，会首先将它们发往目标地址字段中的地址。

可能的选项如下。

① 目标链路层地址选项，包含下一跳的链路层地址。尽管一般情况下并不发送该选项，但当路由器获得下一跳的链路层地址后，仍可将该选项包含在重定向报文中。

② 重定向报头选项，包含引起路由器发送重定向报文的原始数据包的尽可能多的部分。

表 3.5 列出了每个邻节点发现报文和可能包含在报文中的选项。

表 3.5　邻节点发现报文和可能包含在报文中的选项

邻节点发现报文	可能包含在报文中的选项
路由器请求报文	源链路层地址选项：用于将发送 RS 报文的主机的链路层地址通知给将发送单播 RA 报文来进行响应的路由器
路由器公告报文	源链路层地址选项：用于将路由器的链路层地址通知给接收报文的主机。 前缀信息选项：用于将链路上的前缀和是否进行无状态地址自动配置通知给接收报文的主机。 MTU 选项：用于将 IPv6 链路 MTU 通知给接收报文的主机。 公告间隔选项：用于将路由器（家乡代理）发送自发的组播 RA 报文的频率通知给接收报文的主机。 家乡代理信息选项：用于公告家乡代理的优先级和生存期。 路由信息选项：用于通知接收报文的主机把特定路由添加到本地路由表中
邻节点请求报文	源链路层地址选项：用于将发送节点的链路层地址通知给接收报文的节点
邻节点公告报文	目标链路层地址选项：用于将与目的地址字段中的地址相对应的链路层地址通知给接收报文的节点
重定向报文	重定向报头选项：包含需要进行重定向的数据包的全部或部分内容

3.2.3　邻节点发现选项

邻节点发现报文中可能包含选项，而且有些选项可能在同一报文中出现多次。所有选项都采用类型-长度-值（TLV）结构，如图 3.15 所示。

图 3.15　邻节点发现选项 TLV 结构

类型字段的长度为 8 位，指出紧随其后的是什么类型的选项（表 3.6）；长度字段是 8 位的无符号整数，以 8 字节为单位，指明整个选项（包括类型和长度）的长度。对于此字段的值，0 是不合法的，带有该值的数据包必须被丢弃；值字段依据类型不同，内容与格式也各不相同。

表 3.6　IPv6 邻节点发现选项类型

类型	选项名称	源文档
1	源链路层地址	RFC 4861
2	目标链路层地址	RFC 4861

类型	选项名称	源文档
3	前缀信息	RFC 4861
4	重定向报头	RFC 4861
5	MTU	RFC 4861
7	公告间隔	RFC 6275
8	家乡代理信息	RFC 6275
24	路由信息	RFC 4191

下面详细介绍部分选项。

1. 源链路层地址选项和目标链路层地址选项

源链路层地址（SLLA）选项包含数据包发送方的链路层地址，可用于 NS、RS 和 RA 报文，其结构如图 3.16 所示（类型为 1）。当源地址是未指定地址（::）时，邻节点发现报文不使用源链路层地址选项。

图 3.16　源链路层地址选项结构

目标链路层地址（TLLA）选项包含目的节点的链路层地址，可用于 NA 和重定向报文，结构与源链路层地址选项相同，其中类型为 2。

链路层地址字段是长度可变的字段，包含源链路层地址或目标链路层地址。IPv6 规定支持 IPv6 的链路层都必须指定在源链路层地址选项和目标链路层地址选项中的链路层地址格式。

2. 前缀信息选项

前缀信息选项用于路由器公告报文，以表示地址前缀和有关地址自动配置的信息。在路由器公告报文中可以有多个前缀信息选项，以表示多个地址前缀。

前缀信息选项结构如图 3.17 所示。

（1）类型字段值为 3。

（2）长度字段值为 4（整个选项的长度为 32 字节）。

（3）前缀长度字段表示包含在前缀字段中的地址前缀的位数，长度为 8 位，取值范围为 0~128。通常情况下由路由器所公告的前缀主要用作子网标识符，因此前缀长度字段值通常为 64。

图 3.17　前缀信息选项结构

（4）在链路上（L）标志为 1 时，表示由前缀信息选项中的前缀所指定的地址在链路上是有效的，而节点正是在此链路上接收到这个路由器公告报文的。当 L 标志为 0 时，认为与此前缀相匹配的地址在链路上是无效的。

（5）自治地址配置（A）标志为 1 时，表示前缀信息选项中的前缀用于创建一个自治（或无状态）地址配置。当 A 标志为 0 时，表示前缀信息选项中的前缀不用于创建一个自治地址配置。

（6）保留 1 字段留作将来使用，其长度为 6 位，且所有位都置 0。

（7）有效生存期字段表示一个地址处于有效状态的时间（秒），该地址是用包含在报文中的前缀和无状态地址配置协议来产生的。此字段也表示包含在报文中的确定在链路上的前缀处于有效状态的时间（秒）。此字段的长度为 32 位，如果有效生存期字段值为 0xFFFFFFFF，则表示有效生存期为永远。

（8）首选生存期字段表示一个地址处于首选状态的时间（秒），该地址是用包含在报文中的前缀和无状态地址自动配置协议来产生的。无状态地址自动配置协议所产生的有效地址总是处于两种状态之一：首选状态和弃用状态。在首选状态中，该地址可用于无约束条件的通信。而在弃用状态中，不建议使用该地址进行新通信，但是当前正使用该地址的通信仍然可以继续。当地址的首选生存期耗尽时，它就会从首选状态变为弃用状态。此字段的长度为 32 位，如果首选生存期字段的值为 0xFFFFFFFF，则表示首选生存期为永远。

（9）保留 2 字段留作将来使用，其长度为 32 位，且所有位都置 0。

（10）前缀字段表示通过无状态地址自动配置协议所产生的 IPv6 地址前缀，长度为 128 位。前缀字段的位数通常与前缀长度字段值相对应，在创建前缀时才是最有意义的。前缀长度字段和前缀字段一起定义了用于创建 IPv6 地址的前缀，把这个前缀和节点的接口标识符组合在一起就可以生成一个 IPv6 地址。路由器不应该发送链路本地前缀的前缀信息选项，且接收主机应忽视此类前缀信息选项。

3. 重定向报头选项

重定向报头选项在重定向报文中使用，包含所有或部分重定向的数据包，指定导致路由器发送重定向报文的 IPv6 数据包。重定向报头选项结构如图 3.18 所示。

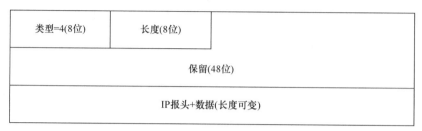

图 3.18　重定向报头选项结构

（1）类型字段值为 4。

（2）长度字段值为整个选项中的 8 字节块的数量。

（3）保留字段留作将来使用，其长度为 48 位，且所有位都置 0。

（4）IP 报头+数据字段存放导致路由器发送重定向报文的全部或部分 IPv6 数据包。

4. MTU 选项

MTU 选项用于路由器公告报文中，以保证当不知道链路 MTU 时，链路上的所有节点使用相同的 MTU。

对于用不同种类技术桥接的配置，每条链路所能支持的最大 MTU 可以不同。如果没有产生 ICMPv6 包太大报文，通信节点就无法使用路径 MTU 动态地对单个邻节点确定 MTU 的大小。在这种情况下，路由器使用 MTU 选项来规定所有链路支持的最大 MTU。

MTU 选项结构如图 3.19 所示。

图 3.19　MTU 选项结构

（1）类型字段值为 5。

（2）长度字段值为 1（整个 MTU 选项的长度为 8 字节）。

（3）保留字段留作将来使用，其长度为 16 位，且所有位都置 0。

（4）MTU 字段表示 IPv6 主机应该使用的链路 MTU，长度为 32 位。如果 MTU 字段值大于链路 MTU，则 MTU 选项将被忽略。

5. 路由信息选项

路由信息选项用于路由器公告报文中，接收报文的主机指定将添加到它们的本地路由表中的单个路由。路由信息选项结构如图 3.20 所示。

（1）类型字段值为 24。

（2）长度字段值由路由前缀长度和路由信息选项中的前缀字段的长度来决定。如果前缀长度为 0，并且无前缀字段，那么长度字段值为 1。如果前缀长度大于 0、小于 65，而前缀字段的长度为 64 位，则长度字段值为 2。如果前缀长度大于 64，而前缀字段的长度为 128 位，则长度字段值为 3。

图 3.20　路由信息选项结构

（3）前缀长度字段表示对路由有意义的前缀字段中的前缀位数，长度为 8 位，取值范围为 0~128。

（4）保留 1 字段留作将来使用，其长度为 3 位，且所有位都置 0。

（5）优先级（路由优先级）字段表示包含在路由信息选项中的路由的优先级。如果多个路由器使用路由信息选项公告同一个前缀，则可以通过配置路由器，使它们公告的路由具有不同的优先级。此字段的长度为 2 位，用二进制格式表示的有效值是 01（高）、00（中）和 11（低）。

（6）保留 2 字段留作将来使用，其长度为 3 位，且所有位都置 0。

（7）路由生存期字段表示确定路由的前缀处于有效状态的时间（秒）。此字段的长度为 32 位，如果路由生存期字段值为 0xFFFFFFFF，则表示路由生存期为永久。

（8）前缀字段表示路由的前缀。根据前缀长度，前缀字段的长度可以是 0、64 位或 128 位。如果前缀长度为 0，则前缀字段的长度为 0。如果前缀长度大于 0、小于 65，则前缀字段的长度为 64 位。如果前缀长度大于 64，则前缀字段的长度为 128 位。前缀长度表示与确定路由相关的前缀中的高位数目。

3.2.4　邻节点发现过程

总体而言，IPv6 邻节点发现协议为下列过程提供报文交互服务：

（1）地址解析；

（2）邻节点不可达检测；

（3）重复地址检测；

（4）路由器发现（包括前缀发现和参数发现）；

（5）重定向。

在介绍邻节点发现过程之前，本节首先介绍邻节点发现协议的数据结构。

1. 邻节点发现协议的数据结构

IPv6 的一个设计要求是，主机必须能自动配置，必须能学到交换数据的有关目的地址的信息。储存这些信息的存储器称作缓存。这些数据结构是一系列记录的排列，称作表项。每个表项储存的信息有一定的有效期，需要周期性地清除缓存中的表项，以保证缓存的空间大小。

RFC 4861 定义了以下概念主机数据结构，为如何在邻节点发现过程中存储信息提供了一个范例。

1）邻节点缓存

邻节点缓存（表 3.7）为每个邻节点保存一个列表条目，用来存放节点近期访问过的邻节点信息。每个条目都包含一条链路内的单播 IPv6 地址和对应的链路层地址以及一个用来说明此邻节点是否为路由器（IsRouter）的标志和一个等待传输的数据包的指针，除此之外，每个列表条目还包含在邻节点不可达检测算法中需要用到的状态信息。

表 3.7　邻节点缓存

链路内的单播 IPv6 地址	与 IPv6 地址相应的链路层地址	IsRouter 标志	指针：指向等待传输的数据包

2）目的缓存

目的缓存（表 3.8）包含节点近期访问过的每一个节点地址，其列表条目包括一个 IPv6 地址和一个指向邻节点缓存的指针，邻节点缓存中包含了节点到达目的地址所需的下一跳地址。目的缓存信息由路由器发出的重定向消息来更新。

表 3.8　目的缓存

IPv6 地址（链路内/链路外）	指针：指向邻节点缓存中到达目的地址所需的下一跳地址

目的缓存与邻节点缓存的一个主要区别是，目的缓存列表条目中的地址可以在链路上（on-link），也可以在链路外（off-link），而邻节点缓存中仅包含链路内的地址信息。

3）前缀列表

前缀列表（表 3.9）中包含链路内的前缀，用来决定一个地址是否在链路上。前缀列表是根据接收到的 RA 报文中的信息创建的。每个前缀的生存期既有有限的也有无限的，链路本地前缀就具有无限的生存期。

表 3.9　前缀列表

链路内的前缀	失效计时器值

4）默认路由器列表

默认路由器列表（表 3.10）包含所有可作为默认路由器的邻节点缓存列表条目。默认路由器列表条目包含一个指向邻节点缓存的指针，邻节点缓存中包含默认路由器的 IPv6 地址、链路层地址和状态标志位。默认路由器列表条目从路由器公告报文中得到一个失效计时器值。

表 3.10　默认路由器列表

默认路由器	失效计时器值	指针：指向邻节点缓存中有关默认路由器的 IPv6 地址和链路层地址

5）四种数据结构之间的关系

图 3.21 描述了四种数据结构之间的关系。当节点发送数据包时，它先检查目的缓存中

是否有相应的地址关系：若没有，则检查前缀列表中是否有匹配的前缀；若有，则下一跳
地址与目的地址相同，否则发送节点必须在默认路由器列表中选择一个为它转发数据包的
路由器作为下一跳地址；决定了下一跳地址后，节点访问邻节点缓存来决定下一跳地址的
链路层地址。

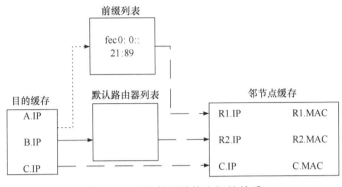

图 3.21　四种数据结构之间的关系

2. 地址解析

除组播地址以外，节点在仅仅知道邻节点 IPv6 地址的情况下通过 NS 报文和 NA 报文
得到邻节点链路层地址的过程就是地址解析。

具体而言，假如在网络中有两个主机 A 和 B，给它们分配的 IPv6 地址分别是 Add A
和 Add B，其物理地址是 MAC A 和 MAC B。主机 A 要在一个物理网络上传输一个数据包
给主机 B（A、B 均连在该网络上），但 A 只有 B 的 IPv6 地址 Add B，这样 A 必须要将 B
的 IPv6 地址 Add B 映射到 B 的物理地址，将 IPv6 地址与物理地址动态绑定起来。在从主
机 A 到最终目的主机 B 的路径上，每一段都要执行地址映射。

源节点通过发送组播 NS 报文来激活地址解析过程，NS 报文用来请求目的节点返回它
的链路层地址。源节点在 NS 报文的源链路层地址选项中包含了它的链路层地址，并将 NS
报文以组播方式发送到与目的地址相关的请求节点组播地址上，目的节点在单播 NA 报文
中返回它的链路层地址。这一对 NS/NA 报文使源和目的节点能解析出对方的链路层地址。

以图 3.22 所示网络为例，主机 A 要发送一个单播报文给邻节点 B，但又不知道 B 的
链路层地址，此时地址解析过程如下（流程如图 3.23 所示）。

（1）主机 A 以 fe80::212:3fff:fe7c:9a4c 为索引查找邻节点缓存，如果邻节点缓存存在此
IPv6 地址，那么直接按照其链路层地址封装并发送数据包。如果不存在，那么在邻节点缓
存中创建一个以 fe80::212:3fff:fe7c:9a4c 为索引的表项，标识其状态为未完成（Incomplete），
并启动地址解析过程。

（2）主机 A 发送一个组播 NS 报文，IPv6 目的地址为 fe80::212:3fff:fe7c:9a4c，对应的
请求节点组播地址为 ff02::1:ff02:9a4c，其中，NS 报文中的目标地址字段为待解析地址
fe80::212:3fff:fe7c:9a4c。同时，在 ICMPv6 报文的选项部分包含一个主机 A 对应的链路层
地址，以供对方回应 NA 报文时做二层封装使用。

（3）主机 B 接收 NS 报文（由于主机 B 在组播组 ff02::1:ff02:9a4c 中），并根据接收的
NS 报文将主机 A 的 IPv6-MAC 映射加入到本地邻节点缓存中，同时设置其状态为失效（Stale）。

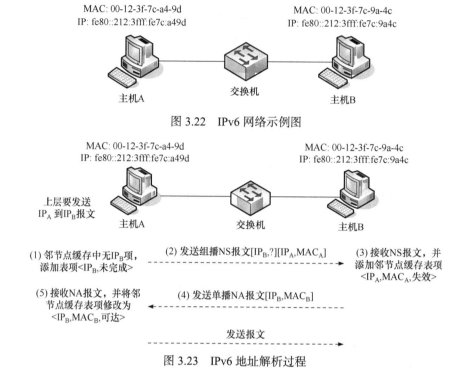

图 3.22　IPv6 网络示例图

图 3.23　IPv6 地址解析过程

（4）主机 B 发送单播 NA 报文对 NS 报文进行响应。

（5）主机 A 接收到 NA 报文后，将主机 B 的 MAC 地址加入邻节点缓存中，并更新其状态为可达（reachable），后续就可使用邻节点缓存中的该可达表项进行通信。

3. 邻节点不可达检测

链路上的节点使用邻节点不可达检测（NUD）过程监视本地链路上邻节点的可达性。通常，节点依靠上层信息来确定对方节点是否可达。然而，如果上层通信产生足够长的延时或者一个节点对和它对应的节点停止接收应答，那么邻节点不可达检测过程就会被激活。

如果确认了发送给邻节点的 IPv6 数据包已被接收并处理，那么邻节点就是可达的。确认邻节点的可达性并不表示也必然确认了从发送节点到目的节点的端到端可达性。因为邻节点可能是主机或路由器，所以邻节点并不一定就是数据包的最终目标。邻节点不可达检测仅仅确认了到目的节点的第一跳的可达性。

确认可达性的方法之一是通过发送单播 NS 报文和接收响应请求的 NA 报文来完成确认（直接可达性确认）。响应请求的 NA 报文仅用于响应 NS 报文，其会将报文中的请求标志置为 1。自发的 NA 报文或 RA 报文并不能用于确认可达性。NS 报文和 NA 报文的交互仅能确认从发送 NS 报文节点到发送 NA 报文节点的可达性（单向可达性），并不能确认从发送 NA 报文节点到发送 NS 报文节点的可达性。

两个节点（HOST_A 和 HOST_B）通过邻节点发现报文的交互来确认彼此的可达性，其过程如下（为提高可读性，只给出运行结果的主要部分）：

HOST_A　HOST_B　ICMPv6 NS 报文　　目标=fe80::210:5aff:feaa:20a2

HOST_B　HOST_A　ICMPv6 NA 报文　　目标=fe80::210:5aff:feaa:20a2

HOST_B　HOST_A　ICMPv6 NS 报文　目标=fe80::250:daff:fed8:c153

HOST_A　HOST_B　ICMPv6 NA 报文　目标=fe80::250:daff:fed8:c153

确认可达性的另一种方法是，当上层协议表示使用下一跳地址进行的通信正处于发送数据的过程中时，可以间接确认可达性。对于 TCP 数据流来说，开始发送数据表明已经收到了对方节点发来的对发送数据请求的确认。由接收到的 TCP 确认所证实的端到端可达性也同时暗示了目的节点的第一跳的可达性。

其他协议（如 UDP）可能没有办法确定或表示通信的数据发送过程，这种情况下还是要用 NS 报文和 NA 报文的交互来确认可达性。

1）邻节点缓存表项的状态

邻节点的可达性可以通过监视邻节点缓存中表项的状态来确认。邻节点缓存中表项状态的变化情况如图 3.24 所示。

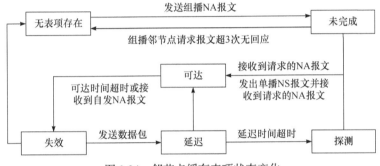

图 3.24　邻节点缓存表项状态变化

IPv6 邻节点缓存表项包含如下状态。

（1）未完成，表明使用请求节点组播地址的 NS 报文的地址解析过程正在进行中。当创建了一个新的邻节点缓存表项，但此节点相应的链路层地址还没有得到时，会进入未完成状态。在地址解析（收到 NA 报文）失败之前可以发送的组播 NS 报文数目可以由变量（RFC 4861 使用名为 MAX_MULTICAST_SOLICIT 的变量，并建议此变量值为 3）来设置。

（2）可达，通过接收到响应请求的单播 NA 报文，可以确认邻节点的可达性。邻节点缓存表项会一直保持可达状态，直到 RA 报文的可达时间字段中规定的时间（毫秒）或主机默认值耗尽为止。只要上层协议（如 TCP）表示传输数据的通信仍在进行中，相关表项就会始终保持可达状态。每当上层协议表示要开始传输数据时，表项中的可达时间就会被刷新。

（3）失效，当 RA 报文的可达时间字段中规定的时间（毫秒）或主机默认值耗尽时，邻节点缓存表项进入失效状态，并且一直保持该状态，直到有数据包发送给该邻节点。当主机收到一个公告自己链路层地址的自发 NA 报文时，与此邻节点对应的表项也会进入失效状态。

（4）延迟，等待上层协议提供可达性确认，在主机发送 NS 报文之前，邻节点缓存的表项会进入延迟状态，并且等待一段可以设定的时间（RFC 4861 使用名为 DELAY_FIRST_PROBE_TIME 的变量，并建议此变量值为 5 s）。如果在延迟时间结束时，还没有收到可达性确认，则此表项进入探测状态，并发送一个单播 NS 报文。

（5）探测，无论邻节点缓存的表项处于失效状态还是延迟状态，都表示正在进行可达性确认。主机按照一定的时间间隔发送单播 NS 报文，这个时间间隔等于主机所接收到的 RA 报文中的重传定时器字段的值（或默认主机值）。在放弃可达性检测并删除相应的邻节点缓存表项之前，可以发送的 NS 报文数目可以由变量（RFC 4861 使用名为 MAX_UNICAST_SOLICITS 的变量，并建议此变量值为 3）来设置。

在 IPv6 实现方案中，任何表项在任何时刻都可以从任何状态进入无表项存在状态（有些 IPv6 实现将其称为失败或删除状态）。

如果不可达的邻节点是路由器，则主机可以从它的默认路由器列表中选择另一个路由器，并且对这个路由器进行地址解析和邻节点不可达检测。

如果路由器变成主机，则它应该发送路由器标志为 0 的组播 NA 报文。如果主机收到了从路由器发来的 NA 报文，并且其中的路由器标志为 0，则主机将从它的默认路由器列表中删除对应的路由器条目，如果需要，就再选择另一个路由器。

2）邻节点不可达检测中节点的行为

邻节点不可达检测与向邻节点发送数据包同时进行，在进行邻节点可达性确认期间，路由器继续向其已缓存链路层地址的邻节点发送数据包，如果没有数据包发送给邻节点，则不发送检测报文。

以图 3.22 为例，主机 A 与主机 B 的地址解析完成后，主机 B 拥有的主机 A 的链路层地址是失效状态，所以在利用这个表项发送数据包的同时，还需要检测主机 A 的可达性。

（1）主动让主机 A 向主机 B 发送 ICMPv6 回送请求报文。

（2）主机 B 在使用失效表项给主机 A 回应 ICMPv6 回送应答报文后，就进入失效状态。

（3）由于在失效状态下并未获得主机 A 的可达性信息，主机 B 的 IP_A 表项最终进入探测状态，并发送单播 NS 报文来检测主机 A 的可达性。

（4）主机 A 收到 NS 报文后回应 NA 报文，并导致主机 B 改变状态为可达。

（5）一段时间后，IP_A 表项又进入失效状态。

图 3.25 反映了邻节点不可达检测过程。

4. 重复地址检测

当一个 IPv6 网络接口生成一个 IPv6 地址（如链路本地地址）时，在将该地址绑定到网络接口之前，为防止和其他节点的地址冲突，IPv6 节点需对该地址进行重复地址检测（DAD）。

重复地址检测和地址解析在以下方面是不同的。

在重复地址检测的 NS 报文中，IPv6 报头中的源地址为未指定地址（::），目的地址为待检测 IPv6 地址的请求节点组播地址 ff02::1:ffxx::xxxx，目的 MAC 地址为对应于请求节点组播地址的组播地址 33:33:FF:XX:XX:XX。

在对重复地址检测的 NS 报文进行应答的 NA 报文中，IPv6 报头中的目标地址为链路本地范围内所有节点的组播地址（ff02::1），而 NA 报文中的请求标志为 0。因为重复地址检测的 NS 报文发送方不能使用被检测的 IPv6 地址，所以就不能接收单播 NA 报文。因此，响应重复地址检测的 NA 报文是组播发送的。

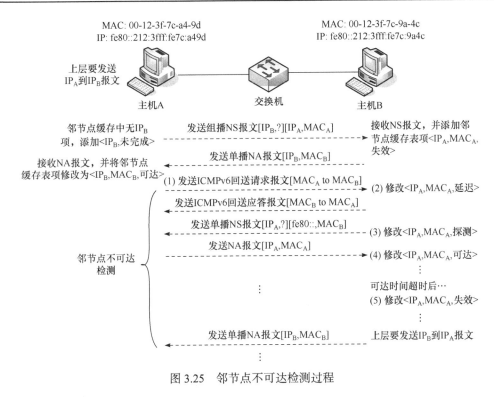

图 3.25 邻节点不可达检测过程

若 IPv6 节点收到一个来自待检测 IPv6 地址的 NA 报文，则说明本链路有其他节点在使用该地址，此节点只能再重新生成新的地址；若此节点没有接收到阻止使用该地址的 NA 报文，它就会在自己接口上配置该地址。

IPv6 节点对任播地址不进行重复地址检测，因为任播地址对于一个节点来说不是唯一的。

5. 路由器发现

IPv6 节点通过路由器发现过程来尝试发现本地链路上路由器的配置。IPv6 路由器发现过程和 RFC 1256 中描述的 IPv4 下的 ICMPv4 路由器发现过程类似。ICMPv4 路由器发现过程使用一组 ICMPv4 报文来帮助 IPv4 主机确定本地路由器是否存在，以及哪一个本地路由器被自动配置为默认网关，并在当前默认网关变为不可用时，帮助 IPv4 主机把其他路由器用作它们的默认网关。

在当前的默认路由器变得不可用时，如何把一个新路由器选为默认路由器是 ICMPv4 路由器发现和 IPv6 路由器发现的一个重要区别。对于 ICMPv4 路由器发现，路由器公告报文中包含了公告生存期字段，该字段指在这段时间过后，路由器可以被认为是不可用的。最坏的情况是允许路由器变得不可用，而主机直到公告生存期过去以后才尝试发现新的默认路由器。

IPv6 路由器发现有被动发现和主动发现两种方式（图 3.26）。

方式一：路由器自身伪周期性地发出 RA 报文[图 3.26（a）]，过程如下。

（1）IPv6 路由器在本地链路上伪周期性地发送 RA 报文，以公告自己的存在。RA 报文中包含配置参数，如默认跳限制、MTU、前缀和路由。

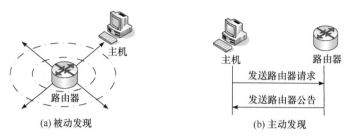

图 3.26　路由器发现两种方式

（2）在本地链路上的活动 IPv6 主机接收 RA 报文，并使用这些报文的内容来维护默认路由器列表和前缀列表、自动配置地址、添加路由和配置其他参数。

方式二：主机发出路由器请求报文，然后路由器向其回复路由器公告报文[图 3.26(b)]，过程如下。

（1）正在启动的主机会向链路本地范围内所有路由器的组播地址（ff02::2）发送 RS 报文。如果正在启动的主机已经配置了单播地址，则在主机发送的 RS 报文中会以此单播地址为源地址，否则 RS 报文中的源地址为未指定地址（:: ）。

（2）当接收到 RS 报文后，本地链路上的所有路由器都会向发送 RS 报文的主机的单播地址（如果 RS 报文中的源地址是单播地址）发送 RA 报文，或者向链路本地范围内所有节点的组播地址 ff02::1（如果 RS 报文中的源地址为未指定地址）发送 RA 报文。

（3）主机接收到 RA 报文后，用 RA 报文的内容来建立默认路由器列表、前缀列表和设置其他配置参数。在放弃路由器发现之前可以发送的 RS 报文数目可以由变量（RFC 4861 使用名为 MAX_RTR_SOLICITATIONS 的变量，并建议此变量值为 3 ）来设置。

除配置默认路由器之外，IPv6 路由器发现也会配置以下内容。

（1）IPv6 报头中的跳限制字段的默认值。

（2）确定节点是否应该为地址配置和其他配置参数使用有状态地址配置协议，如 IPv6 动态主机配置协议（DHCPv6 ）。

（3）用于 NS 报文中的邻节点不可达检测和重发定时器。

（4）为链路定义网络前缀列表。每个网络前缀既包含它的 IPv6 网络前缀，又包含它的有效生存期和首选生存期。网络前缀也定义了本地链路上节点的地址范围。

（5）本地链路的 MTU。

（6）要加入路由表的特殊路由。

6. 重定向

路由器使用重定向功能来通知源主机有更好的第一跳邻节点，发往指定目的节点的数据流应该首先被发到该邻节点。

有两种使用重定向功能的情况(在重定向前后,数据报文转发路径的变化情况如图 3.27 所示)。

情况一：一个路由器把在本地链路上的一个更靠近（到达目的节点网段的路由度量值更小）目的节点的路由器的 IPv6 地址告诉源主机。当一个网段上有多个路由器时，源主机所选择的默认路由器可能不是通向目的节点的较好的一个，这时上述重定向情况就会发生。

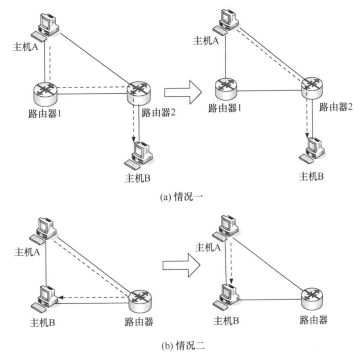

(a) 情况一

(b) 情况二

图 3.27　重定向前后数据报文转发路径的变化情况

情况二：路由器通知源主机目的节点是一个邻节点（它与源主机在同一链路上）。当主机的前缀列表中不包含目的节点的前缀时，这种情况就会发生。因为目的节点并不匹配主机列表中的前缀，所以源主机会把数据报文转发给它的默认路由器。

IPv6 重定向过程包含以下步骤。

（1）源主机向它的默认路由器转发单播数据报文。

（2）路由器处理数据报文，发现源主机到达目的地址有一个更优的下一跳地址。

（3）路由器向源主机发出重定向报文。重定向报文中的目标地址字段值是新的下一跳节点的地址，源主机应该把后续的发往目的节点的数据报文首先发给该节点。

在重定向报文中包含重定向报头选项，也可能会包含目标链路层地址选项。对于重定向到路由器的数据报文，目标地址字段值为这个路由器的链路本地地址。对于重定向到主机的数据报文，目标地址字段值为最初发送数据报文的目的地址。

与 ICMPv6 差错报文一样，重定向报文也是有频次限制的。

3.3　本 章 小 结

ICMPv6 具备常见的 ICMPv4 功能，并做了优化和拓展。ICMPv6 报文分为差错报文与信息报文两大类，前者用于报告 IPv6 数据包在转发、传输过程中的错误，包括目的不可达、包太大、超时和参数问题，后者用于提供诊断功能和额外主机功能，如 ping（回送请求和回送应答报文配合）、邻节点发现（ND）和组播侦听者发现（MLD）。

IPv6 邻节点发现（ND）协议代替了 IPv4 地址解析、ICMPv4 路由器发现、ICMPv4 重定向功能，由路由器请求、路由器公告、邻节点请求、邻节点公告、重定向五种报文和源链路层地址选项、目标链路层地址选项、前缀信息选项、重定向报头选项、MTU 选项、路由信息选项等共同支撑，可实现地址解析、邻节点不可达检测、重复地址检测、路由器发现（前缀发现、参数发现）与重定向功能。另外，基于邻节点发现协议与报文，IPv6 节点还可进行地址自动配置、第一跳选择等。

习　题

1. ICMPv6 中差错报文有哪些类型？请列举并描述每个类型的用途。

2. 对比 IPv6 ping 报文与 IPv4 ping 报文的区别与联系。

3. 当 IPv6 路由器收到的 IPv6 数据包的长度大于外发接口所连链路的 MTU 时，会执行什么操作？

4. ICMPv6 报文与 ICMPv4 报文中有哪些类似报文？

5. IPv6 的 ND 协议与 IPv4 的 ARP 的区别和联系是什么？

6. IPv6 主机需要为每个接口维护哪些信息？

7. 邻节点发现协议中的重复地址检测是如何确保 IPv6 地址的唯一性和避免地址冲突的？

8. 地址解析在邻节点发现协议中的作用是什么？它如何使用邻节点发现报文来解析 IPv6 地址和 MAC 地址之间的映射关系？

9. IPv6 路由器公告报文可能会携带哪些选项？

10. 邻节点缓存和目的缓存之间的区别是什么？各自的作用又是什么？

11. 邻节点发现协议中的组播地址在哪些报文中使用？组播地址如何帮助减少网络流量和资源消耗？

12. 请描述邻节点缓存表中的几种状态，并分析这些状态之间是如何进行转变的。

13. 请用 Python Scapy 库构造出邻节点发现协议中的五种报文。

14. IPv6 节点针对发往特定目的地址的 IPv6 数据包的第一跳选择是如何做出的？

第 4 章　IPv6 地址自动配置与路由协议

IPv6 支持更快速、更便捷的地址自动配置，甚至在不使用类似 DHCPv6 这样的地址配置协议时也可以自动为接口配置 IPv6 地址。此外，为更好地适应 IPv6 地址长度，IPv6 路由协议需要做出一定的调整与优化。

4.1　IPv6 地址自动配置

本节重点对 IPv6 地址自动配置方式进行介绍。

4.1.1　IPv6 地址自动配置概述

IPv6 主机能够为每个接口自动配置一个链路本地地址。通过使用路由器发现（涉及路由器请求（RS）报文和路由器公告（RA）报文交换），主机能够确定路由器的地址、其他设置参数、其他地址以及链路前缀。

1. 地址自动配置类型

地址自动配置有如下三种类型。

（1）无状态（stateless），基于接收到的 RA 报文进行地址配置和其他设置。这些报文的管理地址配置（M）和其他配置（O）标志设置为 0，并且包括一个或多个前缀信息选项，每个选项的自治地址配置（A）标志都设置为 1。

（2）有状态（stateful），基于地址配置协议（如 DHCPv6）来获得地址和其他设置选项。当主机接收到不含前缀信息选项的 RA 报文，并且报文中的 M 标志或 O 标志中有一个设置为 1 时，主机就使用有状态地址自动配置。当本地链路上不存在路由器时，主机也会使用有状态地址自动配置。

（3）共用（both），基于接收到的 RA 报文进行配置，而报文中包括前缀信息选项，每一个自治地址配置（A）标志都设置为 1，并且 M 或 O 标志设为 1。

对于所有这些地址自动配置类型而言，IPv6 节点的链路本地地址总是自动配置的。

2. 自动配置地址状态

自动配置的地址处于下列状态中的一个或多个状态。

（1）试探，地址正处于验证唯一性的过程中，即正在进行重复地址检测。IPv6 节点无法接收发向试探地址的单播通信流，却可以接收和处理为了响应在重复地址检测中发送的 NS 报文而发送的组播 NA 报文。

（2）有效，地址可以用于发送和接收单播通信流。有效状态包括首选和弃用状态。通过 RA 报文中前缀信息选项中的有效生存期字段或 DHCPv6 身份关联（identity association,

IA）地址选项中的有效生存期字段，可以确定地址保持在试探、首选与弃用状态的时间总和。

（3）首选，地址是有效的，地址唯一性已被验证，并且其可用于无限制通信。节点可以发送和接收从首选地址进出的单播通信流。通过 RA 报文中前缀信息选项中的首选生存期字段或 DHCPv6 IA 地址选项中的首选生存期字段，可以确定地址保持在试探和首选状态的时间总和。

（4）弃用，地址是有效的，地址唯一性也已被验证，但是并不鼓励将它用于新的通信。现存的通信仍然可以使用弃用地址。节点可以发送和接收从弃用地址进出的单播通信流。

（5）无效，地址不再用于发送或接收单播通信流。在有效生存期到期后，地址就进入无效状态。

图 4.1 显示了自动配置地址状态以及其与有效和首选生存期的关系。

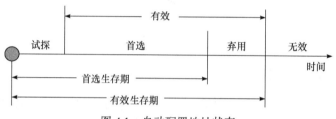

图 4.1　自动配置地址状态

注意：除了链路本地地址自动配置外，地址自动配置只用于指定主机中。路由器必须获得地址并通过其他方法来配置参数，如手动配置。

4.1.2　无状态地址自动配置

无状态地址自动配置（SLAAC）技术广泛应用于本地链路支持组播且网络接口能够发送和接收组播数据包的网络中。

针对 IPv6 节点物理接口的地址自动配置过程（图 4.2 和图 4.3）如下。

（1）基于链路本地前缀 fe80::/和 64 位扩展唯一标识符（64-bit extended unique identifier，EUI-64）或随机等其他方式生成的接口标识符，生成试探链路本地地址。

（2）使用重复地址检测以验证试探链路本地地址的唯一性，发送 NS 报文，并将报文中的目标地址字段设置为试探链路本地地址。

（3）如果接收到响应 NS 报文的 NA 报文，则表示本地链路上的其他节点正在使用试探链路本地地址，该地址不可用（需要重新生成地址并进入试探状态）；如果没有接收到响应 NS 报文的 NA 报文，则假定试探链路本地地址是唯一且有效的。为接口初始化链路本地地址，并在网络接口上注册与链路本地地址相对应的请求节点组播地址的链路层组播地址。

对于 IPv6 主机，地址自动配置继续执行如下步骤。

（1）主机发送 RS 报文。在路由器周期性地发送 RA 报文时，主机发送 RS 报文以请求即时的 RA 报文，而不是一直等待下一个 RA 报文。默认情况下，最多发送 3 个 RS 报文。

（2）如果没有接收到 RA 报文，则主机使用地址配置协议以获得地址和其他设置参数；如果接收到 RA 报文，则设置跳限制、可达时间、重传计时器以及最大传输单元（如果存在该选项）。

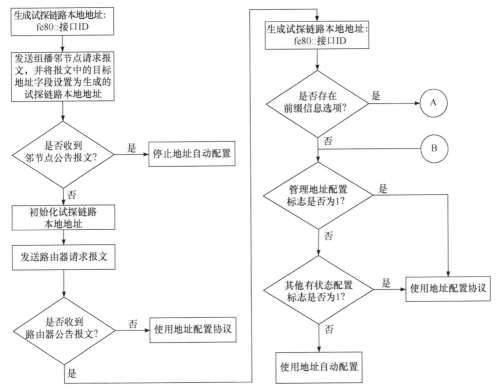

图 4.2 主机地址自动配置过程（第一部分）

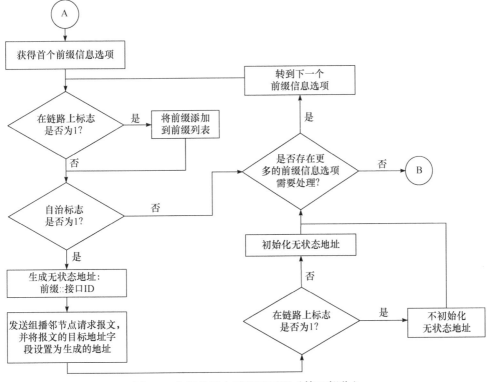

图 4.3 主机地址自动配置过程（第二部分）

（3）信息选项，执行如下操作：

如果在链路上标志设置为 1，则将前缀添加到前缀列表。

如果自治标志设置为 1，前缀与合适的接口标识符则用于生成试探地址。

重复地址检测用于验证试探地址的唯一性。如果别的节点正在使用试探地址，则不在接口初始化该地址。如果正在使用的不是试探地址，则初始化地址，包括基于前缀信息选项中的有效生存期和首选生存期字段来设置有效和首选生存期。如果需要，也会用网络接口来注册与新地址相对应的请求节点组播地址的链路层组播地址。

（4）如果 RA 报文中的 M 标志设置为 1，则使用地址配置协议以获得其他地址。

（5）如果 RA 报文中的 O 标志设置为 1，则使用地址配置协议以获得其他配置参数。

在 RFC 4862 中，有状态地址自动配置的地址配置协议就是 DHCPv6。

4.1.3　有状态地址自动配置

IPv6 主机使用地址配置协议（如 DHCPv6）和如下所述的相邻路由器发送的 RA 报文中的标志。

管理地址配置标志（M 标志），设置为 1 时，指示主机使用地址配置协议以获得有状态地址。

其他配置标志（O 标志），设置为 1 时，指示主机使用地址配置协议以获得其他设置选项。

M 标志和 O 标志的值组合如下。

M 标志和 O 标志都为 0，对应无 DHCPv6 设备的网络。主机为非链路本地地址使用 RA 报文，并且用其他方法（如手动配置）配置其他设置。

M 标志和 O 标志都为 1，表示用 DHCPv6 进行地址和其他设置（有状态 DHCPv6），此时 DHCPv6 服务器为 IPv6 主机指定有状态地址。

M 标志为 0，O 标志为 1，表示 DHCPv6 仅用于其他设置。相邻路由器经过配置，会公告非链路本地地址前缀，IPv6 主机从这些前缀中获取无状态地址（无状态 DHCPv6），此时 DHCPv6 服务器不是为 IPv6 主机分配有状态地址，而是分配无状态配置设置。

M 标志为 1，O 标志为 0，表示 DHCPv6 仅用于地址配置，而不用于其他设置。由于 IPv6 主机通常需要用其他设定进行配置（如 DNS 服务器的 IPv6 地址），因此这种组合的可能性很小。

1. DHCPv6 基本构成

和 IPv4 的 DHCP 一样，DHCPv6 由以下组件组成：请求配置的 DHCPv6 客户端、提供配置信息的 DHCPv6 服务器和 DHCPv6 中继（当客户端处于没有 DHCPv6 服务器的子网上时，中继在客户端和服务器之间中继信息），其构成如图 4.4 所示。

（1）DHCPv6 客户端。主机运行 DHCPv6 客户端程序。这些程序与对应的服务器一起运作，获取并实现配置信息。

（2）DHCPv6 服务器。DHCPv6 服务器为 DHCPv6 客户端提供地址和配置信息，其中包含网络管理员指定的有关网络配置和主机运行参数的信息。

（3）DHCPv6 中继。中继可以转发任意的 DHCPv6 请求，无论该请求是从自己所在的

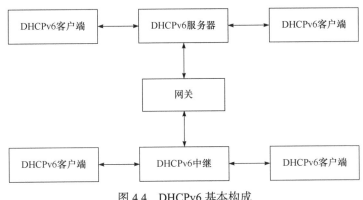

图 4.4　DHCPv6 基本构成

子网上接收到的还是从其他子网上接收到的，所以 DHCPv6 中继可以是一个具有接收和转发 DHCPv6 报文功能的路由器。

2. DHCPv6 报文

和 IPv4 的 DHCP 报文一样，DHCPv6 报文是 UDP 报文。DHCPv6 客户端监听 UDP 546 端口上的 DHCPv6 报文，而 DHCPv6 服务器和中继监听 UDP 547 端口上的 DHCPv6 报文。

DHCPv6 报文结构比 IPv4 的 DHCP 报文要简单得多，因为后者曾经要按引导协议（bootstrap protocol，BOOTP）支持无盘工作站。

图 4.5 所示为在客户端和服务器之间发送的 DHCPv6 报文的结构，其中各字段如下。

（1）报文类型，长 8 位，表示 DHCPv6 报文的类型。

（2）事务 ID，长 24 位，取决于客户端，用于将 DHCPv6 报文交换中的报文分组。DHCPv6 服务器把事务 ID 的值从请求报文复制到对应的应答报文。

（3）选项，长度可变，可以包含一个或多个选项，这些选项包含客户端和服务器的验证信息、有状态 IPv6 地址和其他配置设置。

图 4.5　客户端和服务器之间的 DHCPv6 报文结构

表 4.1 列举了 DHCPv6 报文类型。

表 4.1　DHCPv6 报文类型

类型	报文	描述	对应 DHCPv6 报文
1	恳求	由客户端发送到本地服务器	DHCP 发现
2	公告	由服务器发送，以应答恳求报文，用于说明其可用性	DHCP 提供
3	请求	由客户端发送，用于申请地址或从指定服务器进行配置	DHCP 请求

续表

类型	报文	描述	对应 DHCPv4 报文
4	确认	由客户端发送到所有服务器，用于判断某客户端的配置对于链路是否有效	DHCP 请求
5	续租	由客户端发送到指定服务器，用于延长分配到地址的生存期，并获取更新的配置	DHCP 请求
6	重绑定	由客户端在没有收到对续租报文的响应时发送到任何一台服务器	DHCP 请求
7	应答	由某个服务器发送，用于响应恳求、请求、续租、重绑定、信息-请求、确认、释放或拒绝报文	DHCP 应答
8	释放	由客户端发送，说明此客户端已不再使用某个分配到的地址	DHCP 释放
9	拒绝	由客户端发送到指定服务器，指明分配到的地址已在使用	DHCP 拒绝
10	重配置	由服务器发送到客户端，说明服务器已新建或更新了配置，然后客户端会发送续租或信息-请求报文	—
11	信息-请求	由客户端发送，用于请求配置（不是地址）	DHCP 信息
12	中继-发送	由中继发送，用于转发报文到服务器。中继-发送包含客户端报文，此报文和 DHCPv6 中继报文选项一样封装	—
13	中继-应答	由服务器发送，用于通过中继发送报文到客户端。中继-应答包含服务器报文，此报文和 DHCPv6 中继报文选项一样封装	—

还有一种针对中继和服务器之间报文交换的报文结构，能够记录额外的信息，例如，记录产生报文的子网，这样 DHCPv6 服务器就可以确定合适的子网前缀以分配给客户端。中继和服务器之间的 DHCPv6 报文结构如图 4.6 所示，其特有字段如下。

（1）跳计数，长 8 位，表示已接收到此报文的中继数量。如果超过设置好的跳计数最大值，则接收中继可以丢弃此报文。

（2）链路地址，长 128 位，包含分配给客户端所在子网中的中继的某个接口的非链路本地地址。根据链路本地地址，服务器能够决定用于分配地址的 IPv6 范围中的正确地址。

（3）对等地址，长 128 位，包含了发出此报文的客户端的 IPv6 地址或前一个转发此报文的中继的 IPv6 地址。

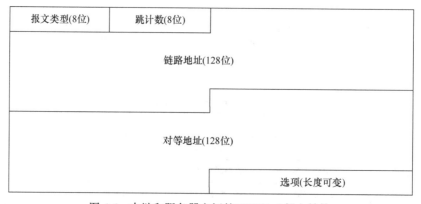

图 4.6　中继和服务器之间的 DHCPv6 报文结构

对等地址字段之后是选项字段，它用于表示中继报文选项。中继报文选项中包含要中继的报文和其他中继选项。中继报文选项封装了在客户端和服务器间交换的 DHCPv6 报文。

DHCPv6 选项结构如图 4.7 所示，各字段如下。

（1）选项代码，长 16 位，表示 DHCPv6 选项的类型。

（2）选项长度，长 16 位，表示选项数据字段的字节数。

（3）选项数据，长度可变，包含了选项的数据。

选项代码(16位)	选项长度(16位)
选项数据(长度可变)	

图 4.7　DHCPv6 选项

由于 IPv6 中没有定义广播地址，因此 IPv4 的 DHCP 受限广播地址被 DHCPv6 中的所有 DHCP 中继代理和服务器（all-DHCP-relay-agents-and-servers）组播地址 ff02::1:2 取代。例如，DHCPv6 客户端试图发现 DHCPv6 服务器在网络上的位置，它用自己的链路本地地址向 ff02::1:2 发送一个恳求报文，如果主机所在子网上有 DHCPv6 服务器，则它会收到该恳求报文并发送一个恰当的应答报文。主机所在子网上的 DHCPv6 中继接收恳求报文，并将它发送到 DHCPv6 服务器。

3. DHCPv6 有状态报文交换

DHCPv6 有状态报文交换需要获取 IPv6 地址和配置（接收到的 RA 报文中的 M 标志和 O 标志都设置为 1），它通常由以下报文组成。

（1）客户端发送的恳求报文，用于定位服务器。

（2）服务器发送的公告报文，用于表明它能够提供地址和配置。

（3）客户端发送的请求报文，用于向特定服务器请求地址和配置。

（4）被请求服务器发送的应答报文，包含地址和配置。

如果客户端和服务器之间有中继，则中继向服务器发送中继-发送报文，该报文封装了客户端的恳求和请求报文。服务器向中继发送中继-应答报文，该报文包含封装的客户端的公告和应答报文。

4. DHCPv6 无状态报文交换

DHCPv6 无状态报文交换仅获取配置（接收到的 RA 报文中的 M 标志设置为 0，O 标志设置为 1），它通常由以下报文组成。

（1）客户端发送的信息-请求报文，用于向服务器请求配置设置。

（2）服务器发送的应答报文，包含所要求的配置设置。

在路由器配置为向 IPv6 主机分配无状态地址前缀的 IPv6 网络中，DHCPv6 双报文交换可用于指定 DNS 服务器、DNS 域名和其他未包含在 RA 报文中的配置。

5. DHCPv6 其他特性

与其他 IPv6 地址分配方式相比，有状态 DHCPv6 地址分配方式不仅可以记录为主机分配的地址，还可以为特定的主机分配特定的地址，对于优化网络管理是十分有效的。此外，为进一步提高地址分配效率和可扩展性，DHCPv6 还支持快速提交（rapid commit）和 DHCPv6 前缀委托（DHCPv6 prefix delegation, DHCPv6-PD）。

1）快速提交

如果 DHCPv6 服务器不支持快速提交，则按照以下四步交互完成地址分配。

（1）DHCPv6 客户端发出恳求消息，请求 IPv6 地址/前缀和其他配置参数。

（2）如果恳求消息不包含快速提交选项，或者 DHCPv6 服务器不支持快速分配，但包含快速提交选项，则 DHCPv6 服务器响应公告消息，通知 DHCPv6 客户端可分配的地址/前缀和其他配置参数。DHCPv6 客户端可能会收到不同 DHCPv6 服务器提供的多个公告消息。然后，它根据接收顺序和服务器优先级选择，并向所选服务器发送请求消息以确认。

（3）DHCPv6 服务器向客户端发送应答消息，确认地址/前缀和其他配置参数已分配给客户端。

（4）地址/前缀租约更新。

DHCPv6 客户端发出包含快速提交选项的恳求消息，请求快速分配地址/前缀和其他配置参数。如果 DHCPv6 服务器支持快速提交，它将使用包含分配的 IPv6 地址/前缀和其他配置参数的应答消息进行响应，将四步交互减为两步交互，以有效提高地址分配效率。

2）DHCPv6 前缀委托

DHCPv6 前缀委托是一种前缀分配机制。在一个层次化的网络拓扑结构中，不同层次的 IPv6 地址分配一般是手动指定的。手动配置 IPv6 地址的扩展性不好，不利于 IPv6 地址的统一规划管理。

通过 DHCPv6 前缀委托，下游网络设备不需要再手动指定用户侧链路的 IPv6 地址前缀，它只需要向上游网络设备提出前缀分配申请，然后上游网络设备便可以分配合适的地址前缀给下游设备，下游设备把获得的前缀（一般前缀长度小于 64 位）进一步自动细分成 64 位前缀长度的子网网段，把细分的地址前缀再通过路由器公告至与 IPv6 主机直连的用户链路上，实现 IPv6 主机的地址自动配置，完成整个系统层次的地址布局。

4.2　IPv6 路由

路由发生在网络层，是把数据包从源地址穿过网络传输到目的地址的行为，在整个传输路径上至少存在一个中间节点。

路由包含两个基本动作：路径选择和转发。路径选择是通过路由选择算法确定最佳传输路径，而路由选择算法中需要度量计量标准，常用度量有跳数、路由成本、可靠性、延迟、带宽、负载等。转发是逐跳过程，数据包的网络层目的地址一直保持不变，物理层目的地址需要依次变成下一跳的物理地址，并选择合适的端口将数据包转发出去。

路径选择使用路由选择协议，转发使用路由转发协议，两者互相配合又相互独立。前者要使用后者维护的路由表，后者要使用前者提供的功能来发布路由协议数据包，以公告网络中的路由信息。

IPv6 路由协议是 IPv6 的重要组成部分，由于 IPv6 地址较长，大多数路由协议都需要针对 IPv6 进行适配和拓展。

4.2.1　IPv6 路由表

1）IPv6 路由表工作原理

与 IPv4 节点类似，典型 IPv6 节点使用本地 IPv6 路由表来决定如何转发数据包。在 IPv6 初始化时，节点创建 IPv6 路由表中的默认表项，而其他表项则可以通过手动配置，或者在接收到包含在链路上前缀（on-link prefix）和路由信息的 RA 报文时，添加到路由表中。

路由表中存储了 IPv6 网络前缀，以及如何（直接或间接）到达它们的信息。系统在查看 IPv6 路由表之前，会首先在目的缓存中检查是否存在一个与将要转发的 IPv6 数据包的目的地址相匹配的表项。如果在目的缓存中不存在与目的地址相匹配的路由表项，则使用路由表来确定如下内容。

（1）用于转发数据包的接口（下一跳接口）。

接口标识了用于将数据包转发给目的或下一跳路由器的物理或逻辑接口。

（2）下一跳地址。

对于直接发送（目的地址在本地链路上），下一跳地址就是数据包的目的地址。对于间接发送（目的地址不在本地链路上），下一跳地址是一个路由器地址。

在确定了下一跳接口和地址后，就要更新目的缓存。其后发送到这个目的地址的数据包都使用这个目的缓存的表项，而不用再去查看路由表。

2）IPv6 路由表项类型

IPv6 路由表项用于存储以下类型的路由。

（1）直接连接的网络路由。

这些路由是直接连接子网的网络前缀，这些子网的前缀长度通常为 64 位。

（2）远程网络路由。

这些路由是不直接连接，但通过其他路由器可以到达的子网的网络前缀。远程网络路由可以是子网的网络前缀（通常前缀长度为 64 位），也可以是一个地址空间的前缀（通常前缀长度小于 64 位）。

（3）主机路由。

主机路由是到达某一特定 IPv6 地址的路由。对于主机路由来说，路由前缀是一个 128 位的特定 IPv6 地址。比较而言，直接连接的网络路由和远程网络路由都具有长度小于 128 位的路由前缀。

（4）默认路由。

当找不到到达某一指定网络或主机的路由时，就会使用默认路由。

4.2.2　IPv6 路由确定基本过程

IPv6 路由与物理接口（链路）而不是接口关联（绑定）。IPv6 的源地址选择功能与 IPv4 不同，允许重复路由以提高稳健性，但在路由查找时将忽略重复路由。

IPv6 确定使用哪个路由表项进行转发的过程如下。

（1）对于路由表中的每一项，将网络前缀和目的地址中的相应位进行比较，比较位的数目由路由前缀长度来确定。在路由前缀长度的位数中，如果网络前缀中的所有位与 IPv6 目的地址中的所有位相匹配，则此路由和目的地址是相匹配的。

（2）编写匹配路由列表。选择那些具有最大前缀长度的路由（与目的地址中最高位相匹配的路由）。最长的匹配路由是到达目的节点最确定的路由。如果有多个最长的匹配路由（如到达同一网络前缀的多个路由），则路由器通过最短距离来选择最佳路由。如果存在多个最长匹配和最短距离的路由表项，则 IPv6 可以选择其中的任何一个路由表项。

对于任何一个指定的目的地址，上述过程中将按以下顺序来寻找匹配的路由。

（1）匹配目的地址的主机路由（所有 128 位都匹配）。

（2）匹配目的地址的子网路由（前 64 位匹配）。

（3）匹配目的地址的具有最长前缀长度的网络路由（前 n 位匹配，而 n 小于 64）。

（4）默认路由（网络前缀::/0）。

路由确定过程的结果是在路由表中选择一个路由，用这个路由来产生下一跳接口和地址。如果在源主机上的路由确定过程不能成功找到一个路由，IPv6 就假定目的地址是本地可达的。如果在路由器上的路由确定过程不能成功找到一个路由，IPv6 就向源主机发送一个 ICMPv6 目的不可达（路由不可达）差错报文，并丢弃该数据包。

4.3　IPv6 静态路由

每一个路由器工作时都会有一个路由表，为路由器的选路提供依据。在路由表的表项（也就是通常所说的路由）中，那些由网络管理员手工配置的路由就是静态路由。

静态路由在两个网络设备之间定义了明确的路径，不随网络拓扑的变化而变化，不论它所指示的路径是否有用，只要不人为删除，它总是存在于路由表中，只能通过网络管理员对路由表进行重新配置实现变更。

4.3.1　静态路由优缺点分析

静态路由的优点：

（1）简单、高效、可靠；

（2）比动态路由需要更少的带宽；

（3）减小了路由器的日常开销；

（4）在小型网络上容易配置；

（5）可以控制路由选择的更新。

静态路由的缺点：

（1）不灵活，在网络拓扑变化的时候缺乏自动调节的能力；

（2）在大型网络中难以维护；

（3）不具备容错功能。没有一种算法可用来预防配置的静态路由中可能存在的配置错误，且静态路由的生存期是无限的，所以无法发现和恢复掉线的路由器或链路。

4.3.2　静态路由适用场景

静态路由适用于以下场景：

（1）希望将一部分网络隐藏起来；

（2）网络中只有唯一到达互联网的路径，这种类型的网络称为 Stub 网络（桩网络，又称为末端网络），为 Stub 网络配置静态路由可以简化网络配置，避免动态路由造成的资源浪费，因此使用静态路由是非常有效的；

（3）为大型网络提供特定类型的传输安全性；

（4）为通往其他网络的链路提供更多控制。

一般来说，大部分网络使用动态路由协议在网络设备间通信，但是也可能会为了特殊情况配置有一两处静态路由。

静态路由可以重新分布到动态路由协议中，但是由动态路由协议产生的路由不能重新分布到静态路由中。在很多支持 IPv6 的平台上都可以配置静态路由。

4.4　IPv6 动态路由

动态路由能够根据网络拓扑的改变自动更新路由表项，而使用动态配置路由表的路由器则称为动态路由器。动态路由器可以通过路由器之间的即时通信来自动建立和维护路由表。路由器之间的通信是根据路由协议来进行的，路由协议在路由器之间交换一系列周期性发出的或根据请求发出的包含路由信息的报文。

4.4.1　IPv6 动态路由概述

动态路由协议使路由器能动态地随着网络拓扑中产生的变化（如路径失效或新路由的产生等）更新其保存的路由表，使网络中的路由器在较短的时间内不需网络管理员的介入就能自动地维持一致的路由信息，使整个网络达到路由收敛状态，从而保持网络的快速收敛和高可用性。

除最初的配置，动态路由器很少需要即时维护，因此可以适用于大型的网络。由于具有测量和恢复网络故障的能力，动态路由往往是中型、大型和超大型网络的较好选择。

虽然动态路由适用于大型、拓扑结构复杂的网络，但是各种动态路由协议也必然会不同程度地占用网络带宽和 CPU 资源。

1）路由协议和可被路由协议

路由协议（routing protocol）和可被路由协议（routed protocol）是两个不同的概念，需要加以区分。路由协议允许路由器动态地公告和学习路由，从而决定哪一条路径是可以到达目的节点最有效的路由，是为路由器寻找路径的协议。还有一些协议能够为用户数据提供足够的被路由信息，如逻辑地址，这种协议称为可被路由协议。用户数据都要被路由，因此，IP 是可被路由协议。

2）IPv6 路由协议分类及特点

IPv4 中普遍使用的路由协议有路由信息协议（routing information protocol, RIP）、开放最短路径优先（open shortest path first, OSPF）协议、边界网关协议（BGP）等。

互联网规模和负载的增长带来了地址空间不足、路由器存储和交换信息量急剧增加等一系列问题,现有 IPv4 路由协议必须加以改造,以符合未来互联网的发展要求。典型 IPv6 路由协议如图 4.8 所示。

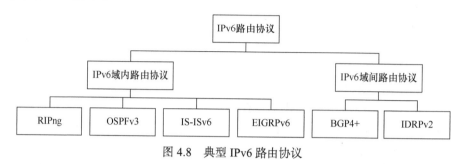

图 4.8　典型 IPv6 路由协议

IPv6 路由协议的新特点如下。

(1)地址方面:IPv6 中增加了任播地址,允许 IPv6 数据包被路由到具有某个 IP 地址的所有节点中的任意一个。IPv6 地址使用网络前缀标识网络,取消了子网掩码。一个 IPv6 网络接口可以配置任意类型的多个地址。

(2)地址解析过程:在一个子网中实现网络层和数据链路层之间的地址映射的方法有多种,在 IPv6 网络中采用邻节点发现协议。这样主机能够了解到链路上哪个路由器可以使用,也可以通过重定向功能获知哪个是最佳路由器。

(3)IPv6 路由协议更新:IPv4 网络使用的路由算法已经不能适用于 128 位的 IPv6 地址,需要研制和使用新的 IPv6 路由协议。

4.4.2　IPv6 域内路由协议

域内路由协议,又称为内部网关协议,适用于单个自治系统的内部,目前常见的 IPv6 域内路由协议有 RIPng 和 OSPFv3 协议。

1. RIPng

RIPng 是 IPv6 中基于距离矢量的内部网关路由协议。RIPng 并不是一个全新的协议,它基于第 2 版 RIP(RIP version 2, RIPv2),没有改变 RIPv2 的任何可操作进程、定时器或稳定功能,而是只对 RIPv2 做了一定的修改,以支持更多的 IP 地址以及每个 IPv6 接口的多地址功能,从而适应 IPv6 的需要。

IPv6 RIPng 的数据包结构简单,基于传输层协议 UDP,只在路由器上实现,每个使用 RIPng 的路由器都有一个路由进程在 UDP 521 端口上发送和接收数据,以周期性地公告它的路由、应答路由请求,并异步公告路由改变。

RIPng 报文由固定报头和多个路由表项(route table entry, RTE)组成,报文格式如图 4.9 所示。RIPng 报文的固定报头包括命令、版本和保留三个字段,其中命令字段和版本字段均占 8 位,保留字段占 16 位(必须为 0)。

RIPng 报文的每个 RTE 占 20 字节,可以分为下一跳 RTE 和 IPv6 前缀 RTE 两类,其格式顺序如图 4.10 所示。

命令(8位)	版本(8位)	保留(16位，必须为0)
路由表项1(20字节)		
⋮		
路由表项N(20字节)		

图 4.9　RIPng 报文格式

命令(8位)	版本(8位)	保留(16位，必须为0)
下一跳RTE 1(20字节)		
IPv6前缀RTE 1(20字节)		
IPv6前缀RTE 2(20字节)		
下一跳RTE 2(20字节)		
IPv6前缀RTE 3(20字节)		
⋮		
IPv6前缀RTE N(20字节)		

图 4.10　RTE 格式顺序

IPv6 前缀 RTE 描述了 RIPng 路由表中的目的 IPv6 地址及开销，位于某个下一跳 RTE 的后面，从 RTE 格式顺序也可以看出，同一个下一跳 RTE 的后面可以有多个不同的 IPv6 前缀 RTE。IPv6 前缀 RTE 格式如图 4.11 所示。

下一跳 RTE 定义了下一跳的 IPv6 地址，位于一组具有相同下一跳的 IPv6 前缀 RTE 的最前面，通常为 0xFF，如图 4.12 所示。

图 4.11　IPv6 前缀 RTE 格式

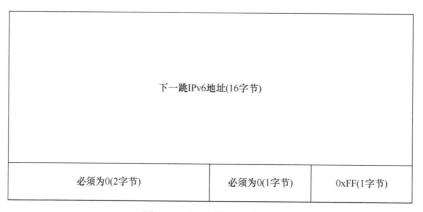

图 4.12　下一跳 RTE 格式

RIPng 和 RIP 的区别主要体现在地址和报文格式上：

（1）RIP 基于 IPv4，地址是 32 位的，而 RIPng 基于 IPv6，地址是 128 位的；

（2）RIPng 中没有子网掩码的概念，报文中包含的是前缀长度，即 IPv6 前缀 RTE，而不是子网掩码；

（3）RIPng 不再支持非 IP 的网络；

（4）RIPng 使用组播方式周期性地发送路由信息，并使用 ff02::9 作为链路本地范围内 RIP 路由器的组播地址；

（5）RIPng 不限定报文的最大长度和 RTE 的数目，报文长度由最大传输单元（MTU）决定，为防止路由表项过长，同时提高效率，RIPng 的下一跳作为单独的 RTE 存在。

当 RIPng 路由器初始化后，它在所有接口上公布路由表中的合适路由。IPv6 RIPng 路由器也在所有接口上发送通用请求（general request）报文。所有邻居路由器发送它们路由表中的内容作为应答；这些应答建立起初始路由表。

在初始化后，IPv6 RIPng 路由器为每个接口周期性地（默认每 30 s）公布路由表中合适的路由。所公布的路由的确切集合取决于 RIPng 路由器是否实现水平分割或毒性反向水平分割。

如果网络拓扑发生改变，RIPng 路由器会发送一个触发更新消息（立即发送路由更新消息），而不是等待安排好的公告。

　　IPv6 RIPng 使用跳数作为度量，度量值范围是 0～15，距离为 16 或更远的节点判断为不可达。因此，RIPng 适用于小型和中型 IPv6 网络，不适用于大型或超大型 IPv6 网络。

　　2. OSPFv3 协议

　　与 RIP 不同，OSPF 协议是一种典型的链路状态路由协议，它把自治系统内的一些有关系的网络划分为区域（Area），各区域对自治系统中的其他部分隐藏了其内部拓扑结构，区域内的路由仅由区域自身的拓扑来决定，采用区域路由可减少路由信息流量。

　　IPv6 的 OSPF 协议是在 RFC 2740 中定义的基于链路状态的路由协议，被设计为一个运行在单个自治系统上的路由协议。IPv6 的 OSPF 协议是对 RFC 2328 中定义的 IPv4 的 OSPF 路由协议版本 2 的修订。每个路由器链路的 OSPF 协议的开销都是网络管理员设定的一个无单位数，它包括延时、带宽等成本因素。在 OSPF 网络中，网段之间的累积开销必须小于 65535。OSPF 报文被用作上层协议数据单元（PDU），其中下一报头值设置为 89。

　　IPv6 OSPF 对 OSPFv2 进行的改进包括：

　　（1）修改了 OSPF 数据包结构，去掉了依赖 IPv4 编址的部分；

　　（2）定义了用于携带 IPv6 地址和前缀的新链路状态公告（link state advertisement, LSA）；

　　（3）OSPF 协议在每条链路上运行，而不是在每个子网上运行；

　　（4）扩大了 LSA 洪泛的网络范围。

　　OSPF 协议不再提供身份认证服务，它依赖于 IPv6 扩展报头中的认证报头（AH）和封装安全载荷（ESP）报头与报尾。

　　每个路由器都有一个描述自身当前状态的 LSA。每个 IPv6 路由器的 OSPF 协议通过相邻路由器（称为邻居路由器）之间的逻辑关系在整个 OSPF 网络中有效地广播 LSA，并利用链路本地地址维持邻接关系。当所有当前路由器的 LSA 广播都完之后，OSPF 网络就收敛了。也就是说，拓扑与地址是分离的，不需要配置 IPv6 全球单播地址就可以得到 OSPFv3 拓扑，在节省带宽的同时能够减少报文不必要的洪泛。

　　根据 OSPF 协议的链路状态数据库（link state database, LSDB），OSPF 计算每条路由的最低开销路径，这些路径最终将成为 IPv6 路由表中的 OSPF 路由。为了减小 LSDB 的大小，OSPF 允许创建区域。一个 OSPF 区域是一组连续的网段。在所有的 OSPF 网络中，至少有一个区域称为骨干区域（backbone area）。OSPF 区域允许汇聚在其边界上的路由信息。

　　总的来看，为了适应 IPv6 网络，OSPFv3 不受网段限制，基于链路运行，用链路取代了子网、网段的概念，为提高协议的可扩展性，OSPFv3 通过取消协议报文和 LSA 报文中的 IPv6 地址信息的方式，独立于网络层协议运行。此外，OSPFv3 可以在同一条链路上运行多个 OSPFv3 实例、支持运行多个进程，它们相互不受影响。

　　值得注意的是，尽管 IPv6 中不存在校验和，但 OSPFv3 依然使用标准校验和，且验证方式也发生了变化，主要依赖 IPv6 认证报头和 ESP 报头保证报文的完整性和机密性。

4.4.3　IPv6 域间路由协议

　　域间路由协议，又称为外部网关协议，适用于多个自治系统之间，目前最常见的 IPv6

域间路由协议为 BGP4+。

边界网关协议（BGP）是一个常用的外部网关路由协议，其主要功能是在自治系统之间交换有关网络可达性的信息。

支持 IPv4 的 BGP 经历了 4 个版本：RFC 1105（BGP1）、RFC 1163（BGP2）、RFC 1267（BGP3）和目前广泛使用的 RFC 1771（BGP4）。之后，为支持可能出现的非典型性网络通信需求，在 BGP4 更新报文中添加了一些新字段和属性，称为多协议扩展，最初是用来支持组播路由的。

这些新字段同样也可以用来传播 IPv6 地址信息，后来这些扩展对 MPLS（多协议标签交换）也提供了支持。当前网络中普遍使用这个扩展的 BGP 来传播 IPv6 路由信息，这个扩展的 BGP 通常称为 BGP4+或者多协议 BGP。

BGP4+是一个基于路径矢量的路由协议，用来在自治域之间实现网络可达信息的交换，路由信息用于建立一个能表示多个自治系统之间的所有连接的逻辑路径树，路由器使用路径树中的信息在自己路由表中建立无循环的路由。整个交换过程要求建立在可靠传输连接的基础上，因此，BGP4+报文使用 TCP 作为传输协议，缺省端口号为 179。

BGP4+对 CIDR（无类别域间路由）提供支持，有利于减少路由表项，加速选路速度，减少路由器间所要交换的路由信息。另外，BGP4+路由器一旦与其他 BGP4+路由器建立了对等关系，就仅在最初的初始化过程中交换整个路由表，此后只有当自身路由表发生改变时，才会产生更新报文，并将其发送给其他 BGP4+路由器，而且该报文仅包含那些发生变化的路由。这样不但减少了路由器的计算量，而且节省了带宽。

为了适应多协议支持的新需求，BGP4+把 IPv6 网络层协议的信息映射到网络层可达性信息（network layer reachabiliy information, NLRI）和下一跳属性中，为了便于 BGP 对端进行通信，引入了两个可选非传递 NLRI 属性：MP_REACH_NLRI 和 MP_UNREACH_NLRI，用于 IPv6 前缀，作用分别为公告可达路由和下一跳信息、撤销不可达路由，因此 BGP4+的 NLRI 是通过更新报文路径属性的多协议可达 NLRI 或多协议不可达 NLRI 更新的。

1. 多协议可达 NLRI

多协议可达 NLRI 为可选非过渡属性，类型码为 14，用来携带可达性目的地址以及转发到这些目的地址的下一跳地址。BGP4+中规定 MP_REACH_NLRI 路径属性功能包括：

（1）向 BGP 对端公告一条有效的可用路由；

（2）允许路由器公告该路由器的网络层地址，以便作为 MP-NLRI 属性中到达 NLRI 所表示的目的地的下一跳地址；

（3）允许路由器报告部分或全部本地系统中存在的子网接入点。每个属性项都包含一个或多个三元组<地址簇信息，下一跳信息，NLRID>。

2. 多协议不可达 NLRI

多协议不可达 NLRI 也为可选非过渡属性，类型码为 15，用来携带不可达的目的地址，以及撤销不可达路由。BGP4+中规定 MP_UNREACH_NLRI 路径属性允许向 BPG 对端撤销不可到达的路由，基本上包含对等节点应该从其路由信息库（routing information base, RIB）中删除的 IPv6 前缀列表。

BGP4+利用 BGP4 的多协议扩展属性来达到在 IPv6 网络中应用的目的，而 BGP4 中的消息机制和路由机制在 BGP4+中都没有发生变化。因此，BGP4+在应用场合和工作机理上与 BGP4 没有区别，只是 BGP4 的多协议扩展，既可支持 IPv4，也可提供对 IPv6 的良好支持。

4.4.4　IPv6 其他路由协议

IPv6 还支持其他路由协议，如内部路由协议 IS-ISv6(intermediate system to intermediate system for IPv6, IPv6 中间系统到中间系统协议)、引入了非等价负载均衡技术的距离矢量路由协议 EIGRPv6（ enhanced interior gateway routing protocol for IPv6, IPv6 增强型内部网关路由协议 ）、域间路由协议 IDRPv2（ intermediate distance routing protocol, 中间距离路由协议第 2 版 ）等。本节对这三种路由协议进行概要介绍。

1. IS-ISv6

除了 OSPFv3，另一个被广泛使用的链路状态路由协议是 IS-ISv6。中间系统到中间系统(intermediate system-to-intermediate system, IS-IS)是 IS 标准路由协议（ ISO/IEC 10589 ），最初用于支持无连接网络的动态协议。随着 IPv6 网络的建设，同样需要动态路由协议为 IPv6 报文的转发提供准确有效的路由信息。RFC 5308 规范了支持 IPv6 的 IS-IS 路由协议 IS-ISv6，使得 IS-IS 可以与 IPv6 网络紧密对接，能够发现和生成 IPv6 路由，并且既可以同时承载 IPv6 和 IPv4 的路由信息，又可以完全独立于 IPv4 网络和 IPv6 网络。

为了支持 IPv6 路由的处理和计算，IS-ISv6 新增了一个网络层协议标识符(network layer protocol identifier, NLPID)，并定义了两个新的 TLV（类型-长度-值），即 IPv6 接口地址 TLV 和 IPv6 可达性 TLV。原来的 IP 接口地址 TLV 被 IPv6 接口地址 TLV 替代，IP 内部、外部可达性 TLV 被 IPv6 可达性 TLV 替代。为了描述网络可达性，IPv6 可达性 TLV 由指定的路由前缀、度量信息、一个用于表明前缀是否是从更高级别向下公告的比特位、一个用于表明前缀是否是从另一个路由协议分发的比特位，以及允许以后用于扩展的子 TLV（是否存在子 TLV 为可选项）。

2. EIGRPv6

增强内部网关路由协议（ enhanced interior gateway routing protocol, EIGRP ）原本是 Cisco 公司开发的私有协议，在 2013 年公开，是内部网关路由协议（ interior gateway routing protocol, IGRP ）的增强版，封装在 IP 报文当中，具有可靠的通信传输能力。EIGRP 既支持等价负载均衡，又支持非等价负载均衡，同时具有距离矢量和链路状态两者的优点，采用了扩散更新算法（ diffusing update algorithm, DUAL ），保证了没有环路，对路由计算更为准确，路由的收敛更快。

EIGRP 和 EIGRPv6 之间的属性几乎相同，但为更好地适应在 IPv6 网络环境中实现路由，EIGRPv6 做出了一些调整，包括：

（1）使用链路本地地址来建立邻居连接，而不是使用 IP 子网；
（2）路由器使用 IPv6 组播地址 ff02::10，而不是 224.0.0.10 组播地址；
（3）与 OSPFv3 一样，EIGRPv6 也基于每个接口进行配置，而不是全局启用；

（4）成功启动路由操作需要创建路由器 ID。

3. IDRPv2

域间路由选择协议（inter-domain routing protocol, IDRP）是 ISO/IEC 10747 中定义的一种基于路径矢量的路由协议，最初是为无连接网络协议（CLNP）建立的。类似于 BGP4，IDRP 也用于自治系统之间的路由，这些自治系统在 IDRP 中称为路由域（routing domain）。

IPv6 中的 IDRP 版本是 IDRP 版本 2（IDRPv2）。对于 IPv6 来说，IDRPv2 是一个比 BGP4 更好的路由协议，因为 IDRPv2 不使用附加的自治系统标识符（在 IPv4 互联网和 BGP4 协议中使用），IDRP 中的路由由 IPv6 前缀标识。另外，多个路由域可以组成路由域联盟，同样由前缀标识，以建立一个任意层次结构的汇总路由。

4.5　本 章 小 结

为简化主机配置，IPv6 既支持有状态地址配置（如有 DHCPv6 服务器时的地址配置），也支持无状态地址配置（如没有 DHCPv6 服务器时的地址配置），甚至在没有路由器的情况下，同一链路上的所有主机也可以自动配置它们的链路本地地址，这样不用手动配置也可以进行通信。本章重点介绍了节点配置地址时地址的多种状态，分别介绍了无状态和有状态地址自动配置的主要流程和特点，阐述了 DHCPv6 对于 DHCPv4 的改进和优化，并对 DHCPv6 的快速提交和前缀委托进行了介绍。

在 IPv6 路由协议方面，本章介绍了 IPv6 路由表和路由确定基本过程，分析了 IPv6 静态路由和动态路由的适用场景，阐述了路径选择和转发的区别，最后重点从与 IPv4 功能对应的路由协议的主要差异的角度对 RIPng、OSPFv3 和 BGP4+进行了简要介绍，也对 IS-ISv6、EIGRPv6、IDRPv2 进行了简要介绍。

习　题

1. 邻节点发现协议中的自动地址配置是如何实现的？它使用哪些协议和报文来完成地址分配和配置？

2. 邻节点发现协议中的无状态地址自动配置与动态主机配置协议（DHCP）的区别是什么？它们在 IPv6 网络中的应用场景如何？

3. 当转发数据包时，路由器上的 IPv6 如何确定使用路由表中的哪个路由？这个过程与 IPv6 发送主机有什么区别？

4. 描述可以造成路由器发送如下 ICMPv6 差错报文的情况：

（1）ICMPv6 包太大；

（2）ICMPv6 目的不可达-地址不可达；

（3）ICMPv6 超时-传输中超过跳限制；

（4）ICMPv6 目的不可达-端口不可达；

（5）ICMPv6 目的不可达-路由不可达；

（6）ICMPv6 参数问题-遇到未识别 IPv6 选项。

5. 运行 Windows Vista 的主机接收到来自路由器的路由器公告（RA）报文，路由器公告把自己的链路本地地址 fe80::2aa:ff:fe45:a431:2c5d 作为默认路由器地址，并且包括了使用前缀 2001:db8:0:952a::/64 自动配置地址的前缀信息选项，以及前缀为 2001:db8:0:952c::/64 的路由信息选项。基于这个 RA 报文，在下边简化的路由表中填写主机所期望的条目。

目的网络	网关
……	……

6. 描述距离矢量、链路状态和路径矢量路由协议技术在收敛时间、可升级能力、部署的简易性以及适用范围（内网还是互联网）方面的区别。

7. 运行 Windows Server 操作系统的静态 IPv6 路由器通过如下命令进行配置：

```
netsh interface ipv6 set interface "local area connection"
forwarding=enabled advertise=enabled
    netsh interface ipv6 set interface "local area connection 2"
forwarding=enabled advertise=enabled
    netsh interface ipv6 add route 2001:db8:0:1a4c::/64 "local area
connection" publish=yes
    netsh interface ipv6 add route 2001:db8:0:90b5::/64 "local area
connection 2" publish=yes
```

通过运行这些命令，在 2001:db8:0:90b5::/64 子网的主机是否存在默认路由？为什么？通过运行这些命令，在 2001:db8:0:90b5::/64 子网的主机可以到达 2001:db8:0:1a4c::/64 子网的主机吗？如果可以，如何到达？

第 5 章　IPv6 过渡技术

当前 IPv4 网络部署与应用广泛，由于 IPv6 与 IPv4 并不兼容，短时间内难以达成 IPv4 向 IPv6 的过渡，因此在 IPv6 网络逐步部署与应用过程中，IPv6 网络及服务需要与 IPv4 网络及服务继续存在一段较长的过渡期，需要提供 IPv4 和 IPv6 间交互访问的机制与技术。

5.1　IPv6 过渡技术概述

实现从 IPv4 过渡到 IPv6 的关键问题就是实现 IPv4 和 IPv6 的互联互通，针对该问题，主要有双栈、隧道和翻译三种类型的解决方案。

5.1.1　过渡技术种类

IPv6 过渡技术是在过渡期间根据某种特定需求，实现同 IP 或不同 IP 的网络设备与节点之间的通信的技术。常用的过渡技术有双栈技术、隧道技术和翻译技术。

双栈（双协议栈）技术是指在网络节点上同时部署 IPv4 和 IPv6 两种协议栈，使得网络节点可以同时支持这两种协议（图 5.1）。双栈技术既是一种可独立应用的过渡技术，也是 IPv6 其他过渡技术的基础，在翻译技术和隧道技术中都需要使用双栈技术。

图 5.1　双栈模型

隧道技术主要用于实现 IPv6 主机或其他网络设备通过 IPv4 网络通信（IPv6 over IPv4），以及 IPv4 主机或其他网络设备通过 IPv6 网络通信（IPv4 over IPv6）。以 IPv6 over IPv4 隧道为例，其基本思想是将现有 IPv4 网络看作数据链路层，将 IPv6 数据包作为 IPv4 数据包的载荷，通过 IPv4 网络转发到目的 IPv6 主机或网络。隧道技术不能支持不同协议类型节点之间的通信，同时 MTU 等额外处理增加了实现的复杂性。

翻译技术通过对 IPv4 和 IPv6 之间报文格式和信息的转换，实现使用不同 IP 的主机或者其他网络设备之间的互通。翻译技术可实现不同协议主机之间的通信，但破坏了网络的端到端特性，支持上层应用的可扩展性不好，并且存在安全隐患（例如，大多场景下不能使用 IPsec，容易受到拒绝服务威胁等）。

5.1.2　过渡技术应用场景

IPv4 向 IPv6 过渡是渐进的，将过渡初期的互联网看作由运行 IPv4 的海洋和运行 IPv6 的孤岛组成，随着时间的推移，IPv4 海洋将会逐渐变小，而 IPv6 孤岛将会越来越多，最终完全取代 IPv4。

在过渡初期，要解决的主要问题是 IPv6 孤岛之间的通信，随后则是 IPv6 孤岛和 IPv4 海洋之间的通信，最终要解决 IPv4 孤岛和 IPv6 海洋之间的通信问题。

在 IPv4 海洋里的 IPv6 孤岛主要利用双协议栈和在 IPv4 网络中建立 IPv6 隧道来实现彼此间的通信，而 IPv4 海洋与 IPv6 孤岛间的通信主要利用双栈、翻译、应用层网关（ALG）和在 IPv6 网络中建立 IPv4 隧道来实现。

1. IPv6 孤岛之间的通信

对于 IPv6 孤岛之间的通信，主要采用配置隧道（configured tunnel）、自动隧道（automatic tunnel）技术，其中自动隧道主要有隧道代理（tunnel broker, TB）、6over4、6to4、Teredo 等。

2. IPv6 孤岛与 IPv4 海洋间的通信

对于 IPv6 孤岛与 IPv4 海洋之间的通信，主要有双栈模型、有限双栈模型（limited dual stack model, LDSM）、SOCKS64、无状态 IP/ICMP 翻译（stateless IP/ICMP translation, SIIT）、网络地址翻译-协议翻译（network address translation-protocol translation, NAT-PT）、BIS（Bump in the Stack）、传输中继翻译器（transport relay translator, TRT）、应用层网关（ALG）等。

3. IPv4 孤岛和 IPv6 海洋之间的通信

对于 IPv4 孤岛与 IPv6 海洋之间的通信，主要有通用路由封装（generic route encapsulation, GRE）和 Shim6。

5.2　双　栈　技　术

双栈技术要求网络节点同时支持 IPv4 和 IPv6 协议栈，但在具体实现上又有不同的方式和应用场景，主要有基本双栈技术、有限双栈模型以及双栈过渡模型（dual stack transition model, DSTM）技术。

5.2.1　基本双栈技术与有限双栈模型

实现双栈机制的节点称为 IPv6/IPv4 节点或双栈节点，因为其完全实现了 IPv6 和 IPv4 的通信，这种节点能与 IPv6 节点和 IPv4 节点直接通信。一般情况下，双栈节点具有 3 种工作模式：①只运行 IPv6，此时表现为 IPv6 节点；②只运行 IPv4，此时表现为 IPv4 节点；③双栈模式，同时运行 IPv6 和 IPv4。

IP 地址是网络的核心，是一切基于 IP 通信的基础，因此对于双栈节点，需要同时具有 IPv4 和 IPv6 地址。它可以通过 IPv4 机制获得 IPv4 地址，也可以通过 IPv6 机制获得 IPv6 地址，二者之间互相不会影响。

在两种地址的情况下，为支持解析双栈节点地址，也就是说同时支持 IPv4 和 IPv6 地址的访问，在 DNS 服务器中的参数要根据实际需要进行调整。对于同一个域名，DNS 服务器的记录配置中可以同时存在包含 IPv4 地址的 A 记录和 IPv6 地址的 AAAA 记录。在返回解析结果时，服务器有下列 3 种方式反馈信息：①向应用程序返回双栈节点的 IPv6 地址；②向应用程序返回双栈节点的 IPv4 地址；③向应用程序返回双栈节点的 IPv6 和 IPv4 地址。若是第 3 种方式，服务器可以对 IPv6 和 IPv4 地址排序，排序的先后影响应用程序对地址的选择。

主机采用双栈时可以同时收发 IPv6 和 IPv4 数据包，可以与其他的 IPv6 节点和 IPv4 节点通信，路由器采用双栈可以实现隧道和翻译技术。

然而双栈技术必须实现 IPv4，会占用本就紧缺的 IPv4 地址资源，为此，有限双栈模型（LDSM）应运而生，它要求服务器和路由器仍然是双栈的，而非服务器的主机只需要支持 IPv6。这种机制只需要相对较少的 IPv4 公网地址，但无法支持 IPv4 单栈客户端访问 IPv6 单栈服务器。为保证这种通信的进行，需要代理网关的支持。

5.2.2　双栈过渡模型

在一个以 IPv6 为主的网络中，节点可能需要与一些没有实现双栈的 IPv4 节点进行通信，而在网络中同时支持 IPv4 和 IPv6 会因地址分配所需容量大、路由设备要求高等问题增加网络管理复杂度与开销，比较好的办法就是在网络策略上尽可能地只支持 IPv6。

针对这种情况，双栈过渡模型（DSTM）被提出，其主要原理是为以 IPv6 为主的网络中的双栈节点临时分配 IPv4 地址，并采用 4 over 6 隧道机制实现。在早期采用 IPv6 的网络中，DSTM 也是一个避免使用 NAT 而与 IPv4 遗留节点和程序通信的方法。

在采用 DSTM 的网络中，通过给双栈节点分配 IPv4 地址来实现与 IPv4 节点通信而无须对 IPv4 节点和 IPv4 应用程序做任何改动。DSTM 由 DSTM 服务器、DSTM 节点构成，其中 DSTM 服务器负责向客户端分配 IPv4 地址和为 DSTM 节点指定隧道端点（TEP），同时要求服务器必须保证所分配的 IPv4 地址在一段时间内的唯一性，以维持所进行的通信，如图 5.2 所示。

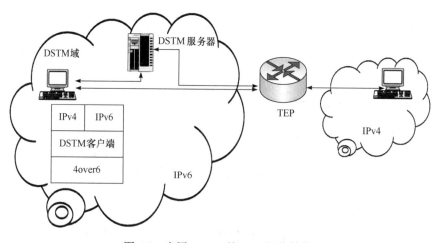

图 5.2　应用 DSTM 的 IPv6 网络结构

DSTM 节点必须使用 TEP 把 IPv4 数据包封装在 IPv6 数据包中，并发往 DSTM 边界路由器，边界路由器在接收到这种 IPv4 over IPv6 数据包后，将 IPv4 数据包从 IPv6 数据包中提出，然后发往 IPv4 目的地；边界路由器在收到返回的 IPv4 数据包时，也要将此数据包封装在 IPv6 数据包中，并发往正确的 DSTM 节点。

5.3　隧　道　技　术

隧道技术使 IPv6 数据包能够穿越 IPv4 网络，从外部看来好像在 IPv4 网络中开通了一条道路用于 IPv6 数据包的传输，当然隧道技术也可使 IPv4 数据穿越 IPv6 网络。

5.3.1　隧道技术概述

隧道技术的关键点在于如何决定隧道入口和出口的两个端点，以及数据包的封装过程。根据数据包在端点的封装和解封装的不同，隧道技术分为配置隧道和自动隧道两种，两种方式最突出的区别在于如何确定隧道终点的 IP 地址。

隧道技术的基本过程就是在隧道入口端点把 IPv6 数据包封装到一个 IPv4 数据包中并进行传输，数据包到达隧道出口端点后由出口端点从 IPv4 数据包中提出 IPv6 数据包并进行处理。为使出口端点能够识别入口端点的数据，需要二者协商并维护一些参数，如隧道 MTU 等。

1. 数据包封装过程

当 IPv6 数据包从源节点到达隧道入口端点时，需要对 IPv6 数据包进行封装处理才能将其进一步传输到目的地，具体的做法就是把整个 IPv6 报文当成数据封装到新的 IPv4 报文中，如图 5.3 所示。

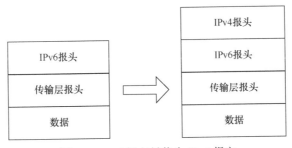

图 5.3　IPv6 报文封装为 IPv4 报文

虽然只是对 IPv6 数据包加上 IPv4 报头，但是封装节点（隧道入口端点）需要处理一些复杂的问题，主要包括以下两个方面：①决定数据包何时进行分片，以及对于超长数据包何时通过 ICMP 把差错反馈给源节点；②如何把 IPv4 的 ICMP 差错报文通过隧道作为一个 IPv6 的 ICMPv6 差错报文反馈给源节点。

2. 决定隧道 MTU 和数据包分片

对于封装端点来说，它可以把 IPv4 网络看作一种链路层通道，并且这个通道有一个特别大的 MTU，就是最大 IPv4 报文长度减去封装时 IPv4 的报头长度，即 MTU=65535−20（字节）。在这种情况下，对于超出此 MTU 的数据包，封装端点只需要向源节点报告 ICMPv6 差错报文。

　　然而，此做法会导致一些不必要的分片，对性能带来一定的影响，并且所有在隧道中的分片都必须在隧道终点进行重组，这就对隧道终点的设备内存等性能有一定的要求。因此，为确定一个合适的隧道 MTU，需要更好的机制。

　　网络中的一条路径中往往包含多条链路，每条链路的 MTU 可能不相同，但总有一个最小的 MTU，即路径 MTU。只要发送的数据包的大小不大于路径 MTU，在传输过程中就不会被分片。路径 MTU 可以通过 IPv4 的路径 MTU 发现协议获得，在减去 IPv4 报头的长度后，就可以作为隧道 MTU，如图 5.4 所示。

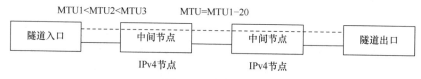

图 5.4　隧道 MTU

　　尽管如此，在某些情况下 IPv4 数据包分片问题仍不能完全消除。因为 IPv6 的最小 MTU 不能小于 1280 字节，当 IPv4 的路径 MTU 小于 1280 字节时，就需要将 IPv4 数据包分片。当 IPv6 数据包大于隧道 MTU 时，封装端点使用算法 5.1 所示的算法来决定如何转发 IPv6 数据包。

算法 5.1　隧道 MTU 计算算法

如果（IPv4 路径 MTU−20）<=1280 字节
　　如果数据包长度>1280 字节
　　　　发送 ICMPv6 包太大报文（其中 MTU=1280 字节）
　　　　丢弃该数据包
　　否则
　　　　封装该数据包但 IPv4 报头的 DF（不要分片）标志不置位
　　　　数据包在经过 IPv4 网络时可能会被节点或路由器分片
如果（IPv4 路径 MTU−20）>1280 字节
　　如果数据包长度>（IPv4 路径 MTU−20）
　　　　发送 ICMP 包太大报文（其中 MTU 值=IPv4 路径 MTU−20）
　　　　丢弃该数据包

---

3. ICMP 差错处理

　　作为已封装数据包的源节点，封装端点可能接收到来自隧道内 IPv4 路由器的 ICMPv4 差错报文。这些报文是由路由器在数据包传输过程中遇到问题时生成的，如路由错误、TTL 到期、参数问题等。

　　许多 IPv4 路由器只返回 8 字节的数据，这对于 IPv6 来说是不够的，现在许多 IPv4 路由器已经能够返回足够的 IPv4 差错信息，进而生成一个 ICMPv6 差错报文反馈给初始的 IPv6 节点。

4. 跳限制

　　对于 IPv6 over IPv4 隧道，从 IPv6 层面来看，IPv4 网络只作为一条链路，因此它把隧道作为一跳，也就是说，隧道出口的跳限制比隧道入口的跳限制小 1。一些网络诊断工具，如 traceroute，则检测不到隧道的存在。

5. 数据包解封装过程

当一个 IPv6/IPv4 主机或路由器接收到一个 IPv4 数据包，并且协议字段值是 41 时，如果 IPv4 数据包具有分片，则接收方进行重组，然后删除 IPv4 报头还原为 IPv6 数据包。具体解封装过程如图 5.5 所示。

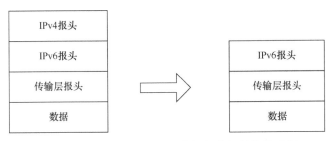

图 5.5　IPv6 数据包从 IPv4 数据包中解封装的过程

当 IPv6 数据包从 IPv4 数据包解封装时，并不改变 IPv6 数据包的报头。如果数据包要连续转发，其跳数要减 1。

作为解封装的一部分，应该把具有非法 IPv4 源地址的数据包默默丢弃，非法 IPv4 地址包括组播地址、广播地址、全 0 地址和回环地址。在解封装后，应该把具有非法 IPv6 地址的数据包默默丢弃，非法 IPv6 地址包括组播地址、未指定地址、回环地址和具有非法 IPv4 地址的 IPv4 兼容 IPv6 地址。

5.3.2　配置隧道

配置隧道是手动建立的，需要隧道的两个端点所在网络的管理员协作完成。隧道的端点地址由配置来决定，不需要为站点分配特殊的 IPv6 地址，适用于经常通信的 IPv6 站点之间。这些站点之间必须有可用的 IPv4 连接，采用这种机制的站点至少要具有一个全球唯一的 IPv4 地址，站点中每个主机都至少需要支持 IPv6，路由器需要支持双栈。

如图 5.6 所示，双栈路由器 R1 和 R2 分别连接两个 IPv6 网络，R1 和 R2 之间通过 IPv4 网络连接。当 PC1 和 PC2 之间进行通信时，需要穿透 R1 和 R2 之间的 IPv4 网络，这时就需要用隧道来实现。采用配置隧道的做法就是在 R1 和 R2 之间互相指定隧道的起点和终点。

图 5.6　IPv6 穿越 IPv4 隧道示例

5.3.3　自动隧道

和配置隧道相比，自动隧道对于隧道终点不用手动指定，在配置和使用时更灵活。自动隧道主要有 ISATAP 隧道、6to4 隧道、6over4 隧道、Teredo 隧道、IPv6 快速部署（IPv6 rapid deployment, 6rd）隧道、轻量级双栈（dual stack lite, DS-Lite）隧道、隧道代理等。

1. ISATAP 隧道

ISATAP 为站点内自动隧道寻址协议，顾名思义，它指某个 IPv4 域内的双栈主机相互之间可通过该隧道进行通信。

如图 5.7 所示，双栈主机首先向 ISATAP 服务器发送路由器请求，从 ISATAP 服务器获得一个 64 位的 IPv6 地址前缀 3000:1:1:1::/64，再加上 64 位的接口标识符::0:5efe:a.b.c.d，构成一个 ISATAP 地址，这里的 a.b.c.d 是双栈主机的 IPv4 单播地址，该地址可以是公有地址，也可以是私有地址，像双栈主机 1 的 IPv4 地址是 192.168.1.1，那么它的 ISATAP IPv6 地址就是 3000:1:1:1:0:5efe:192.168.1.1，双栈主机 2 的 IPv4 地址是 192.168.1.2，那么它的 ISATAP IPv6 地址就是 3000:1:1:1:0:5efe:192.168.1.2。

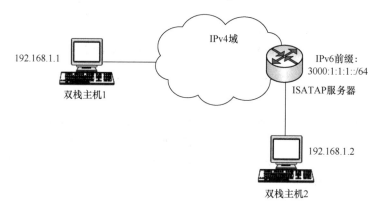

图 5.7　ISATAP 隧道示意图

双栈主机配置了 ISATAP 地址后，就成为一个 ISATAP 客户端，可以和 IPv4 域内的其他 ISATAP 客户端进行通信。通信过程如下：

（1）双栈主机 1 获得双栈主机 2 的 ISATAP 地址后向其发送数据包，根据目的地址，该数据包被交给 ISATAP 接口进行发送；

（2）ISATAP 接口从数据包的 IPv6 源地址和目的地址中提出相应的 IPv4 源地址和目的地址，并对该数据包用 IPv4 报头进行封装，封装后数据包的目的地址为双栈主机 2 的 IPv4 地址，这样就建立了一条从主机 1 到主机 2 的隧道；

（3）数据包最后到达主机 2，主机 2 对其解封装，得到一个 IPv6 数据包。

ISATAP 要求通信主机和 ISATAP 服务器都支持双栈，它适用于在 IPv4 网络中 IPv6 主机之间的通信。

ISATAP 可用于内部私有网络中各双栈主机之间进行 IPv6 通信，不要求隧道端点具有全球唯一的 IPv4 地址。和 6to4 隧道技术相结合，ISATAP 还可以使内网的双栈主机接入 IPv6 主干网。

2. 6to4 隧道

和 ISATAP 隧道相比，6to4 隧道的好处在于只需要全球唯一的 IPv4 地址便可使得整个站点获得 IPv6 连接，而 ISATAP 需要所有的主机都有 IPv4 地址。

6to4 隧道技术可以实现 IPv6 节点之间使用不经过事先声明的 IPv4 隧道通过 IPv4 网络进行通信。当 IPv6 网络发展到一定的数量时，这将是一种非常普遍的现象，此时，IPv4 网络则被看成单播的点对点数据链路层。

6to4 隧道在构造地址时采用 6to4 地址，这是一种特殊的 IPv6 地址，以 2002 开头，后面跟着的 32 位的 IPv4 地址转化为 32 位十六进制表示，构成一个 48 位的 6to4 前缀（2002:IPv4ADDR::/48），例如，192.168.1.1 构成的 6to4 前缀就是 2002:c0a8:101::/48。由于这种地址是自动从站点的 IPv4 地址派生出来的，因此每个采用 6to4 机制的节点都必须具有全球唯一的 IPv4 地址。

如图 5.8 所示，共有 3 个站点，每个站点通过 6to4 出口路由器与其他 IPv6 域建立隧道连接。根据 6to4 隧道原理，隧道末端的 IPv4 地址可从 IPv6 域的地址前缀中自动提取，即 IPv6 地址前缀的第 17～48 位表示的就是 IPv4 地址。通过该机制，站点能够配置 IPv6 而不需要向注册机构申请 IPv6 地址空间，这也简化了 ISP 管理工作。

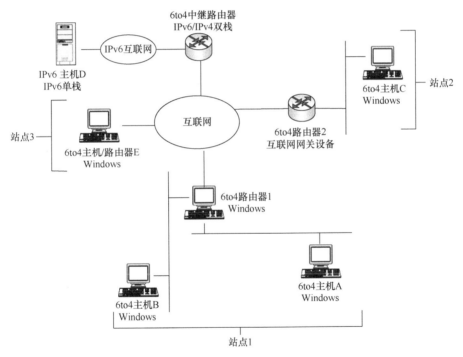

图 5.8　6to4 技术原理

可以设想，在一个拥有很多分支机构的单位里，各机构内部使用私有地址和 NAT 技术，利用 6to4 策略可以方便地建立一个虚拟 IPv6 外部网络。它同样可以重新建立起点到终点的 IP 连接，且允许对不同地方的服务器使用 IPsec，进一步提高了网络的安全性。此外，6to4 机制还允许在采用 6to4 的 IPv6 站点和 IPv6 单栈站点之间通过 6to4 中继路由器进行通信，如果中继路由器运行 BGP4+，适应范围会更广。

由于 6to4 机制下隧道端点的 IPv4 地址可以从 IPv6 地址中提取，所以隧道的建立是自动的。6to4 机制不会导致在 IPv4 的路由表中引入新条目，而在 IPv6 路由表中只增加一个表项。

3. 6over4 隧道

6over4 是一种自动建立隧道的机制，在 IPv4 组播域上承载 IPv6 链路本地地址。与 6to4 不同的是，6over4 利用 IPv4 组播机制来实现虚拟链路，该机制要求站点支持组播，并且要求站点内采用这种机制的主机和路由器都支持 6over4。

将 IPv6 链路本地地址映射到 IPv4 组播域，IPv4 组播地址为 239.192.0.0，并且支持邻节点发现，相当于 IPv4 组播机制模拟 IPv6 邻节点发现功能。一旦发现 IPv6 邻节点，IPv6 主机就自动建立隧道通过 IPv4 网络进行通信。

一个 6over4 路由器在站点内广播它的 IPv6 网络前缀，不需要 IPv4 兼容地址或手动配置隧道，适用于一个站点的内部。当采用 6over4 的站点通过一个支持 6over4 的路由器与外界相连时，站点内的主机可以和外部 IPv6 站点进行通信。

6over4 隧道适用于 IPv4 网络中的 IPv6 孤立主机之间的通信，由于缺少支持 IPv4 组播功能的网络，6over4 使用较少。

4. Teredo 隧道

Teredo 隧道也称为面向 IPv6 的 IPv4 NAT 穿越，在双栈主机位于一个或多个 IPv4 NAT 之后时，用来为单播 IPv6 连接提供地址分配和主机间的自动隧道。为能够穿越 IPv4 NAT，IPv6 数据包作为基于 IPv4 的用户数据报协议（UDP）报文发送出去。

Teredo 由 Teredo 客户端、Teredo 服务器、Teredo 中继、Teredo 主机专用中继组成，如图 5.9 所示。

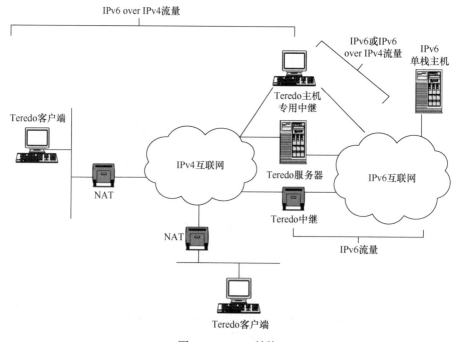

图 5.9　Teredo 结构

（1）Teredo 客户端：支持 Teredo 隧道接口的双栈节点，数据包通过它经由隧道传输到其他 Teredo 客户端或 IPv6 互联网的节点上（通过 Teredo 中继）。

（2）Teredo 服务器：同时连接到 IPv4 互联网和 IPv6 互联网的双栈节点。Teredo 服务器的作用是协助 Teredo 客户端的初始配置，促进不同 Teredo 客户端之间或 Teredo 客户端和 IPv6 单栈主机之间的初始通信。Teredo 服务器使用 UDP 3544 端口监听 Teredo 通信。

（3）Teredo 中继：Teredo 中继为目的主机服务，作为一个隧道端口，用于接收、封装和转发 IPv6 数据包，是能够在 IPv4 互联网上的 Teredo 客户端之间（使用 Teredo 隧道接口）以及与 IPv6 单栈主机之间传送数据包的双栈路由器。在某些情况下，Teredo 中继与 Teredo 服务器协同工作，帮助在 Teredo 客户端之间以及与 IPv6 单栈主机之间建立连接。Teredo 中继使用 UDP 3544 端口监听 Teredo 通信。

（4）Teredo 主机专用中继：指同时具有 IPv4 与 IPv6 互联网连接，并且无须 Teredo 中继即可通过 IPv4 互联网直接与 Teredo 客户端通信的双栈节点。与 IPv4 互联网的连接可以通过使用一个公用 IPv4 地址或者一个专用 IPv4 地址和边界 NAT 来实现。与 IPv6 互联网的连接可以通过直接连接或者当 IPv6 数据包通过 IPv4 互联网隧道时使用如 6to4 过渡技术来实现。Teredo 主机专用中继使用 UDP 3544 端口监听 Teredo 通信。

Teredo 地址格式如图 5.10 所示，包含以下内容。

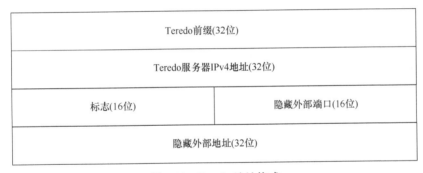

图 5.10　Teredo 地址格式

（1）Teredo 前缀，32 位，所有的 Teredo 地址前缀都是相同的。3ffe:831f::/32 已经运用于初始前缀配置。

（2）Teredo 服务器 IPv4 地址，32 位，帮助设定 Teredo 地址。

（3）标志，16 位，对于基于 Windows XP 的 Teredo 客户端唯一定义的标志是称作圆锥形标志（cone flag）的高阶位。只有当接入互联网的 NAT 为圆锥形 NAT（cone NAT）时，其才可以使用。

（4）隐藏外部端口，16 位，即与 Teredo 客户端所有 Teredo 通信相对应的外部 UDP 端口。当 Teredo 客户端向 Teredo 服务器发送初始数据包时，NAT 会将源数据包的 UDP 端口映射到一个不同的外部 UDP 端口，主机所有的 Teredo 通信均使用同一外部映射的 UDP 端口。外部 UDP 端口由 Teredo 服务器从 Teredo 客户端发送并发送回 Teredo 客户端的传入初始数据包的源 UDP 端口确定。

（5）隐藏外部地址，32 位，即与 Teredo 客户端所有 Teredo 通信相对应的外部 IPv4 地址。就像外部端口一样，当 Teredo 客户端向其服务器发送初始数据包后，数据包的源 IP 地址被 NAT 映射到一个不同的外部（公用）IPv4 地址。Teredo 客户端保留了这个地址映射以便使其留在 NAT 表中。因此，主机上所有的 Teredo 通信均使用同一外部的映射公用 IPv4 地址。外部 IPv4 地址是由 Teredo 服务器根据 Teredo 客户端发送的原始数据包的源 IPv4 地址决定的，并且发回给 Teredo 客户端。

Teredo 数据包格式如图 5.11 所示。

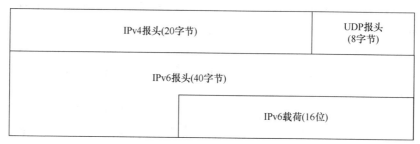

图 5.11　Teredo 数据包格式

Teredo 是被当作 IPv6 连接的终极过渡技术而设计的。如果通信节点之间具有本地（原生）IPv6、6to4 或 ISATAP 连接，就不会使用 Teredo。随着更多的 IPv4 NAT 被升级到 6to4，以及 IPv6 连接的普及，Teredo 应用变得越来越少，直至最终根本就不使用它。

5. 6rd 隧道

目前，运营商的骨干网以 IPv4 网络为主，升级到 IPv6 网络需要时间和成本，并且需要一种能够在现有网络架构上快速实现 IPv6 站点之间的互通的技术。6rd 就是这样一种技术。

6rd 隧道的部署场景如图 5.12 所示，6rd 客户边缘（customer edge, CE）与 6rd 边界中继（border realy, BR）都是双栈设备，它们之间保持 IPv4 网络。通过扩展的 DHCP 选项，6rd CE 的 WAN 接口可以得到运营商为其分配的 IPv6 前缀、IPv4 地址（公有或私有）以及 6rd BR 的 IPv4 地址等参数。CE 在 LAN 接口上通过将上述 IPv6 前缀与 IPv4 地址相拼接构

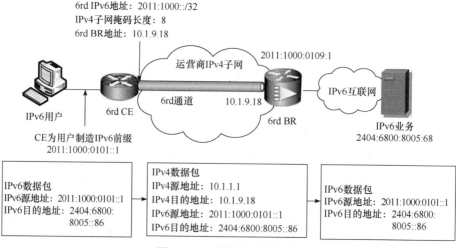

图 5.12　6r 隧道的部署场景

造出用户的 IPv6 前缀。当用户开始发起 IPv6 会话，并且 IPv6 报文到达 CE 后，CE 用 IPv4 报头将其封装进隧道，被封装的 IPv6 报文通过 IPv4 报头进行路由，中间的设备对其中的 IPv6 报文无感知。BR 作为隧道对端，收到数据包后进行解封装，将解封装后的 IPv6 报文转发到全球网络中，从而实现终端用户对 IPv6 业务的访问。

6. DS-Lite 隧道

DS-Lite 是一种采用 IPv4 over IPv6 隧道的 IPv4 NAT 技术来实现 IPv4 私网地址用户穿越 IPv6 网络访问 IPv4 公网的技术。

DS-Lite 技术只给终端分配 IPv6 地址，终端的 IPv4 地址被配置为私有地址或者 IANA 定义的不可路由地址（192.0.0.0/29），终端发送的 IPv4 数据包在经过 IPv6 报头封装穿越 IPv6 网络到达运营商地址族过渡路由器（address family transition router, AFTR）后，源地址会被映射为公有 IPv4 地址，进而实现对全球 IPv4 网络的访问。DS-Lite 的基本场景如图 5.13 所示。

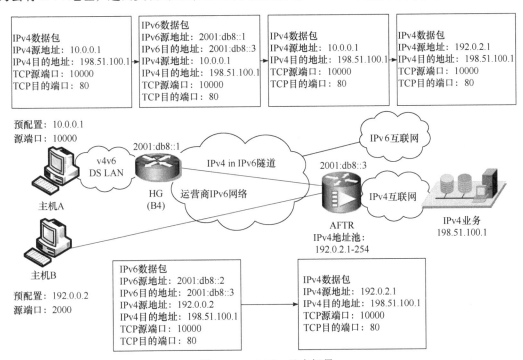

图 5.13   DS-Lite 基本场景

DS-Lite 技术可以满足在运营商引入 IPv6 网络后，终端对 IPv4 业务的访问需求。运营商只需给终端分配 IPv6 地址，节约了 IPv4 地址，并且极大地简化了对接入网的管理。在家庭网关（home gateway, HG）与 AFTR 之间的是 IPv6 单栈网络，可以基于这个接入网进行 IPv6 网络的增量建设。由于网络侧 AFTR 设备需开展大量的 NAT 地址映射及查询工作，对 AFTR 的性能也提出了很高要求。

7. 隧道代理

隧道代理（TB）相当于虚拟 IPv6 的 ISP，能使孤立的 IPv6 网络节点与隧道提供者的

IPv6 网络环境互通，可以自动处理来自网络节点的隧道请求，并且具有普遍的适用性。用户可以通过隧道代理从支持 IPv6 的 ISP 处获得持久的 IPv6 地址和域名。

隧道客户端通过请求一条隧道从隧道提供者那里获得指定的 IPv6 地址。当一个站点要接入时可以申请一个单独的地址或者一个网络前缀，同时 DNS 将被自动更新。这样创建的隧道将提供隧道提供者的 IPv6 环境到孤立的主机/站点的 IPv6 连接。

隧道代理的隧道配置原理如下：

（1）客户端为获得隧道代理服务，先向 TB 提出申请，并提供客户端 IPv4 地址、客户端想使用的 DNS 域名以及客户端的类型（主机还是路由器）等信息；

（2）TB 接到客户端申请后，首先选择一个隧道服务器（tunnel server, TS）作为隧道的端点，同时选出 IPv6 前缀分给客户端，并用分配给客户端的 IPv6 地址更新 DNS；

（3）配置隧道的 TS 端，同时把该隧道的信息和参数通知给客户端，完成隧道的配置工作；

（4）经过配置后，从客户端到 TS 端的 IPv6 over IPv4 隧道就建立起来了，用户就可以访问 TS 所连接的 IPv6 网络。

因此，可以说 TB 不是一种隧道机制，而是一种方便构造隧道的机制，它可以简化隧道的配置过程，为用户和网络管理者提供方便。

隧道代理的主要优点是通过专用的隧道服务器提供了一种非常简捷的接入方式，并自动管理用户发出的隧道请求。用户可以通过 TB 从支持 IPv6 的 ISP 处获得持久的 IPv6 地址和域名，并且可以很方便地和 IPv6 ISP 建立隧道连接，从而访问外部可用的 IPv6 资源。

5.4　翻译技术

根据在网络中位置的不同，翻译技术可分成网络层翻译、传输层翻译和应用层翻译三类。翻译技术基于 IPv6 单栈网络，易于网络管理和维护，在数据包的传输过程中没有其他开销，并且对 IPv4 和 IPv6 应用程序透明，具有较好的可扩展性，同时对 IPv4 地址的需求少。但是，使用翻译技术时，地址和协议翻译造成的时延大，有时可能产生大量分片，有时则可能因有些字段不能翻译而造成信息丢失。此外，翻译设备的单点故障可造成全网瘫痪。

5.4.1　网络层翻译技术

网络层翻译器技术有无状态 IP/ICMP 翻译（SIIT）、网络地址翻译-协议翻译（NAT-PT）、BIS、NAT64、前缀 NAT（prefix NAT, PNAT）、IVI 等。

1. 无状态 IP/ICMP 翻译

SIIT 是无状态的 IP 和 ICMP 翻译技术，单独对每个 IP 和 ICMP 报文进行协议转换（包括 IPv4 报头到 IPv6 报头的转换及其反过程）。因其不记录流的状态，所以是无状态的。SIIT 定义了在 IPv4 和 IPv6 报头之间进行翻译的方法，由于这种翻译是无状态的，对于每一条流的处理都一样，因此对于每一个数据包都要进行翻译。

SIIT 技术原理如图 5.14 所示。SIIT 作为 IPv4 单栈和 IPv6 单栈站点间数据包翻译的具体协议，本身并不是一种完整的过渡技术，它可以作为其他机制（如 NAT-PT）的一个组成部分，协同工作。因为 IPv6 不能计算从 IPv4 翻译过来的认证报头，所以认证报头通过翻译将不能工作。ESP 报头可以工作，因为它不依赖于 ESP 报头前面的字段。

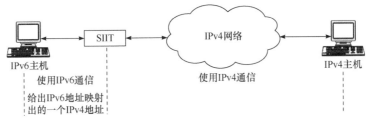

图 5.14　SIIT 技术原理

此外，SIIT 在采用网络层加密和数据完整性保护的环境下不可用，在互联网上大多数是 IPv6 而只有少数 IPv4 孤岛的情形下，即 IPv6 演化的最后阶段中，也不适合应用。

2. NAT-PT

尽管 SIIT 设想 IPv6 节点被分配一个 IPv4 地址来和 IPv4 节点通信，但并未指明用于分配地址的机制。NAT-PT 使用 IPv4 地址池，当一个会话通过 IPv4 和 IPv6 的边界初始化时，给 IPv6 节点分配动态 IPv4 地址。NAT-PT 将 NAT 和 PT 相结合，试图使用一种通透性路由的方式来解决 IPv6 和 IPv4 网络互通的问题，与双栈和隧道技术不同。

NAT-PT 的基本原理就是利用 IPv4 地址池指定 IPv4 地址给 IPv6，将其作为 IPv6 节点和 IPv4 网络通信时暂时对应的 IP 地址，所以 NAT-PT 的一个很重要的工作就是建立 IPv6 地址和 IPv4 地址的映射表。有了这个映射表，就可以利用 SIIT 做协议翻译，即 PT，达到 IPv6 和 IPv4 网络互通的目的。

传统 NAT-PT 模式只允许 IPv6 网络访问 IPv4 网络，也就是说进程的建立是单向的，并且传统 NAT-PT 模式又分为基本 NAT-PT 和 NAPT-PT 两种模式。

基本 NAT-PT 模式的操作是：IPv6 节点通过 NAT-PT 获得一个 IPv4 地址来跟 IPv4 网络进行通信。由于 IPv6 地址远远大于 IPv4 地址，可能会出现 IPv4 地址池的地址不满足所有 IPv6 节点同时使用的需求的情况，此时就需要采取某种机制来动态管理 IPv4 地址池。

为解决基本 NAT-PT 中 IPv4 地址可能用完的问题，NAPT-PT 采用多个端口对应单一 IPv6 地址的方法，使用少量的 IPv4 地址就可以达到地址翻译的目的。通过端口对应，每一个 IPv4 地址可以处理 6 万多个 TCP 和 UDP 进程。但它的缺点是对于同一种服务或者说使用同一种端口来提供服务的服务器，一次只能有一个地址。

由于 NAT-PT 绑定 IPv6 网络里的地址和 IPv4 网络里的地址，因此不需要对终端做改动，即对终端透明。一个基本的假设是在 IPv6 单栈站点和 IPv4 单栈站点间通信时使用 NAT-PT，而在 IPv6 和双栈节点间通信时应使用其他方法。

NAT-PT 技术原理如图 5.15 所示。

值得注意的是，由于 NAT-PT 状态管理复杂、网络可扩展性差等原因，RFC 4966（2007年7月）将 NAT-PT 从建议标准（proposed standard）转为历史状态（historic status）。

3. BIS

BIS 模型允许在一个 IPv4 主机上运行的不支持 IPv6 的应用程序和 IPv6 单栈主机通信。这种机制要求主机必须是双栈的，同时要在 IPv4 协议栈中插入三个特殊的扩展模块：域名解析模块、地址映射模块和报头翻译模块。

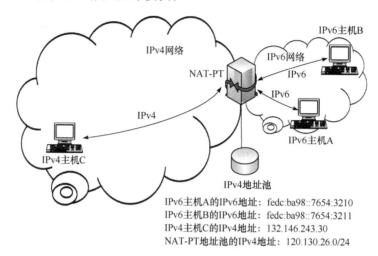

图 5.15　NAT-PT 技术原理

当一个 IPv4 应用程序需要同一个 IPv6 单栈主机通信时，该主机的 IPv6 地址被映射到本地双栈主机地址池中的一个 IPv4 地址。通信产生的 IPv4 报文按照 SIIT 被翻译成 IPv6 报文。

可以将 BIS 看成 NAT-PT 在一个主机 IP 栈中的特殊实现，具体的 BIS 技术原理如图 5.16 所示。

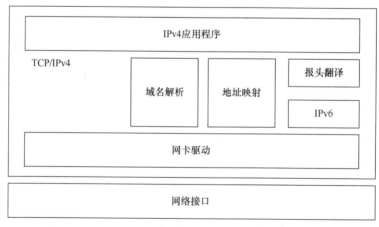

图 5.16　BIS 技术原理

1）域名解析模块

由于建立连接必须指定对方的 IP 地址，因此应用程序在建立连接之前必须先使用名称解析函数取得域名所对应的 IP 地址。

为使 IPv4 应用程序能够使用 IPv6 连接，需要将原来程序中查询 IPv4 地址的动作改为查询 IPv6 地址，由域名解析模块负责，拦截域名解析函数，转换查询的类型。

2）地址映射模块

由于 IPv4 应用程序只能接收 IPv4 地址，而经过域名解析模块转换后域名查询结果是 IPv6 地址，因此需要地址映射模块将 IPv6 地址转换为 IPv4 地址，使 IPv4 应用程序可以接收此地址，并根据此地址进行通信。地址映射模块的工作就是维护一个 IPv4/IPv6 地址映射表，以供给其他组件（如应用层网关等）进行查询。

在实施地址映射时必须注意，本地端的 IPv6 地址与 IPv4 地址的映射必须在起始状态下就预先存放在地址映射模块中，以便于今后其他应用的调用。

3）报头翻译模块

通信产生的 IPv4 报文按照 SIIT 被翻译成 IPv6 报文。

4. NAT64

NAT64 主要解决在 IPv6 接入网络下 IPv6 单栈终端访问 IPv4 单栈业务的问题。NAT64 基本场景如图 5.17 所示。

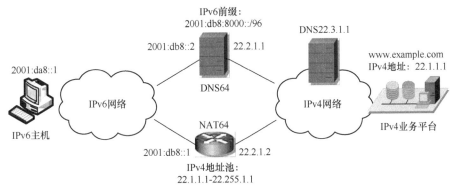

图 5.17　NAT64 基本场景

图 5.17 中 NAT64 是部署在 IPv4 网络和 IPv6 网络之间的双栈路由器，负责 IPv6 数据包与 IPv4 数据包之间的翻译，因此拥有至少一个 IPv6 前缀和一个 IPv4 地址池。收到终端发来的 IPv6 数据包后，翻译模块从地址池中选择一个 IPv4 地址及未使用的端口来与源主机的 IPv6 地址进行映射，结果记录在绑定信息库（binding information base, BIB）中，从而实现源地址翻译；目的地址的翻译则是直接去掉特定的 IPv6 前缀。接着，NAT64 使用 SIIT 算法将 IPv6 报头翻译为 IPv4 报头，翻译后的 IPv4 数据包便从 NAT64 的 IPv4 接口转发到外部 IPv4 网络中，从而实现 IPv4 网络的访问。

IPv6 获得目的 IPv4 主机对应的 IPv6 地址需要借助于 DNS64 设备。DNS64 是双栈的，当源主机进行 AAAA 查询时，它会向目的主机所在网络的 DNS 服务器发送 AAAA/A 查询请求，如果 DNS64 收到的是 A 记录，那么它会通过添加特定 IPv6 网络前缀的方法将其合成为 AAAA 记录，并返回给源主机。NAT64 网关和 DNS64 配置了相同的 IPv6 前缀。

NAT64 克服了 NAT-PT 的缺点，实现了 DNS-ALG 和翻译模块的解耦合，只需改动网络侧，IPv6 终端就能访问 IPv4 网络，但它不支持 IPv4 主机发起的到 IPv6 主机的通信。

5. PNAT

PNAT 技术由中国移动提出，实现了在 IPv6 单栈或双栈承载网环境下，原来的 IPv4 应用仍能正常通信，对底层网络环境可以不感知。它可以支持 IPv4 应用程序通过 IPv6 网络访问 IPv4 业务、IPv4 应用程序访问 IPv6 业务、IPv6 应用程序访问 IPv4 业务等多种通信场景。主机侧进行 IPv4 数据包到 IPv6 数据包的翻译，网络侧进行 IPv6 数据包到 IPv4 数据包的翻译，基本场景如图 5.18 所示。

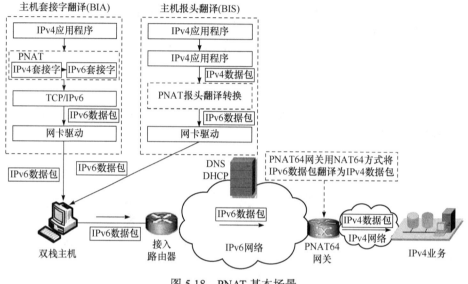

图 5.18　PNAT 基本场景

6. IVI

IVI 是清华大学提出的无状态 IPv4/IPv6 翻译技术，其主要思想是运营商保留一段 IPv4 地址（称为 IVI4 地址），将其唯一映射为特殊的 IPv6 地址（称为 IVI6 地址），可以实现这部分地址的无状态翻译。获得 IVI6 地址的用户可以直接访问全球 IPv6 网络，通过 IVI 网关翻译器又可将地址转换 IVI4 地址，可以和全球 IPv4 网络通信，实现 IPv4 和 IPv6 的互访。

IVI 基于 SIIT，可以解决 IPv6 网络与 IPv4 网络之间数据包的网络层翻译问题。IVI 通过内嵌 IPv4 地址的方法实现到 IPv6 地址的映射，IVI 地址格式特殊，格式如图 5.19 所示。

图 5.19　IVI 地址格式

地址的 0～31 位是 ISP 的/32 IPv6 地址前缀，32～39 位为 0xFF，标示其为一个 IVI 映射地址。

IVI 基本场景如图 5.20 所示。

IVI 技术进行一对一地址映射，因此会占用大量的 IPv4 地址。在该技术的基础上，清华大学又提出了 Double IVI 技术，其支持 1:N 有状态地址翻译，可以实现 IPv4 地址的复用和普通 IPv6 主机对 IPv4 主机的单向访问。目前，清华大学 CERNET 中心运用 IVI 技术实现了 IPv4 单栈网络与 IPv6 单栈网络的互通。

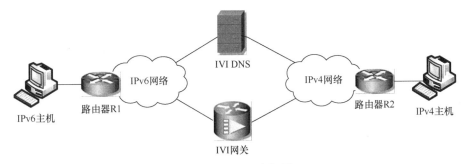

图 5.20　IVI 基本场景

5.4.2　传输层翻译技术

传输中继翻译器（TRT）提供 TCP/UDPv6 与 TCP/UDPv4 会话间的翻译功能，在传输层将一个 IPv4 的 TCP 或 UDP 连接与一个 IPv6 的 TCP 或 UDP 连接联系起来，也就是说是在传输层实现协议翻译，而不是在网络层。

TRT 机制的每个连接都是真正的 IPv4 或 IPv6 连接，因此可以避免 IP 数据包分片和 ICMP 报文翻译带来的问题，但对一些存在内嵌地址信息的高层协议（如 FTP），同样需要和应用层网关协作来完成协议翻译。

TRT 主要的特点是不需额外地修改 IPv6 单栈主机，也不需修改 IPv4 单栈的目的主机，即可由 TRT 实现 IPv6 与 IPv4 的通信，而其他传输层翻译技术则需要修改会话启动端的 IPv6 单栈主机。

TRT 技术原理如图 5.21 所示，图中表示了 TRT 完成 IPv4/IPv6 翻译的具体过程。TRT

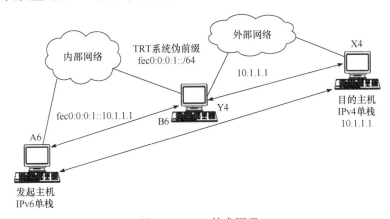

图 5.21　TRT 技术原理

技术适用于一台 IPv6 单栈主机与一台 IPv4 单栈主机建立 TCP/UDP 连接。

5.4.3 应用层翻译技术

应用层翻译技术有应用层网关（ALG）、SOCKS64 和 BIA（bump in the API）等。本节着重对 ALG 进行分析阐述。

应用层网关（ALG），顾名思义，就是在应用层对数据进行处理，完成 IPv4 和 IPv6 之间的翻译。当一个 ALG 同时支持 IPv4 和 IPv6 协议栈时，就可以作为 IPv4 和 IPv6 的协议翻译网关。

ALG 提供的每个服务都是单独的 IPv4 和 IPv6 连接，可以完全避免在 IP 层进行 IP 报头翻译带来的一些问题，但 ALG 机制要求对每个应用编写单独的 ALG 代理，而且代理必须同时支持 IPv4 和 IPv6 两种协议，因此缺乏灵活性。

下面介绍两种比较重要的 ALG：DNS-ALG 和 FTP-ALG。

1. DNS-ALG

图 5.22 说明了 DNS-ALG 在 NAT-PT 环境中所起的作用，以及何时需要用到 DNS-ALG。

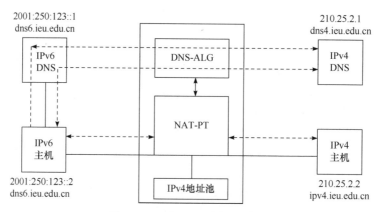

图 5.22　DNS-ALG 原理示意图

IPv4 和 IPv6 的 DNS 在记录格式等方面有所不同，为了实现 IPv4 网络和 IPv6 网络之间的 DNS 查询和响应，可以将应用层网关 DNS-ALG 与 NAT-PT 相结合，作为 IPv4 和 IPv6 网络之间的翻译器。

2. FTP-ALG

FTP 服务器和客户端进行通信时，会打开控制端口和数据端口。控制端口的端口号一般为 21，通信双方可以通过控制端口协商将来传输资料时所使用的数据端口、IP 地址与通信协议等。

IPv4 与 IPv6 的 FTP 指令格式并不完全相同，RFC 959 定义的 FTP 指令只适用于 IPv4，而 IPv6 可用的 FTP 指令则定义在 RFC 2428 中。将两者间的差异依据主动模式（active mode）和被动模式（passive mode）来分别介绍，如表 5.1 和表 5.2 所示。

表 5.1　主动模式指令比较

RFC	指令	回应
RFC 959	PORT a1,a2,a3,a4,p1,p2	200 OK
RFC 2428	EPRT |<net-prt>|<net-addr>|<tcp-port>|	

表 5.2　被动模式指令比较

RFC	指令	指令成功时的回应
RFC 959	PASV	227 Entering...(a1,a2,a3,a4,p1,p2)
RFC 2428	EPSV	229 Entering...(|<tcp-port>|)

　　表 5.1 为主动模式指令比较，表中的 PORT 指令中有 6 个参数，每个参数的大小皆为 0～255，前 4 个表示 IPv4 地址（a1.a2.a3.a4），后 2 个表示端口号，计算方式为 p1*256+p2。而 EPRT 指令中则有 3 个参数，参数间使用"|"隔开，<net-prt>规定所使用的地址类别，1 表示使用 IPv4，2 表示使用 IPv6，net-addr 是 IP 地址，而 tcp-port 为端口号。

　　因此，当由 IPv4 翻译成 IPv6 时，便是将 PORT a1,a2,a3,a4,p1,p2 修改为 EPRT |2|<ipv6-addr>|p1*256+p2|，其中<ipv6-addr>为 IPv4 地址（a1.a2.a3.a4）所对应的 IPv6 地址。反之，当由 IPv6 翻译成 IPv4 时，便是将 EPRT |2|<ipv6-addr>|p1*256+p2|修改为 PORT a1,a2,a3,a4,p1,p2。

　　表 5.2 为被动模式指令比较，若由 IPv4 翻译成 IPv6，则将 PASV 修改成为 EPSV，或把 227 Entering...（a1,a2,a3,a4,p1,p2）修改为 229 Entering...（|p1*256+p2|），反之则相反。

　　正常情况下，客户端不会使用号码小于 1024 的通信端口与服务器进行通信，这是因为号码在 1024 以下的通信端口必须保留给一般服务使用，并不会被暂时性的连接拿来使用。因此 FTP-ALG 可根据 Socket 端点的通信端口判断本地端是客户端还是服务器。例如，若本地端的通信端口是 21（FTP 通信端口），则认为本地端是 FTP 服务器，否则本地端就是 FTP 客户端。

　　总之，ALG 作为 IPv4 和 IPv6 的一种应用层翻译技术，可以根据一些具体的应用来实现翻译，从而完全避免在 IP 层进行 IP 报头翻译带来的一些问题。

5.5　本 章 小 结

　　由于现有 IPv4 互联网的规模十分庞大，如何利用和保护现有资源，使得网络平稳过渡到 IPv6 是一个非常重要的问题。本章首先对双栈、隧道和翻译三种过渡技术进行了介绍，阐述了过渡技术的典型应用场景，然后分别介绍了基本双栈技术、有限双栈模型和双栈过渡模型三种双栈技术，随后对配置隧道和自动隧道进行了介绍，重点介绍了 ISATAP 隧道、6to4 隧道、6over4 隧道、Teredo 隧道、6rd 隧道、DS-Lite 隧道、隧道代理等隧道技术，最后从网络层翻译、传输层翻译、应用层翻译三个维度介绍了无状态 IP/ICMP 翻译（SIIT）、网络地址翻译-协议翻译（NAT-PT）、BIS、NAT64、前缀 NAT、IVI、传输中继翻译器（TRT）、应用层网关（ALG）等典型翻译技术。

习　　题

1. 典型的过渡技术有哪些？分别适用于哪些场景？
2. IPv4 单栈主机是如何与 IPv6 单栈主机进行通信的？
3. 对于 IPv6 over IPv4 隧道的流量来说，其 IPv4 报头中的源地址和目的地址是如何确定的？
4. 从 IPv4 过渡到 IPv6 可分为哪几个主要阶段？谈谈你的理解。
5. Teredo 地址格式中为什么要使用隐藏的外部端口和外部地址？它们是如何生成的？
6. 简述 6to4 隧道的主要功能及主要思想。
7. 为完成从 IPv4 到 IPv6 的翻译，IETF 工作组提出了几种方案？
8. 翻译技术中，针对 ICMP 的报文类型是否可以实现一对一翻译？

第二部分   IPv6 网络安全威胁分析

第 6 章   IPv6 地址与报头安全威胁分析

IPv6 地址与报头是 IPv6 的重要基础，IPv6 地址关联身份标识，IPv6 报头关联上层协议，因此它们成为 IPv6 安全性研究的一个焦点，本章主要对 IPv6 地址与报头带来的安全性增强与安全威胁进行分析和讨论。

6.1   IPv6 地址安全威胁分析

相比 IPv4 而言，IPv6 地址与寻址特性带来了一定的安全性增强。IPv6 地址具有空间巨大、单点多址等新特性，给 IPv6 地址扫描带来了较大的困难，本节重点介绍本地链路与远程链路 IPv6 地址扫描的主要技术和方法，归纳分析由 IPv6 地址所引发的黑灰产恶意利用、域名系统依赖增强、防控策略制定难、多址同源判定难、防火墙穿透、拒绝服务威胁和中间人威胁等 7 种安全威胁。值得注意的是，如果 IPv6 新特性能被合理使用，则可为安全防护注入新的活力，如 IPv6 移动目标防御（moving target IPv6 defense, MT6D）技术。

6.1.1   IPv6 地址带来的安全性增强

与 IPv4 相比，IPv6 具备地址更长、地址空间巨大、不支持广播等特点，由此带来的安全性增强主要有抗地址扫描、易于追踪溯源、杜绝广播风暴、缓解放大威胁和抗分布式拒绝服务（distributed denial of service, DDoS）威胁。

1. 抗地址扫描

目前，IP 地址扫描主要还是针对 IPv4 进行的，IPv4 地址扫描技术发展相当成熟，例如，现有 IPv4 地址扫描工具 Masscan 能在 6min 内完成对包含 2^{32}（约 43 亿）个地址的整个 IPv4 地址空间的遍历式扫描。

然而，与 IPv4 地址长度仅 32 位不同，IPv6 地址长度达 128 位，一个网络前缀长度为 64 位的 IPv6 地址段所能提供的地址空间就已经是 IPv4 所能提供的地址空间的 2^{32}（约 43 亿）倍。在 10Gbit/s 带宽链路上，使用 ZMap 工具采用全速运行模式去扫描前缀长度为 64 位的 IPv6 子网地址段，至少需要数百万年的时间才能完成。即使采用 Masscan 工具对前缀长度为 64 位的 IPv6 子网地址段进行扫描，也是不可接受的，假设 Masscan 工具在 5min 内可扫描完 32 位的 IPv4 地址空间，一个 64 位 IPv6 子网的地址空间包含高达 2^{64} 个地址，扫描一个 IPv6 子网空间所需时间为 $5×2^{32} = 21474836480$（min）$= 40857.8$（年）。IPv6 巨大地址空间特性给 IPv6 地址抗扫描发现带来了巨大优势。

2. 易于追踪溯源

邬贺铨院士提出:IPv6 的海量地址不仅起到补充 IPv4 地址的作用,更重要的是,因 IPv4 地址不足只能临时分配地址,而 IPv6 固定分配地址可实现地址与用户身份的绑定,源地址溯源有利于安全保障。

同时,IPv6 的巨大地址空间和分级地址管理可实现有规律地分配地址,容易定位用户位置、业务类型,可支持精细化和个性化的网络管理。此外,IPv6 地址不仅可标识用户终端,还可标识路由器、网页、云服务等,扩展了对网络安全的管理范围,打通云网边端,为实现网络自主可控提供平台。

若对地址的语义进行扩展,则可在巨大的地址空间中存储更多的有用信息。与传统追踪溯源方案不同,基于地址语义扩展的溯源方案保存更少的状态信息,溯源的复杂性降低,效率和准确率也有大幅度提高。

地址语义扩展的核心思想是引入多种标识符以区分网络、用户和业务属性。考虑到标识符顺序不同会造成编址方案不统一的问题,工业和信息化部发布了 IPv6 接入地址编码技术要求,对单播地址格式进行了限定(图 6.1)。

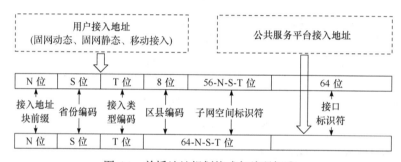

图 6.1　单播地址规划格式与编码标准

3. 杜绝广播风暴

IPv6 取消了广播地址,从根本上解决了 IPv4 网络中的广播风暴问题。此外,IPv6 基于组播地址完成广播功能,降低了网络整体负载,最大限度地减少了对网络的干扰和影响。

4. 缓解放大威胁

对于目的地址为组播地址、链路层组播发送和链路层广播发送的 3 种报文,IPv6 规定 IPv6 节点不应发出 ICMPv6 差错报文作为响应,此举缓解了基于 ICMPv6 差错报文的放大威胁。

5. 抗 DDoS 威胁

IPv6 支持任播地址,任播节点可接收其作用域内的威胁流量,这种分布式节点可有效分摊恶意流量,有助于抵抗 DDoS 威胁。

6.1.2　IPv6 地址扫描

网络地址扫描是确认节点存活性,进一步渗透之前所必须开展的第一步工作。IPv6 地址空间巨大,但分布非常稀疏,在进行 IPv6 节点扫描前需要判定或获取存活的 IPv6 地址。

1. IPv6 地址扫描挑战分析

IPv6 地址空间巨大，难以采用针对 IPv4 网络的传统遍历式地址扫描技术，给扫描者增加了很大难度，带来了巨大的技术挑战。

1）IPv6 地址空间巨大与地址随时间变化特点带来的 IPv6 地址快速扫描挑战

由 6.1.1 节的分析可知，海量的 IPv6 地址空间使得 IPv4 下的遍历式地址扫描不再有效。此外，大量 IPv6 节点会给自己的接口分配临时 IPv6 地址，这些地址是随时间发生变化的，在该地址存活的时间段内如果探测不到该地址，则该地址将不再使用。因此，IPv6 地址空间巨大与地址随时间变化特点带来了 IPv6 地址快速扫描挑战。

2）IPv6 单点多址特点带来的 IPv6 多地址扫描挑战

IPv6 节点具备单点多址新特性，例如，Windows 服务器节点有一个链路本地地址和一个全球单播地址，而多数 Windows 桌面节点有一个链路本地地址和两个（甚至更多）全球单播地址。不同地址发挥的作用不同，必须对目的网络与节点的所有 IPv6 存活地址进行扫描探测，因此，IPv6 单点多址特点带来了 IPv6 多地址扫描挑战。

与 IPv4 网络扫描思路与场景相结合，根据扫描点所处位置的不同（是否位于目的节点的链路内），把 IPv6 地址扫描分成本地链路 IPv6 地址扫描和远程链路 IPv6 地址扫描两大类，其中本地链路 IPv6 地址扫描用于发现子网内 IPv6 节点的存活地址，而远程链路 IPv6 地址扫描用于发现子网外 IPv6 节点的存活地址。

2. 本地链路 IPv6 地址扫描

为有效应对 IPv6 地址快速扫描挑战，摒弃遍历式地址扫描思路，借助 IPv6 支持组播，可以进行一对多通信的特点，本地链路 IPv6 地址扫描主流技术为基于组播的本地链路 IPv6 地址扫描技术。

1）基于组播的本地链路 IPv6 地址扫描

因为 IPv6 支持组播，组播地址被分配给不同节点，发送到一个组播地址的数据包会被该组播组的所有成员处理。

扫描者如果已经处于内部局域网（LAN）内，则可通过各种组播地址（典型组播地址及对应描述如表 6.1 所示）来对内部局域网中的路由器、主机及服务器等进行快速扫描，通过发送目的地址为特定组播地址的单个数据包，就能获得大量该组播组的应答报文，进而获取特定范围节点的 IPv6 地址信息。

表 6.1 典型组播地址及对应描述

组播地址	描述
ff01::1	接口本地范围内所有节点的组播地址
ff01::2	接口本地范围内所有路由器的组播地址
ff02::1	链路本地范围内所有节点的组播地址
ff02::2	链路本地范围内所有路由器的组播地址
ff02::9	RIP 路由器
ff02::a	EIGRP 路由器

续表

组播地址	描述
ff02::d	PIM（protocol independent multicast，协议无关组播）路由器
ff02::16	MLDv2（multicast listener discovery version 2，组播侦听者发现第 2 版）路由器
ff05::1:3	站点本地范围内所有 DHCP 服务器的组播地址
ff05::2	站点本地范围内所有路由器的组播地址

本地链路 IPv6 地址扫描的报文选择需满足以下条件：

（1）所承载的协议支持组播通信机制；

（2）目的节点返回应答报文，且该报文能够被扫描节点接收；

（3）应答报文含有目的节点的地址信息；

（4）所承载的协议能够被主流操作系统支持。

ping 扫描是 IPv4 最常用的判断节点是否存活的方法。对应地，根据 ICMPv6 标准规定，ICMPv6 回送请求报文可以被发送到一个组播地址。对于发送到组播地址的回送请求报文，应当由一个具有单播地址的网络接口响应回送应答报文。

（1）组播 ping6 技术。

组播 ping6 扫描技术利用 IPv6 存活主机会对 ICMPv6 回送请求报文响应一个 ICMPv6 回送应答报文这一特性，通过向链路本地范围内所有节点的组播地址（ff02::1）发送 ICMPv6 回送请求报文，根据响应报文的类型等信息发现 IPv6 内网中存活的地址（图 6.2），因此，不需要单独对 IPv6 内网中的每个 IPv6 地址构建探测报文以进行扫描。

图 6.2　组播 ping6 技术流程

在 Linux 操作系统下，可以通过 ping6 命令查看各个节点如何产生重复的响应，使用 ping6 对链路本地范围内所有节点的组播地址进行扫描的示例如图 6.3 所示。

```
root@ubuntu:~# ping6 -I eth0 ff02::1
PING ff02::1(ff02::1) from fe80::a800:4ff:fe00:a04 eth0: 56 data bytes
64 bytes from fe80::a800:4ff:fe00:a04: icmp_seq=1 ttl=64 time=0.061 ms
64 bytes from fe80::21e:ecff:fe64:cb08: icmp_seq=1 ttl=128 time=0.319 ms (DUP!)
64 bytes from fe80::2e6b:f5ff:fe88:92c0: icmp_seq=1 ttl=64 time=0.663 ms (DUP!)
64 bytes from fe80::a800:4ff:fe00:a04: icmp_seq=2 ttl=64 time=0.085 ms
64 bytes from fe80::21e:ecff:fe64:cb08: icmp_seq=2 ttl=128 time=0.300 ms (DUP!)
64 bytes from fe80::2e6b:f5ff:fe88:92c0: icmp_seq=2 ttl=64 time=0.603 ms (DUP!)
^C
--- ff02::1 ping statistics ---
2 packets transmitted, 2 received, +4 duplicates, 0% packet loss, time 999ms
rtt min/avg/max/mdev = 0.061/0.338/0.663/0.231 ms
```

图 6.3　使用 ping6 对链路本地范围内所有节点的组播地址进行扫描的示例

除了组播 ping6 扫描技术，本地链路 IPv6 地址扫描技术还有组播侦听者发现（MLD）扫描技术和无效扩展报头（invalid extension header, IEH）扫描技术。

（2）MLD 扫描技术。

MLD 扫描技术利用 IPv6 存活主机会对 ICMPv6 组播侦听者查询报文做出相应的回应（在 IPv6 链路中公告自己想要接收的 IPv6 组播目的地址）这一特性，通过向 ff02::1 发送 ICMPv6 组播侦听者查询报文，并设置该查询报文的最大响应延迟为 1，来引发主机立即响应，从而不必等待来自其组播组的其他响应，而后根据 IPv6 链路存活主机回应的 ICMPv6 组播侦听者报告报文，从中发现 IPv6 链路中存活的 IPv6 地址（图 6.4）。

图 6.4　MLD 扫描技术流程

（3）IEH 扫描技术。

IEH 扫描技术利用 IPv6 存活主机会对非正常的 ICMPv6 报文回应一个 ICMPv6 差错报文这一特性，通过向 ff02::1 发送一个带有无效扩展报头（携带无效选项）的 ICMPv6 报文（类型为未定义类型），并捕获回应的 ICMPv6 参数问题报文，来获得 IPv6 内网中存活的 IPv6 地址（图 6.5）。

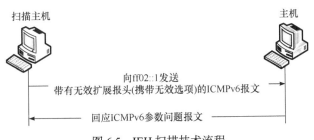

图 6.5　IEH 扫描技术流程

2）基于双栈关联性的本地链路 IPv6 地址扫描

由于现有的网络节点大多启用了 IPv4 和 IPv6 双栈，基于双栈关联性的本地链路 IPv6 地址扫描技术利用这些双栈节点共享的关联信息进行 IPv6 地址扫描。

通过对现有主流桌面与服务器版本 Windows 节点进行分析，发现主流 Windows 操作系统已默认开启 IPv6 协议栈，处于 IPv4 和 IPv6 双栈状态，且每个节点共用同一个主机名，根据主机名的关联特性，编者提出基于主机名关联的本地链路 IPv6 地址扫描技术，其可应对 IPv6 多地址扫描挑战，且扫描速度极快。

（1）Windows 节点上 IPv4 和 IPv6 双栈共存。双栈技术是 IPv6 过渡的重要支撑技术，通过让网络节点同时支持 IPv4 和 IPv6 协议栈来提供对于 IPv4 和 IPv6 网络的访问支持，不仅能够根据目的地址的不同选择适当的协议栈进行数据传输，而且能够识别和处理使用不同协议栈的报文。作为在 IPv4 向 IPv6 过渡期间广泛使用的技术，双栈实现了网络在 IPv4

和 IPv6 之间的无缝切换，同时保证了网络的连通性和数据传输的可靠性。双栈技术流程如图 6.6 所示。

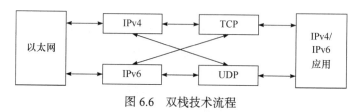

图 6.6 双栈技术流程

（2）Windows 节点共用唯一的主机名。主机名是计算机在网络上的唯一标识符，用于标识网络中的不同计算机。如果两个或多个计算机在同一网络环境中具有相同的主机名，会导致网络通信错误和其他问题。因此，要保证在一个局域网（LAN）中，同一时间只有一个计算机使用特定的主机名。由此可见，一个 Windows 双栈节点只有一个主机名，且 IPv6 和 IPv4 协议栈共享这一个主机名，也就是从 IPv4 协议栈和 IPv6 协议栈的角度来看，二者对应的是同一个主机名。

为有效实现扫描，基于主机名关联的本地链路 IPv6 地址扫描技术分为 IPv4 内网存活主机扫描、主机名获取和 IPv6 地址发现三个模块（图 6.7），其中 IPv4 内网存活主机扫描模块主要完成内网中 IPv4 存活地址的扫描，主机名获取模块负责获取 IPv4 存活地址对应的主机名，IPv6 地址发现模块利用主机名发现 IPv6 地址。

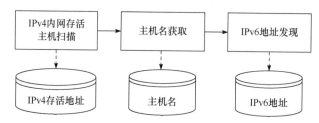

图 6.7 基于主机名关联的 IPv6 地址扫描技术流程

IPv4 内网存活主机扫描模块可选择 ping 扫描和地址解析协议（ARP）扫描两种。ping 扫描使用 ICMP 协议发送 ping 命令来探测内网中 IPv4 地址是否存活。ARP 扫描使用 ARP 协议，通过查询内网中 IPv4 节点的 MAC 地址的方式来实现内网中 IPv4 存活地址的扫描。

为有效获取存活主机的主机名，通过对比分析，主机名获取模块采用网络基本输入/输出系统（network basic input/output system, NetBIOS）名称服务（NetBIOS name service, NBNS）协议这一 Windows 节点广泛支持的基础协议来完成主机名获取。利用 NBNS 协议的查询功能，通过以 IPv4 存活地址扫描阶段获取到的 IPv4 和 MAC 地址对信息作为目标信息，构造 NBNS 主机名查询探测包，并向 IPv4 内网的所有存活主机发送，诱导 Windows 主机依据它内部缓存的 IPv4 与主机名的映射关系做出回应，其中包含目的主机的主机名，进而根据回应信息，从中解析出主机名相关信息，完成 IPv4 到主机名的一一关联。

IPv6 地址发现模块是基于主机名关联的本地链路 Windows 地址扫描技术的核心模块，主要通过存活主机的主机名来查询其所配置的 IPv6 地址，要求所采用的查询协议必须满足：①可利用该协议查询到 IPv6 存活地址；②Windows 主流操作系统普遍支持该协议。

基于上述原则，下面主要对组播 DNS（multicast DNS, mDNS）、链路本地组播名称解析（link-local multicast name resolution, LLMNR）、DNS 服务发现（DNS service discovery, DNS-SD）和简单服务发现协议（simple service discovery protocol, SSDP）等协议进行分析，由于目前主流 Windows 版本普遍不提供 DNS-SD 和 SSDP 服务（如 Windows 7 之后的版本都不支持），这两种协议对 Windows 节点难以完成有效探测，无法获取其存活的 IPv6 地址。

　　mDNS 协议是一种用于实现局域网内基于 UDP 的域名解析协议。其主要特点是在网络中不需要任何中央 DNS 服务器或专门配置工具，就可以实现本地网络设备和服务的发现和通信。mDNS 协议中使用的域名后缀是 local（如 mydevice.local），从而避免了与公共 DNS 服务器上的域名产生冲突。

　　LLMNR 协议是一种专用于在本地网络上解析主机名的协议。其主要目的是允许主机在没有 DNS 服务器的情况下进行名称解析。当一个设备想要解析另一个设备的主机名时，将发送一个 LLMNR 查询报文到本地网络上的所有设备。LLMNR 协议通常与另一种本地名称解析协议 NBNS 一起使用。

　　虽然 mDNS 和 LLMNR 都作为实现内网中的主机名解析协议，但是两者之间还是存在许多不同之处的。对这两个协议在功能、使用场景、Windows 适用范围、通信方式方面的不同之处进行分析，两者的不同之处如表 6.2 所示。

表 6.2　mDNS 和 LLMNR 协议的不同之处

不同之处	mDNS 协议	LLMNR 协议
功能	除了支持内网主机名解析，还提供服务发现功能	专为内网设计实现，只支持主机名解析
使用场景	常用于 IPv4 网络	常用于 IPv6 网络
Windows 适用范围	内网中部分主流 Windows 版本	内网中所有主流 Windows 版本
通信方式	使用 IPv6 组播地址 ff02::fb 或 IPv4 组播地址 224.0.0.251	使用 IPv6 组播地址 ff02::1:3 或 IPv4 组播地址 224.0.0.252

　　使用主机名作为关联信息，下面分别介绍基于 mDNS 查询和基于 LLMNR 查询的 IPv6 地址发现技术。

　　（1）基于 mDNS 查询的 IPv6 地址发现技术。

　　通过构造基于 mDNS 查询的 IPv6 地址发现探测报文，以主机名获取阶段扫描到的主机名作为询问内容，以 IPv4 组播方式向所有存活主机进行询问，从而诱导 Windows 主机将自己所配置的 IP 地址信息（包括 IPv4 和 IPv6 地址）响应回来，进而从中解析出 IPv6 地址信息，以此完成根据主机名对 IPv6 地址的获取。

　　（2）基于 LLMNR 查询的 IPv6 地址发现技术。

　　在上述基于 mDNS 查询的 IPv6 地址发现技术的基础进行补充，就产生了基于 LLMNR 查询的 IPv6 地址发现技术，从而实现了更全面 Windows 版本的 IPv6 地址扫描。

　　在 IPv6 地址发现模块中，以 LLMNR 协议为载体，以主机名获取阶段获取到的主机名作为询问内容，通过广播方式对本地链路双栈 Windows 节点的 IPv6 地址进行查询，以诱导 Windows 主机将 LLMNR 服务所缓存的主机名和 IPv6 地址映射内容作为回应消息，进而从中解析出 IPv6 地址信息，以此完成主机名到 IPv6 地址的映射。

3. 远程链路 IPv6 地址扫描

很多时候，扫描点是远离目的网络的，此时就需要进行远程链路 IPv6 地址扫描。由于本地链路 IPv6 地址扫描所采用的组播地址一般只作用于本地链路内，远程链路 IPv6 地址扫描无法简单利用组播来提高扫描效率。

然而，这并不意味着对于远程 IPv6 网络中就无法进行地址扫描，如果管理员采用不合理的编址或地址生成方式，则会减小扫描者的搜索空间，使得 IPv6 网络中节点的地址信息很容易被探测者获取得到。

1）基于接口地址配置方式的远程链路 IPv6 地址扫描

一个 IPv6 地址的长度为 128 位，其中前 64 位代表 IPv6 网络前缀，后 64 位代表接口标识符（interface identifier, IID）。IPv6 网络前缀的大部分比特可以从边界网关协议（BGP）和分配的地址信息中获得。在知道 IPv6 网络前缀（前 64 位）的条件下，如何找到该前缀下存活的 128 位 IPv6 地址的问题就变成了如何找到存活的 64 位 IID。

最典型 IPv6 编址的方式是使用基于接口 MAC 地址的 EUI-64 方式生成 IPv6 地址的接口标识符（IID），进而与网络标识符一起生成 IPv6 地址。EUI-64 地址中使用 MAC 地址，会使得扫描者扫描网络变得更简单。MAC 地址长度一般为 48 位，理论上能够产生大量的主机地址（即 2^{48} 个地址），这样的地址空间扫描者很难扫描，然而，MAC 地址的前 24 位是组织唯一标识符（organizationally unique identifier, OUI），标识着硬件厂商，这样接口地址空间只剩 2^{24} 个地址，虽然这个地址空间看起来还是很大，但是大多数设备所使用的 OUI 却不多。因此，利用特定的 OUI 代码和比特范围能大大减少 EUI-64 地址的数量，使得地址扫描变得相对容易。

除上述 EUI-64 方式外，为方便管理和维护，很多管理员在给 IPv6 节点分配地址时可能会采用其他接口地址配置方式（表 6.3），这些方式也会减小扫描者的地址搜索空间。

表 6.3　接口地址配置方式

接口地址配置方式	手段	示例	搜索空间/个
EUI-64	包含 MAC 地址	2001:db8::3456:78ff:fe9a:bcde	2^{24}
IPv4 地址嵌入	嵌入 32 位 IPv4 地址	2000:db8::192.168.0.1	2^{32}
	嵌入 64 位 IPv4 地址	2000:db8::192:168:0:1	2^{32}
服务端口嵌入	嵌入端口	2001:db8::80	2^{16}
	嵌入数字+端口	2001:db8::1:80	2^{16}
	嵌入端口+数字	2001:db8::80:1	2^{16}
低字节	最后字节非 0	2000:db8::1	2^{16}
	部分字节非 0	2001:db8::n1:n2	2^{32}
英文单词嵌入	包含英文或类英文单词	2001:db8::bad:cafe	2^8 或 2^{16}
虚拟化	指定组织唯一标识符	2001:db8::020c:29ff:fe83:883c	2^{24}

（1）IPv4 地址嵌入。将 IPv4 地址直接嵌入到 IPv6 地址中，例如，将 192.168.0.1 嵌入到 IPv6 地址中，一般形式为 2000:db8::192.168.0.1 和 2000:db8::192:168:0:1，这种情况下，IPv6 接口地址空间为 2^{32} 个地址。

（2）服务端口嵌入。将服务的端口号嵌入到 IPv6 地址中，例如，将 Web 服务器开放端口 80 端口嵌入到 IPv6 地址中，一般的形式为 2001:db8::80，这种情况下，IPv6 接口地址空间为 2^{16} 个地址。此方式的变种形式为将数字和端口号同时嵌入到 IPv6 地址中，IPv6 接口地址空间也大大减小。

（3）低字节。在给定网络前缀的情况下，使用低字节作为 IPv6 接口地址，如 2000:db8::1 和 2001:db8::n1:n2，这种情况下，一般而言，IPv6 接口地址空间为 2^{16} 个地址和 2^{32} 个地址。

（4）英语单词嵌入。通过在最低 16 位或 32 位（从右到左）中嵌入英文或类英文单词来生接口地址。遵循该方式的地址很可能会被以字典暴力破解的方式挖掘出来。

（5）虚拟化。使用指定的虚拟机用 OUI 生成其 MAC 地址，然后以 EUI-64 方式生成 IID。

基于接口地址配置方式的远程链路 IPv6 地址扫描技术可以有效减小 IPv6 地址搜索空间，达到加快地址扫描的目的。然而，随着对地址隐私的重视，越来越多的主流操作系统（如 Windows 操作系统）使用随机生成的 IID。根据 RFC 7707 统计，大约 70% 的 IPv6 客户端使用随机 IID。同时，大多数 Windows 桌面节点的临时 IPv6 全球单播地址经常发生变化。因此，基于接口地址配置方式的远程链路 IPv6 地址扫描技术面临漏扫率高等巨大挑战。

2）基于双栈关联性的远程链路 IPv6 地址扫描

基于双栈关联性的远程链路 IPv6 地址扫描的总体技术思路与基于双栈关联性的本地链路 IPv6 地址扫描类似，都是借助双栈节点共用的特征（如域名）来扫描 IPv6 地址，但适用场景不同。

目前使用双栈关联信息来收集远程链路 IPv6 地址主要有三种方式。

第一种是通过查询域名系统（DNS）的 AAAA 记录来获得 IPv6 存活地址。Strowes 等对整个 IPv4 地址空间进行反向 DNS 暴力查询，然后对结果进行 AAAA 记录查询，获得 9.65 万个 IPv6 地址。Fiebig 等利用 DNS 的存在语义，如不存在的域（non-existent domain，NXDOMAIN），收集到 580 万个 IPv6 地址。Borgolte 等提出结合域名系统安全扩展（domain name system security extensions，DNSSEC）的区域文件方法，获得了 220 万个 IPv6 地址。Gasser 等发布了 Hitlist 数据集，通过从公共数据源中收集 5850 万个 IPv6 地址，并对收集到的地址进行追踪来获得 IPv6 路由器地址（Hitlist 地址集的分布不均匀，80% 的地址只分布在 1% 的 BGP 前缀中）。

第二种方式为基于简单服务发现协议（SSDP）的远程链路 IPv6 地址扫描技术。主机节点在接收到 SSDP NOTIFY 消息后，将使用标准超文本传输协议（hyper text transfer protocol，HTTP）的 GET 命令向通知消息中的 LOCATION 字段提供的统一资源定位符（URL）所对应的 IPv6 服务器发送服务详细信息请求。利用这一特性，在 IPv4 网络环境下，基于 SSDP 的远程链路 IPv6 地址扫描技术通过构造 NOTIFY 消息，设置 LOCATION 字段的 URL 来解析到 IPv6 地址，使目的节点只能通过所配置的 IPv6 地址访问 URL。此外，将目的节点的 IPv4 地址嵌入到 URL 中，实现了 IPv4 地址与指定节点的 IPv6 地址的一对一关联。然后从 IPv6 服务器的访问日志中提取访问服务器的 IPv6 地址（图 6.8）。

第三种方式为基于 DNS 服务发现（DNS-SD）协议的远程链路 IPv6 地址扫描技术，在

IPv4 网络环境下,利用 DNS-SD 协议对全网范围内的 IPv4 主机发送.local 请求以获取存活双栈主机所提供的服务,进而根据这些服务获取主机可能存在的 AAAA 记录,从而获得 IPv6 地址。

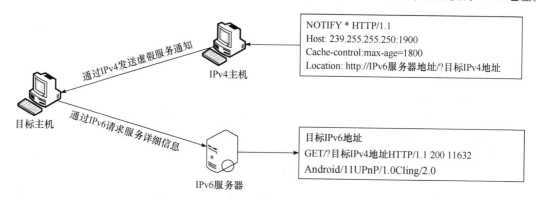

图 6.8　基于 SSDP 的 IPv6 地址扫描技术流程

值得注意的是,目前大多数操作系统(如 Ubuntu 20.04、macOS 12 和 Windows 7 之后的 Windows 操作系统)不提供 DNS-SD 和 SSDP 服务,大大降低了基于双栈关联性的远程链路 IPv6 地址扫描技术的有效性。

3)基于目标地址生成的远程链路 IPv6 地址扫描

为有效减小 IPv6 地址搜索空间,基于 IPv6 种子地址的目标地址生成(又称为地址预测)技术成为研究热点。通过挖掘已分配 IPv6 地址的固有统计数据和关系,利用智能或机器学习算法生成大量可能存活的 IPv6 候选地址集(需要探测的地址空间大大减小),然后将生成的地址集作为扫描输入,得到存活的 IPv6 地址,通过降低地址搜索空间大大提高了 IPv6 地址扫描的效率。

2012 年,Barnes 等首次研究了使用种子生成 IPv6 目标地址。其假设已知的存活地址提供了使用寻址方案的信息,提出了一种基于熵的扫描方法,该方法可以更加智能地识别和利用 IPv6 地址空间中存在的模式和结构。通过对 IPv6 地址空间进行分析和建模,该方法可以更快、更准确地发现网络中的设备和服务。后续关于目标地址生成的研究都是基于这一假设的,即种子信息有助于发现更多的新地址。

2015 年,Foremski 等提出了一种从种子中学习模式的算法 Entropy/IP,利用经验熵将熵值相近的半字节合并成段,并使用贝叶斯网络对不同段的值之间的统计依赖关系进行建模,将学习到的统计模型用于生成待扫描的目标地址。

2017 年,Murdock 等提出了 6Gen,该方法假设拥有高密度种子的地址空间中更有可能存在未被发现的存活地址,6Gen 将每个种子扩展为每个集群的中心,通过保持最大的种子密度和最小的规模来生成目标地址。其核心流程如图 6.9 所示。

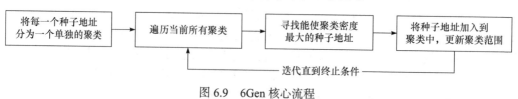

图 6.9　6Gen 核心流程

2019 年,Liu 等提出了 6Tree,利用种子结构形成的空间树来划分 IPv6 地址空间,6Tree

根据加载在节点上的已知 IPv6 存活地址，计算空间树上存活节点的密度，然后根据存活节点的密度生成目标地址。

2020 年，Cui 等提出了用于 IPv6 目标地址生成的门控卷积变分自动编码器（gated convolutional variational autoencoder for IPv6 target generation, 6GCVAE），完成了对深度学习架构的首次尝试，通过使用带门控卷积层的变分自编码器（variational auto-encoder, VAE）来发现 IPv6 存活地址，并证明了种子分类可以提高实验性能。Cui 等又引入了 6VecLM，利用 Transformer 网络构建 IPv6 语言模型，即学习序列关系，并使用 softmax temperature 生成目标地址。

2021 年，Hou 等提出 6Hit 算法，首次将强化学习方法应用于 IPv6 地址扫描。Cui 等提出 6GAN 算法，首次探索了将生成对抗网络和强化学习技术应用于 IPv6 目标地址生成中，提高了目标地址生成的效果和性能。

2022 年，Yang 等提出了一种基于图论的 IPv6 地址模式挖掘 6Graph 算法，将 IPv6 地址表示为图，并使用图的结构特征来发现 IPv6 地址的模式，从而进一步生成目标地址。

2023 年，Hou 等提出了一种可同时提高命中率和扫描速度的 6Scan 技术。为提高命中率，6Scan 通过在探测数据包中编码目标地址的区域标识符并从异步到达的应答中记录区域活动来推断有希望的搜索方向，然后根据扫描结果动态调整搜索方向。为了加快搜索算法的速度，6Scan 利用区域标识符编码来快速调整搜索方向，而不需要过多的计算。

基于目标地址生成的远程链路 IPv6 地址扫描技术可以有效减小 IPv6 地址搜索空间，提高地址扫描和发现速度。然而，现有 IPv6 目标地址生成技术的预测准确率较低，基于目标地址生成的远程链路 IPv6 地址扫描技术无法扫描所有存活的 IPv6 地址，存在较高的漏扫率。

4）IPv6 多址同源关联技术

IPv6 节点往往拥有链路本地地址与全球单播地址等多个地址，且具备可同时接入多个网络的多穴特性，使得 IPv6 节点具备单点多址新特性，给 IPv6 网络资产归并与管理带来严峻的挑战。

IPv4 下仅需对路由器进行别名解析，与之相比，IPv6 多址同源关联应用场景更为复杂多样，不但要对路由器进行别名解析，还要对 IPv6 网络前缀、IPv6 网络终端进行别名解析（为区分，本书将其称为 IPv6 多址同源关联）。

Qian 等提出一种 RPM（route positional method, 路由定位方法）用于 IPv6 别名解析，向网络中引入最小流量，并利用返回的 ICMPv6 超时报文的源地址来查找别名；随后，Qian 等又提出利用目的选项报头解析 IPv6 别名的方法，可通过将任何返回的 ICMPv6 参数问题报文的源地址与相应的目的地址进行比较来找到别名；Matthew 等提出 Speedtrap 别名解析方法，使用 IP 分片信息作为辅助来检测多个 IPv6 地址的相同节点；Murdock 等指出 IPv6 地址扫描过程中的别名地址和别名前缀的问题，将别名解析引入到地址扫描中；Gasser 等提出多级别名前缀检测（alias prefix detection, APD）方法，通过迭代步进的方式不断探测多组 IPv6 地址，以确定是否存在别名问题；Padmanabhan 等提出基于未使用地址的 IPv6 别名解析（alias resolution in IPv6 using unused addresses, UAv6）方法，基于"与路由器接口地址相邻的地址通常未被使用"这一经验观察收集潜在的别名地址对，随后确定不可达源地址的别名。

综上可以看到，远程链路 IPv6 地址扫描已经取得了不少技术进展，但也应看到其在 IPv6

地址快速扫描和 IPv6 多地址扫描方面还需要不断探索与实践，寻找更为有效的技术和方法。

6.1.3　IPv6 地址带来的安全威胁

IPv6 新特性带来了路由转发、网络性能、地址配置和部署应用等方面的便利，增强了安全性。但也要看到，地址空间巨大、单点多址普遍等新特性，以及地址伪造等因素会引发黑灰产恶意利用、域名系统（DNS）依赖增强、防控策略制定难、多址同源判定难、防火墙穿透、拒绝服务威胁和中间人威胁等安全威胁。

1. 地址空间巨大带来的安全威胁

IPv6 地址空间巨大，在满足全球应用需求的同时，也可能带来黑灰产恶意利用和域名系统依赖增强等安全威胁。

1）黑灰产恶意利用

鬼谷实验室检测数据显示，国外黑灰产市场上早已出现 IPv6 代理，秒拨也增加了对 IPv6 的支持。一方面，IPv6 巨大的地址空间使得黑名单库机制近乎失效；另一方面，在 IPv6 部署初期因威胁与风险数据（如 IPv6 地址的物理位置等）缺少而造成对 IP 性质的误判。受这 2 个主要因素的影响，黑灰产转向 IPv6 呈现出加速之势。

2）域名系统依赖增强

IPv6 地址长度为 128 位，对人类的阅读和记忆是个挑战。域名系统需要接收来自任意用户、任意地点、任何设备的请求，随着物联网、5G 等新兴技术应用 IPv6，更多设备接入网络，使得域名系统较以往将承受更大的压力。

IPv6 网络中域名系统被利用所产生的破坏力更大。Korczynski 等发现了 13899 个 IPv6 开放 DNS 解析器，数量为以前的 13 倍多。滥用开放解析器的新方法不断涌现而且危害程度更大，例如，新出现的不存在的名称服务器（nonexistent name server, NXNS）威胁，它利用开放递归解析器并配合所控制的权威域名服务器可实现放大系数高达 1620 的 DDoS 威胁，其流程如图 6.10 所示。更糟糕的是，其可与入站欺骗（inbound spoofing）相结合，这又额外可利用 103012 个封闭 DNS 解析器。

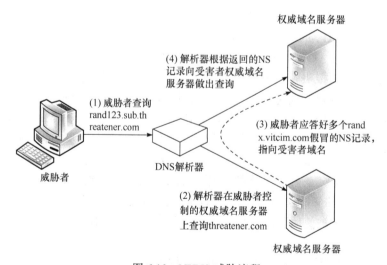

图 6.10　NXNS 威胁流程

2. 单点多址普遍带来的安全威胁

IPv4 下仅路由器存在单点多址情况,而 IPv6 与之不同。普通的 IPv6 终端节点同样存在单点多址情况,并且常常会配置 3 个 IPv6 地址(1 个链路本地地址、2 个全球单播地址),甚至更多,而普遍存在的单点多址情况给 IPv6 带来了防控策略制定难和多址同源判定难等安全威胁。

1)防控策略制定难

IPv6 节点配置多个地址的普遍情况使得访问控制列表(access control list, ACL)的过滤规则、基于地址验证的风险防控方案等受到挑战。另外,对于需要学习所有 IPv6 地址并基于复杂的规则集生成过滤规则的防火墙来说,防控策略制定的困难性将更大。

2)多址同源判定难

多址同源判定指的是判定多个 IP 地址是否属于同一个节点。多址同源判定难的主要原因有同源地址类型多样(IPv4 单栈地址、IPv6 单栈地址、IPv4 地址与 IPv6 地址)、同源多址属于多网络、仅从网络层 IP 地址难以判定同源性。更糟糕的是,IPv6 对移动特性的良好支持带来了地址类型更多样、网络拓扑探测更难等问题,这些问题进一步增加了多址同源判定的复杂性和难度。

3. IPv6 地址伪造带来的安全威胁

互联网中许多机制将 IP 地址作为重要标识,并且主机间基于 IP 地址建立信任关系。在互联网中,路由器仅依靠目的地址对报文进行转发,这使得在源地址伪造的 IPv6 报文仍可被路由至目的地址。地址伪造威胁在 IPv6 网络中广泛存在,Korczynski 等测量了 27%的 IPv6 自治系统(autonomous system, AS),发现其中超过 90%的 AS 完全或部分地易受到入站欺骗威胁。

按照伪造地址随机性的不同,地址伪造可分为随机地址伪造和特定地址伪造 2 类。

1)随机地址伪造

随机地址伪造指的是威胁者向受害者或目的网络发送大量报文的源或目的地址是伪造的随机地址,通过大量报文消耗目标资源,以期实现 DoS 等威胁。

若进一步细分,随机地址伪造又可分为随机源地址伪造和随机目的地址伪造 2 种。随机源地址伪造的典型威胁有 ICMPv6 洪泛威胁、TCP SYN(synchronize,同步)洪泛威胁等。对于随机目的地址伪造方式,存在一种针对 IPv6 网络的 ND-DoS 威胁,其原理是使用目的网络前缀和随机接口标识符(IID)生成的大量目的地址,然后向这些伪造的目的地址发送大量数据包,而目的网络的边界路由器收到这些报文时需对这些无效网络层目的地址进行链路层地址解析,从而产生大量 ND 报文,导致本地网络拥塞。

2)特定地址伪造

特定地址伪造指的是威胁者伪造的 IPv6 地址具有特殊含义,这些精心伪造的地址多用来达到欺骗目的,以期进一步实现中间人、防火墙穿透等威胁。伪造的对象一般多是网络中重要设备的通信报文(如 DNS 服务器的信息交换报文、邮件服务器交换的电子邮件报文等)。

总体来看,受 IPv6 新特性影响,IPv4 下已有的防控策略在 IPv6 网络中不再适用,与 IPv6 地址相关的威胁种类及样式众多,IPv6 地址生存期内的多个环节中都可能存在安全威胁（表 6.4）。

表 6.4　IPv6 地址安全威胁分析

序号	威胁类型	具体威胁	引发原因
1	黑灰产恶意利用	地址代理池、秒拨等黑灰产使用 IPv6 地址	地址空间巨大
2	域名系统依赖增强	运转压力大和破坏影响范围广	
3	防控策略制定难	过滤规则和地址验证等基于地址的防控策略制定难	单一节点配置多个地址
4	多址同源判定难	同源地址类型和数量多	
5	防火墙穿透	伪造受信任地址	地址伪造
6	DoS 威胁	ICMPv6 洪泛威胁和 TCP SYN 洪泛威胁	
		ND-DoS 威胁	
7	中间人威胁	伪造特殊设备源地址	

6.1.4　IPv6 新特性用于安全性增强

IPv6 新特性使得部分 IPv4 防护策略不再适用，但同时也为安全防护注入了新的活力。随着 IPv6 快速发展，如何利用 IPv6 新特性提高 IPv6 网络安全性得到了越来越多的关注。在 IPv6 设计之初，因特网工程任务组（IETF）充分考虑了安全需求，IPv6 相比 IPv4 而言已有安全性增强优势。另外，若进一步精心利用 IPv6 的新特性，其所产生的安全性增强效果也更明显。

学术界中提出了改变游戏规则的移动目标防御（moving target denfense, MTD）技术，其核心思想是利用目标系统所处的时间和空间环境，通过自适应地改变暴露面来增加系统的迷惑性和不确定性，使得威胁者无法在有效的时间内对目标系统制定出有效的威胁策略。

基于 IPv6 地址空间巨大等特点，在 IPv6 网络内也可有效开展移动目标防御，以提高 IPv6 网络的主动防御能力。按照同步要求的不同，现有 IPv6 移动目标防御技术可分为跳变和转变 2 种模式。

1. 跳变模式

在跳变模式中，同步通信对时间要求严格，即通信双方完全知道对方的跳变信息，或一方（如客户端）完全知道另一方（如服务端）的跳变信息。为实现同步通信，通常使用预设函数和初始值、时间同步、交换跳频信息 3 种方案。

使用预设函数和初始值完成同步的典型方案有 MT6D 方案等。MT6D 中，通信双方基于 Hash 函数以及当前 IID、对称密钥、系统时间戳 3 个参数同步生成自己和对端的 IID，并将原始数据包封装到由不断新生成的目的地址和源地址构建的 MT6D 隧道中，从而披上不断变化的假象外衣，其隧道跳变图如图 6.11 所示。

使用时间同步的典型方案有动态网络地址转换（dynamic network address translation, DyNAT）、服务跳变（service hopping, SH）和端跳变（end hopping, EH）等。为了防御网络嗅探威胁，DyNAT 在报文被转发时，使用了加密算法对地址和端口等主机标识信息进行加密转换，其中，加密算法的秘密种子值基于时间机制周期性地改变。为了避免 DoS 威胁，SH 和 EH 技术在端到端传输过程中伪随机地改变端口、地址、服务时隙等终端信息，其端口和地址跳变机制基于时间戳完成同步。

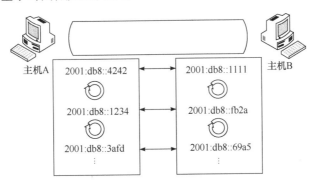

图 6.11　MT6D 隧道跳变图

使用双方交换跳频信息方式实现同步的典型方案有网络地址跳变（network address hopping, NAH）、基于滑动时间窗口的 IPv6 地址跳变（address hopping based on sliding time window in IPv6, AHSTW）主动防御模型等。为提高端到端通信的数据安全性，NAH 建立了多个由 IP 地址、端口、应用程序标识符 3 种信息标识的数据通道，数据传输的过程在这些通道间不断跳变完成，而通信双方事先协商通道占用的顺序和时间。基于滑动时间窗口的 IPv6 地址跳变（AHSTW）主动防御模型中，通信双方以时间戳为种子生成一个随机数，并利用共享密钥协商后续地址跳变的参数。

2. 转变模式

在转变模式下，同步通信对时间要求不严格，即通信的一方（如客户端）无须知道另一方（如服务器）的变化信息，常使用路由更新、DNS 请求/响应、第三方机制支持 3 种方案实现同步。

基于路由更新实现同步的典型方案为无地址（addressless）方案。与传统的为服务器分配 IP 地址不同，该方案为服务器分配了地址块。随着客户和连接的不同，服务器启用的地址也会相继变化。为使客户能够访问真正的服务器，无地址方案使用入口模块重定向路由（图 6.12）。

在使用 DNS 请求/响应实现同步的研究中，客户端在完成 DNS 解析前并不知道对端的地址。Macfarland 等提出 SDN 转变方法，在客户端请求服务器的 DNS 解析时，触发 SDN 控制器为服务器配置合成的 IP 地址和 MAC 地址，并将此合成的 IP 地址通告给 DNS 服务器，以响应客户端的 DNS 请求。

第三方机制支持同步方式主要利用 IPv6 多穴技术和移动 IPv6 技术。基于多穴跳变的 IPv6 主动防御模型（multi-homing hopping based proactive defense model in IPv6, MHH-PD6）借鉴跳频通信的跳变思想，使用双重随机地址生成算法使主机的地址在网络提供的多个地址域内动态变化。依托 IPv6 对移动特性的良好支持，基于虚拟移动的 IPv6 主动防御方案通过为节点分配动态变化的转交地址，使其呈现出不断移动或无规律移动的假象。

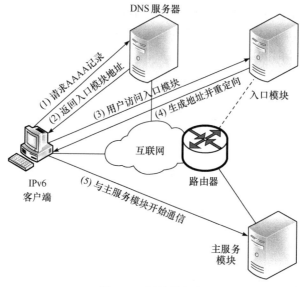

图 6.12　无地址方案

6.2　IPv6 报头与扩展报头安全威胁分析

IPv6 扩展报头最重要的特性是灵活性和可扩展性，但这也意味着它会带来前所未有的复杂性，也引入了一些安全威胁。本节首先介绍 IPv6 报头与扩展报头的一种典型安全威胁——隐蔽信道，然后分别介绍 IPv6 报头与扩展报头带来的其他安全威胁。

6.2.1　IPv6 网络隐蔽信道

由于 IPv6 标准存在定义不严谨字段、保留字段等问题，IPv6 报头和扩展报头中的某些字段可作为构建 IPv6 网络隐蔽信道的载体。本节重点介绍 IPv6 报头与扩展报头引发的隐蔽信道，也借此介绍 IPv6 其他特性（如双栈、过渡等）引发的隐蔽信道。

1. 隐蔽信道基本模型

作为一种信息隐藏技术，隐蔽信道历史悠久，1973 年就已出现。如果一个通信信道既不是设计用于通信的，也不是有意用于传递信息的，则称该通信信道是隐蔽的。

隐蔽信道工作原理可通过囚犯模型来描述（图 6.13），Alice 和 Bob 作为通过隐蔽信道实现信息秘密交换的双方，主动生成一个合适的通信，通过修改通信内容或特征来传输秘

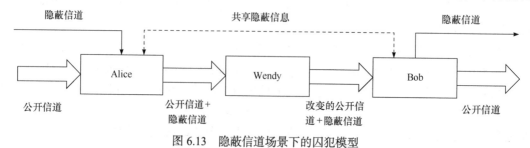

图 6.13　隐蔽信道场景下的囚犯模型

密信息，监听者 Wendy 位于隐蔽信道中的某个位置，试图检测发现 Alice 和 Bob 之间的隐蔽通信行为，甚至破坏他们之间隐蔽信道的信息传输。

2. IPv6 网络隐蔽信道能力属性

IPv6 网络隐蔽信道的能力属性可为网络隐蔽信道构建和防御提供指导和判定依据。目前，隐蔽信道能力评估指标主要包含抗干扰性、传输速率、隐蔽性和抗检测能力。根据网络隐蔽信道的特点与 IPv6 特性，将 IPv6 网络隐蔽信道的能力属性归纳为不可感知性、鲁棒性、隐藏容量三个方面。

1）不可感知性

不可感知性包括不可见性和不可测性两个维度。不可见性表示在嵌入信息后不会造成载体可感知失真，保证原始载体与嵌密载体具有高度相似性；不可测性表示隐蔽信道检测者难以分辨与提取嵌密载体中的隐蔽信息，或者说提取与检测的代价相当大。

2）鲁棒性

鲁棒性表示嵌密载体即使受到一定程度的干扰，也能从中恢复出所嵌的隐蔽信息，确保了隐蔽信息传递的完整性和准确性。

3）隐藏容量

隐藏容量指网络隐蔽信道中单个数据包或单位时间内传输隐蔽信息的能力。

本节通过"魔法三角形"规则来描述三个能力属性之间的权衡关系（图 6.14）。根据隐蔽信道的能力属性可得知，性能最佳的隐蔽信道应该鲁棒性强、不可感知性强，同时能够提供最大的隐藏容量。然而，上述三个能力属性之间天然存在互斥性，例如，使用 IPv6 报文的一些字段作为嵌密载体，这些字段的值的改变必须保持在一个给定的阈值下或者区间内才能满足不可感知性，如果用于传输秘密数据的字段过多或过长，虽可增加隐藏容量，但会导致隐蔽信道更易被检测到。

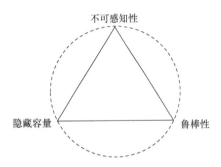

图 6.14 IPv6 网络隐蔽信道三个能力属性之间的权衡关系

3. IPv6 网络隐蔽信道类别

通过对现有 IPv6 网络隐蔽信道构建技术的归纳总结，将 IPv6 网络隐蔽信道构建方法分为存储型和时间型两类九种模式，并通过三层视图来展示 IPv6 网络隐蔽信道构建模式分类体系（图 6.15），其中第二层表示隐蔽信道类别，第三层表示构建模式。

4. IPv6 存储型网络隐蔽信道构建

根据构建内在机制的差别，将 IPv6 存储型网络隐蔽信道构建方法划分为冗余模式、序列模式、节点忽略模式、保留模式、定义不完整模式、误用模式和过渡模式 7 种构建模式。

1）冗余模式

冗余模式主要通过改变 IPv6 数据包长度或伪造报头等方式来增加冗余信息，并利用添加的冗余字段传递秘密信息，从而构建 IPv6 网络隐蔽信道，主要有载荷数据填充、认证报头（AH）伪造和封装安全载荷（ESP）报头伪造三种。

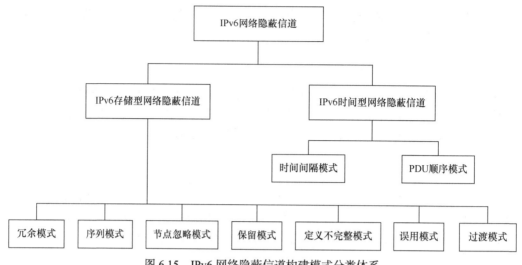

图 6.15　IPv6 网络隐蔽信道构建模式分类体系

通过增加 IPv6 报头中载荷长度字段的值，在 IPv6 数据包末尾附加额外的秘密信息来构建隐蔽信道。如果在没有身份认证的情况下，则这种隐藏技术是合适的。如果使用身份认证，则需要采取额外的方法来保持隐蔽信道的不可感知性，因为完整性检查值（integrity check value, ICV）计算中包含了对载荷长度字段的检查，用于验证 IPv6 数据包在传输过程中是否损坏或被修改。

当 IPv6 认证报头（AH）不存在时，伪造 AH 并将其插入扩展报头序列中，将秘密信息嵌入到认证数据字段中。为避免被检测到，必须为报头中的各个字段设置适当的值。伪造的 AH 不能通过接收端的 IPsec 完整性测试，因此需要在 IPv6 数据包认证检查之前将伪造的报头去除。

当 IPv6 封装安全载荷（ESP）报头不存在时，通过伪造一个完整的 ESP 报头来传输隐蔽信息。因为 ESP 报头是一个封装报头，所以在创建载荷时需要包含原始载荷。与 AH 伪造一样，伪造的 ESP 报头不能通过 IPsec 验证，因此，需要在数据包到达最终目的节点之前将其删除，将数据包恢复为原始形式。

冗余模式的优点是隐藏容量较高，可以一次性发送大量秘密信息，其局限性在于接收端 IPsec 的完整性检查值（ICV）对冗余模式的影响较大：ICV 计算中包含了对载荷长度字段的检查，如果接收端进行认证检查，隐蔽信道的不可感知性会大幅度降低。

采用冗余模式构建 IPv6 网络隐蔽信道技术的利用字段、构建方式和信道容量对比情况如表 6.5 所示。

表 6.5　冗余模式 IPv6 网络隐蔽信道

序号	利用字段	构建方式	信道容量
模式 1	IPv6 报头中的载荷长度字段	增加载荷长度字段的值插入额外信息	取决于载荷长度字段增加值
模式 2	IPv6 AH 报头	插入伪造 AH 报头	最多 1022 字节/数据包
模式 3	IPv6 ESP 报头	插入伪造 ESP 报头	最多 1022 字节/数据包

2）序列模式

序列模式通过改变 IPv6 报头位置或 IPv6 报头数量构建隐蔽信道，主要包括 IPv6 扩展报头出现与否、IPv6 分片报头数量奇偶两种。

利用发送方和接收方已知的 5 种 IPv6 扩展报头的出现与否来传递隐蔽信息，如果扩展报头以约定的相对顺序出现，则表示该处隐藏了比特 1，否则表示隐藏数据为比特 0，隐藏容量为 5 位/数据包。在此基础上，通过额外增加 AH 报头、ESP 报头和传输控制协议（TCP）报头用于传递隐蔽信息，将隐蔽信道的隐藏容量增加至 8 位/数据包（图 6.16）。

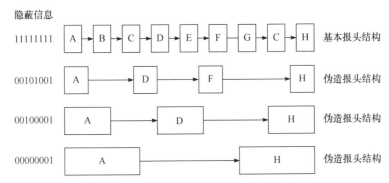

A-IPv6报头；B-逐跳选项报头；C-目的选项报头；D-路由报头；
E-分片报头；F-认证报头；G-封装安全载荷报头；H-TCP报头

图 6.16　IPv6 扩展报头出现与否隐蔽信道构建示例

依据 IPv6 数据包分片机制，通过将原始 IPv6 数据包分割成预定义数量的分片来编码单个比特的隐藏数据。如果 IPv6 分片报头数量为偶数，则表示传输比特 1，反之则表示传输比特 0（图 6.17），该方案能够有效躲过检测，但隐藏容量较低。

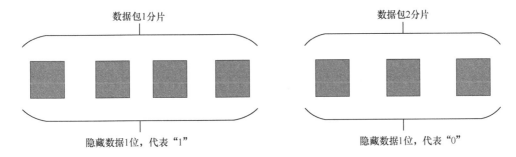

图 6.17　IPv6 分片报头数量奇偶方式隐蔽信道构建示例

序列模式可缓解冗余模式不可感知性较差的问题，但是受限于扩展报头的种类和构建机制的特殊性，隐藏容量较低。

3）节点忽略模式

节点忽略模式利用转发节点忽略 IPv6 数据包中的某些字段的特性来构建隐蔽信道，主要包括分片标识字段值填充、下一报头字段值调制、段剩余字段值调制、选项字段值调制和最后一个报头值填充五种。

如果 IPv6 分片报头中分片偏移字段和 M 字段的值为 0，则该分片报头会被当作重组过的报文处理。通过创建只有一个分片的 IPv6 分片报头，将隐蔽信息嵌入到分片标识字段来构建隐蔽信道。

当接收方对 IPv6 分片报头进行重组时，只检查第一个分片报头中的下一报头字段，忽略后续分片报头的下一报头字段，因此可以利用后续 IPv6 分片报头中的下一报头字段构建隐蔽信道。

根据 RFC 5095 中的规定，路由类型字段值为 0 的 IPv6 路由报头被弃用，但是如果将段剩余字段值设为 0，则跳过处理该路由扩展报头的其他字段并继续处理后续扩展报头，那么其保留字段和地址字段都可以用来填充隐蔽信息。

IPv6 逐跳选项报头中选项字段长度可变，将选项类型字段的前 2 位设置为 00，表示跳过该选项并继续处理后续数据。可以利用此特性来构造未知但合法的选项类型字段，之后设定合适的选项长度并将隐蔽信息嵌入选项的数据部分。

IPv6 报头或扩展报头中下一报头值为 59 时，表示这个报头后面没有其他扩展报头。但是若 IPv6 报头中的载荷长度字段表明最后一个报头后面还有额外的数据，那么这些数据将被忽略，并且在传输过程中保持不变。因此，可通过在 IPv6 最后一个报头后附加后续字节来构建隐蔽信道。

相较于序列模式，节点忽略模式在整体上增大了隐藏容量，同时由于传递秘密信息的字段都被中间节点或接收端忽略处理，隐蔽信道的不可感知性和鲁棒性都要高于冗余模式和序列模式。节点忽略模式 IPv6 网络隐蔽信道不同模式对比情况如表 6.6 所示。

表 6.6　节点忽略模式 IPv6 网络隐蔽信道

序号	利用字段	构建方式	信道容量
模式 1	IPv6 分片报头中的分片偏移和 M 字段	构建只有一个分片报头的 IPv6 报文	4 字节/数据包
模式 2	IPv6 路由报头中的路由类型和段剩余字段	填充保留和地址字段	最多 2048 字节/数据包
模式 3	IPv6 逐跳选项与目的选项报头中的选项字段	伪造选项	最多 2038 字节/数据包
模式 4	IPv6 报头或扩展报头中的下一报头字段	伪造未定义的下一报头值	取决于插入的扩展报头的总长度
模式 5	IPv6 分片报头中的下一报头字段	设置错误的下一报头字段值	至少 8 位/分片

4）保留模式

保留模式利用 IPv6 报头中的未使用字段或保留字段构建隐蔽信道，可分为 IPv6 分片报头保留字段嵌入、IPv6 AH 报头保留字段嵌入和 IPv6 逐跳选项报头保留字段嵌入三种。

IPv6 分片报头的 2 个保留字段在接收端容易被目的主机忽略，可以通过将隐蔽信息嵌入这些保留字段来构建隐蔽信道。还可以利用 IPv6 认证报头中的保留字段构建隐蔽信道，隐藏容量为 4 字节/数据包。此外，IPv6 逐跳选项报头中的路由类型可以被设置为 5（表示路由器警告选项），利用 2 字节的保留字段来构建隐蔽信道。

保留模式 IPv6 网络隐蔽信道不同模式对比情况如表 6.7 所示。

表 6.7　保留模式 IPv6 网络隐蔽信道

序号	利用字段	构建方式	信道容量
模式 1	IPv6 分片报头中的保留字段	向保留字段填充隐蔽信息	10 位/数据包
模式 2	IPv6 AH 报头中的保留字段	向保留字段填充隐蔽信息	4 字节/数据包
模式 3	IPv6 逐跳选项报头中的路由类型字段	向路由类型字段填充隐蔽信息	2 字节/数据包

5）定义不完整模式

定义不完整模式利用 IPv6 报头中的定义不完整字段构建隐蔽信道，主要包括流量类别定义不完整和流标签定义不完整两种。

可以通过将秘密信息嵌入到 IPv6 报头的流量类别字段中来创建隐蔽信道，为提高隐蔽信道的不可感知性，还可以使用 RSA 加密技术，将秘密信息加密后嵌入流量类别字段。

考虑到流量类别字段值被定义使用的可能性较大，会导致字段可用范围变小、隐藏容量降低的问题，可以利用 IPv6 报头中的流标签字段构建隐蔽信道，将隐蔽信道的隐藏容量提高为 20 位/数据包。为增强不可感知性，可将秘密信息加密后嵌入流标签字段中，例如，采用高级加密标准（advanced encryption standard, AES）算法，将密文和消息认证码（message authentication code, MAC）编码嵌入到 IPv6 流标签字段中，虽然该方法下隐蔽信道的隐藏容量由 20 位/数据包降为 8 位/数据包，但确保了秘密信息在接收端的正常排序，间接提高了隐蔽信道的鲁棒性和不可感知性。

6）误用模式

误用模式通过改变 IPv6 报头中某个字段的值来构建隐蔽信道，主要包括 PadN 选项填充误用、ESP 报头填充误用、跳限制比特变换和源地址随机化四种。

IPv6 逐跳选项报头与目的选项报头中因为某些选项长度不定，需要对报头进行对齐。RFC 8200 标准规定可以选用 PadN 选项来进行数据填充。PadN 选项符合 TLV 格式，选项类型值为 1，选项数据字段的值可能被中继节点忽略，可以通过将秘密信息嵌入到选项数据字段来构建隐蔽信道。

虽然 IPv6 封装安全载荷（ESP）报头中的填充字段是可选的，但是 IPv6 实现必须支持它，所以可以通过控制填充字段中的信息来传递隐蔽信息。

考虑到上述构建方案存在不可感知性较差的问题，可采用基于跳限制比特变换的构建方案，通过跳限制字段的最低位来传递隐蔽信息，但该隐蔽信道只在静态路由环境下可用。针对跳限制比特变换方案可用范围较窄的问题，通过设置初始跳限制值并操纵后续数据包的跳限制值来构建隐蔽信道（表 6.8），在提高隐蔽信道鲁棒性的同时，解决了隐蔽信道只在静态路由环境下可用的问题，使隐蔽信道也可在动态路由环境下使用，增强了隐蔽信道的实用性。

表 6.8　跳限制比特变换原理

数据包序号	跳限制字段	传送的隐蔽信息
1	XXXXXXXX	隐蔽传送"开始"
2	YYYYYYYY	隐蔽传送"1"

数据包序号	跳限制字段	传送的隐蔽信息
3	ZZZZZZZZZ	隐蔽传送"0"
4	UUUUUUUU	隐蔽传送"结束"

利用临时地址接口标识符随机化的特点,将隐蔽信息编码后根据 EUI-64 机制生成接口标识符,构造包含隐蔽信息的 IPv6 源地址,之后通过更改临时地址的首选生存期,定时改变接口标识符,进而不断传递隐蔽信息。相较于跳限制比特变换方案提升了隐蔽信道的不可感知性,该方案利用 IPv6 源地址设计逻辑漏洞和临时地址的更新特性进行稳定的隐蔽信息传输,同时提高了隐蔽信道的隐藏容量。

误用模式 IPv6 网络隐蔽信道不同模式对比情况如表 6.9 所示。

表 6.9 误用模式 IPv6 网络隐蔽信道

序号	字段	隐蔽信道	信道容量
模式 1	IPv6 逐跳选项与目的选项报头中的填充字段	设置一个错误的填充值	最多 256 字节/数据包
模式 2	IPv6 ESP 扩展报头的填充字段	设置一个错误的填充值	最多 255 字节/数据包
模式 3	IPv6 报头中的跳限制字段	跳限制字段比特变换	1 位/数据包
模式 4	IPv6 报头中的源地址字段	设置虚假的源地址	48 位/数据包

7)过渡模式

在 IPv4 向 IPv6 过渡期间,存在多种 IPv4/IPv6 共存技术,其中一些技术可以用于传递隐蔽信息。当前的方案主要包括隧道承载和双栈变换两种。

隧道技术是一种典型的 IPv6 孤岛利用 IPv4 基础设施进行通信的技术。常见的隧道技术包括 6over4、6to4 和 6in4(IPv6-in-IPv4)等。在研究了 6over4 隧道技术之后,有研究者通过修改隧道内部报头中的字段值来进行隐蔽通信(本书将此类方法称之为隧道承载方法)。

与利用隧道承载的方法不同,另一种方案是利用双栈变换。该方案通过连续使用 IPv4 和 IPv6 会话将秘密信息从源主机传输到目标服务器,并控制会话中的双栈交替,以最大限度地降低连续会话中通过单个 IP 协议栈发送的信息量。该方案虽然降低了隐蔽信道的隐藏容量,但将避免部分数据包重新组装,并躲避了入侵检测系统(intrusion detection system, IDS)对载荷的检查,提高了隐蔽信道的鲁棒性和不可感知性。为进一步提高双栈变换隐蔽信道的鲁棒性和不可感知性,研究者又引入了同步通信机制。通信双方根据预先约定的无序通信协议序列同时进入另一个协议进行通信,这样通信双方能够准确辨别出隐藏秘密信息的数据包,并且能够有效地规避检测。

5. IPv6 时间型网络隐蔽信道构建

IPv6 时间型网络隐蔽信道利用 IPv6 报文之间的时间间隔等时间或顺序特征作为隐蔽信息的传输载体,将 IPv6 时间型网络隐蔽信道构建技术分为时间间隔模式和 PDU(协议数据单元)顺序模式两种。

1）时间间隔模式

时间间隔模式通过控制 IPv6 报文之间的时间间隔特征来嵌入隐蔽信息。由魔法三角形原则可知，能力属性之间的权衡是始终存在的，时间间隔模式隐蔽信道构建技术对三个能力属性的侧重点也不同（表 6.10）。

表 6.10　时间间隔模式隐蔽信道构建技术能力属性侧重点

侧重属性	构建方法
鲁棒性	一般模式
	M-IPD
	扩频码
	纠错码
	喷泉码
隐藏容量	哈夫曼编码
	基于模型
不可感知性	随机包间隔时延
	分布匹配
	时间重传

（1）侧重鲁棒性的构建方案。

发送方可通过调整发送数据包的包间隔时延(inter packet delays, IPD)来传输隐蔽信息，接收方可以利用特定时间间隔（即特定时间段）内是否接收到发送方发来的数据包来接收发送方想要表达的隐蔽信息，但该技术易受到延迟或噪声的影响，鲁棒性较差。为尽可能降低延迟或噪声的影响，研究者又提出多 IPD（multi IPD, M-IPD）方案，用 IPD 累积分布函数编码隐蔽信息，该方案相比原方案虽提高了鲁棒性，但是隐藏容量降低到原方案的 $1/M$。为进一步提高鲁棒性，也可引入扩频码、纠错码等方式。

（2）侧重隐藏容量的构建方案。

不同于上述方案关注隐蔽信道的鲁棒性，部分时间型网络隐蔽信道构建方案专注于提高隐藏容量，例如，使用哈夫曼编码方法来对秘密信息进行编码，以牺牲一些鲁棒性来换取更高的隐藏容量。基于模型的时间型网络隐蔽信道使用网格结构方法来调整隐蔽信息的传输方式，可以显著提高信道的隐藏容量。

（3）侧重不可感知性的构建方案。

时间型网络隐蔽信道的完美安全要求是带有隐蔽信息的流量的概率分布与合法流量分布相同，有研究认为隐蔽信道的不可感知性相较于其他两种能力属性更加重要。基于此，研究者提出由滤波器、分析器、编码器和发射器组成的模型来生成随机隐蔽的包间隔时延，模拟合法的包间隔时延来编码秘密信息，该方案着重考虑隐蔽信道的不可感知性和隐藏容量，但损失了鲁棒性。

此外，还可以利用真实数据流的特征来隐藏信息。例如，将已有真实流量划分为固定长度的片段，统计片段中的所有数据包延迟，得到直方图，按照直方图将隐蔽信息编码调制为包间隔时延，该方案生成的 IPD 的分布与真实数据包 IPD 高度相似，不可感知性得到显著提高。

考虑到模拟真实流量会使隐蔽信道更加不可感知，有研究者提出一种时间重传网络隐蔽信道，通过重放先前记录的时间间隔序列来传输隐蔽信息。该方案使用 k 个规则将 n 个到达时间划分为 n/k 个规则分区，每个规则分区与一个符号随机关联，从一个分区随机选择一个时间间隔来发送相关的符号。该方案生成的隐蔽信道虽然不可感知性得到了进一步提高，但忽视了隐藏容量，因此该方案的可用性不高。

2）PDU 顺序模式

不同于时间间隔模式需要对包间隔时延进行处理，PDU 顺序模式通过控制多个数据包的发送顺序编码隐蔽信息，该模式不受噪声和延迟的影响，鲁棒性得到有效保障。

基于 IPsec 框架内的数据包排序的时间型网络隐蔽信道方案通过改变 IPsec AH 或 ESP 数据包的顺序来编码秘密信息。该方案通过对数据包顺序进行调整，实现了隐蔽信息的传输，且不容易被察觉。

针对 PDU 顺序模式网络隐蔽信道方案无法判断数据传输正确性的问题，可在数据传输完成后进行数据验证，以确保传输的准确性。同时，还引入了重传机制，使得在数据传输出现错误时可以进行重传，提高了方案的稳定性。

此外，利用乱序数据包也可构建隐蔽信道，每次选取一定数量的正常数据包，并根据待发送信息改变其中几个数据包的顺序。通过使用连续数据包的特定排列来隐藏秘密信息，并通过模拟真实流量分布的方式来增强隐蔽信道的不可感知性。这使得隐藏的信息更难被察觉，改善了隐蔽信道的效果。

6. IPv6 网络隐蔽信道对比

表 6.11 对现有典型 IPv6 网络隐蔽信道从构建模式、嵌密载体和能力属性三方面进行了对比。

表 6.11　IPv6 网络隐蔽信道对比

隐蔽信道类型	构建模式	嵌密载体	不可感知性	鲁棒性	隐藏容量
IPv6 存储型网络隐蔽信道	冗余模式	协议字段	☆	☆	☆☆☆☆
	序列模式		☆☆☆	☆☆	☆☆
	节点忽略模式		☆☆	☆☆☆	☆☆☆
	保留模式		☆☆	☆☆☆☆	☆☆☆
	定义不完整模式		☆☆	☆☆☆	☆☆☆
	误用模式		☆☆☆	☆☆☆	☆☆
	过渡模式		☆	☆☆	☆☆
IPv6 时间型网络隐蔽信道	时间间隔模式	IPv6 报文的时间或顺序	☆☆☆☆	☆	☆
	PDU 顺序模式		☆☆☆☆	☆☆	☆

IPv6 存储型网络隐蔽信道的嵌密载体为协议字段，隐藏容量较高。序列模式、保留模

式、误用模式、定义不完整模式和过渡模式由于未涉及 IPv6 数据包结构的改变，不可感知性要高于冗余模式和节点忽略模式。冗余模式和节点忽略模式改变了 IPv6 数据包的结构，不可感知性有所降低，但是由于增加了数据包长度，隐藏容量要明显大于保留模式等构建模式。

IPv6 时间型网络隐蔽信道中时间间隔模式和 PDU 顺序模式两种构建模式利用的嵌密载体为 IPv6 报文的时间或顺序，不可感知性较高，但容易受网络时延、数据包丢失、时延抖动等网络状况影响，鲁棒性较差。

总的来说，IPv6 存储型网络隐蔽信道的鲁棒性和隐藏容量要高于时间型，IPv6 时间型网络隐蔽信道的不可感知性要高于存储型，而隐蔽信道研究者都在通过提出新方法或引入各种技术来改善两种类型隐蔽信道的不足之处。

6.2.2　IPv6 报头安全威胁分析

依据如图 2.11 所示的 IPv6 报头结构，本节重点分析 IPv6 报头带来的安全威胁。

1. 版本字段安全威胁分析

版本字段位于 IPv6 报头的前 4 位，可能被填充与数据链路层的链路类型字段不相匹配的字段值，以迷惑安全防护设备或占用其处理资源。

2. 流标签字段安全威胁分析

与 IPv4 报头不同，IPv6 流标签是一个全新的字段。流标签字段在 RFC 6437 中定义，IPv6 报头中的 20 位流标签字段用于标记属于同一数据流的数据包，设置流标签的目的是为转发节点提供有效的数据流分类服务，从而保证服务质量（QoS）。网络中的端节点与中间节点通过使用流标签、源地址和目的地址构成的三元组来识别某数据包属于什么数据流。

流标签字段主要存在以下安全威胁。

（1）流标签在网络传输中始终不受保护。

由于 IPv6 不具备报头校验和功能，并且 IPsec 不提供对流标签字段的检查和计算，因此当流标签值被恶意修改时，是难以被察觉到的。如果利用流标签字段构建隐蔽信道，IPsec 是无法察觉到该字段被用来传递隐蔽信息的。

（2）基于流标签字段的欺骗和 DoS 威胁。

每个操作系统实现 IPv6 协议栈的方式不同，因此不同操作系统生成 IPv6 流标签的方式也存在不同。而某些操作系统生成流标签的方式比较简单且有规律，容易被预测到，从而导致信息泄露。

例如，由于网络中的包分类器通过三元组识别数据流，所以当预测到正确的流标签之后，可以通过伪造具有相同三元组（流标签，源地址，目的地址）的数据包来获得特定的服务。使用该数据包还可能耗尽路由器转发该数据流所投入的资源，从而导致 DoS 威胁。

（3）基于大量流标签的 DoS 威胁。

通过伪造具有不同流标签的大量 IPv6 数据包，使得受害者的内存和计算资源被耗尽，从而构成 DoS 威胁。

3. 下一报头字段安全威胁分析

下一报头字段既可标识扩展报头，也可标识上层协议。RFC 8200 在定义分片重组过程中下一报头字段的功能时存在模糊性表述，导致不同操作系统在实现分片重组时可能存在不一致性。

Antonios 在 2014 年黑帽子安全技术大会上提出了一种利用 IPv6 分片报头和扩展报头中的下一报头字段的错误值来欺骗高端商业和开源入侵检测与防御系统（intrusion detection and prevention system, IDPS）的技术。

当发送一个 IPv6 分片报文时，在不同的分片报文中使用不同的下一报头字段值来指示下一个协议，从而导致 IDPS 无法正确地重组和解析分片报文。一般情况下，正常的 IPv6 分片如图 6.18 所示，不同分片的下一报头字段都是 60，这表明目的主机在重组不同分片时将分片偏移量为 0 的部分解析为目的选项报头。

原始数据包：

IPv6报头 下一报头 = 60	目的选项报头 下一报头 = 58	ICMPv6报头	ICMPv6载荷

第一个分片：

IPv6报头 下一报头 = 44	分片报头 下一报头 = 60	目的选项报头 下一报头 = 58	ICMPv6报头

第二个分片：

IPv6报头 下一报头 = 60	分片报头 下一报头 = 60	ICMPv6载荷

图 6.18　正常的 IPv6 分片

根据 RFC 2460 的规定，当不同分片中的下一报头字段不一致时，应当按照第一个分片中的下一报头字段来解析分片偏移量为 0 的部分。然而，某些主机在实现时没有遵守该 RFC 规范。

以图 6.19 所示的分片为例，第一个分片的下一报头字段值是 60，而第二个分片的下一

原始数据包：

IPv6报头 下一报头 = 60	目的选项报头 下一报头 = 58	ICMPv6报头	ICMPv6载荷

第一个分片：

IPv6报头 下一报头 = 44	分片报头 下一报头 = 60	目的选项报头 下一报头 = 58	ICMPv6报头

第二个分片：

IPv6报头 下一报头 = 60	分片报头 下一报头 = 6	ICMPv6载荷

图 6.19　错误的 IPv6 分片

报头字段是 6。如果系统按照 RFC 规范实现分片重组，那么分片偏移量为 0 的部分应该被解析为目的选项报头。事实上如图 6.20 所示，TCP 上层报头的真实目的端口为 80，却被解析为 256。这是因为主机错误地将目的选项报头解析成了 TCP 报头。

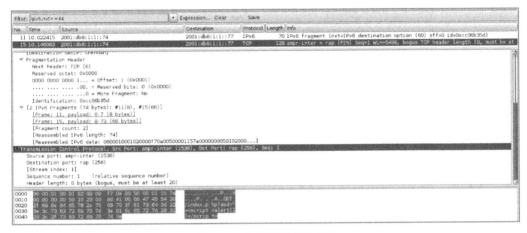

图 6.20　解析错误的数据包

4. 跳限制字段安全威胁分析

跳限制字段主要存在以下两方面安全威胁。

（1）修改跳限制为 0 导致的 DoS 威胁。

IPv6 报头的跳限制字段类似于 IPv4 的 TTL 字段，数据包每经过一个路由器，该字段都会减 1。如果在未到达目的节点前跳限制字段值变为 0，则路由器或中间设备应该丢弃该数据包，并向源节点发送 ICMPv6 超时报文。如果利用此特性修改数据包的跳限制字段值为 0，会导致 DoS 威胁。

（2）基于封装节点跳限制字段的邻节点发现安全威胁。

网络中的封装节点（如虚拟专用网络入口端隧道端点等）要将被封装的内部 IP 数据包的跳限制字段值减 1，可利用经过封装但内部 IP 数据包的跳限制字段值仍为 255 的非法数据包来实施基于 ICMPv6 的邻节点发现安全威胁。

6.2.3　IPv6 扩展报头安全威胁分析

与 IPv4 报头不同，IPv6 报头包括报头和扩展报头两部分。IPv6 报头格式精简且长度固定，而 IPv6 扩展报头则以链表的形式紧接 IPv6 报头之后，如图 6.21 所示。

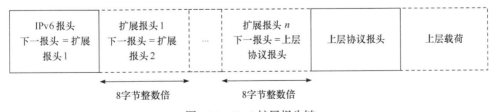

图 6.21　IPv6 扩展报头链

下面就 IPv6 中各种类型扩展报头及选项中可能存在的安全威胁逐一进行分析。

1. 逐跳与目的选项报头安全威胁分析

逐跳与目的选项报头具有相同的结构。IPv6 选项只出现在逐跳选项报头和目的选项报头中，本节从选项的角度分析逐跳与目的选项报头安全威胁。

1) Pad1 和 PadN 选项安全威胁

（1）选项填充字段导致的防火墙规避。

由于 IPv6 对逐跳与目的选项报头的 Pad1 和 PadN 选项未做数量限制，因此可以利用该特性向 Pad1 和 PadN 选项中填充任意的数据。这不仅会耗费 CPU 资源，且会导致整个 IPv6 数据包变大，从而导致防火墙规避。

（2）隐蔽信道威胁。

RFC 8200 规定 Pad1 和 PadN 选项填充值必须为 0。然而，不同 IPv6 节点的实现不同，可能存在一些节点的实现不符合 RFC 规范。通过使用这两个填充选项携带非零值数据，可实现隐蔽通信。

2) 超大载荷选项安全威胁

由于 IPv6 报头的载荷字段是 16 位，因此一个 IPv6 数据包的载荷长度最长为 65535 字节。如果 IPv6 载荷长度超过 65535 字节，则数据包的真正载荷长度使用超大载荷长度字段表示。

但是使用超大载荷选项通信的主机由于数据包自身的超大特性，会抢占网络上其他用户的带宽资源，严重时会导致网络性能降级或数据传输失败。

3) 路由器警告选项造成的 DoS 威胁

路由器警告选项存在于逐跳选项报头中，该选项旨在向路由器指明应该仔细检查数据包报头的内容。携带路由器警告选项的数据包需要在路由器的慢速路径（需要查看完整的数据包内容）上进行其他处理。

如果使用不当，对于接收到包含大量路由器警告选项数据包的路由器而言，可能导致性能问题。通过发送大量包含路由器警告选项的 IPv6 数据包，可消耗流量路径上各中间节点以及目的节点上的资源，造成 DoS 威胁。

4) MinPMTU 逐跳选项安全威胁

RFC 9268 定义了 MinPMTU 逐跳新选项，可用于取代使用 ICMPv6 包太大报文确认 PMTU 值的机制，利用逐跳选项报头通过每个节点时都会被检查的机制，在其选项处设置一个 PMTU 值，每通过一个节点都更新该节点出口链路的 MTU 值，直到找到最小的值并将其发送回源节点。主机可以使用选项中的 Rtn-PMTU 字段将路径的最小 MTU 值发送回源节点。

使用 Rtn-PMTU 值直接更新 PMTU 可能会导致增加或减小目的主机 PMTU 的大小。强制减小 PMTU 可能会降低网络使用效率，也可能会增加发送相同量的载荷数据所需的数据包/分片的数量，并且可能会阻止发送长度大于 PMTU 的未分片数据包。当源主机发送长度大于实际 PMTU 的数据包时，增加 PMTU 可能会导致路径丢弃数据包，这种情况一直持续到 PMTU 下次更新为止。因此，通过伪造一个数据包向目的主机发送 ICMPv6 回送请求报文，会导致目的主机将 MinPMTU 选项添加到发送到源主机的数据包中，从而对网络安全产生严重影响。

5）PDM 目的选项安全威胁

RFC 8250 定义了性能和诊断度量（PDM）目的选项，该选项可能会存在以下安全威胁。

（1）利用 PDM 目的选项造成的资源消耗威胁。

PDM 需要计算时间的增量并跟踪序列号，这意味着驻留在内存中的每个控制块都需要以五元组的形式保留在终端主机上。在没有内存限制的情况下，在控制块保留在内存中的任何时候，都可尝试滥用控制块以导致过度的资源消耗，这可能会危及终端主机。

（2）利用 PDM 目的选项获取必要信息。

由于 PDM 以明文形式通过链路进行传输，所以监听者可以访问 PDM，甚至可以访问整个数据包，通过记录服务器时间和载荷长度来推断正在使用的应用程序类型，从而获取必要信息。

6）通过未知选项构造错误数据包进行洪泛威胁

可以通过发送许多带有目的选项或者逐跳选项报头的错误数据包来引起洪泛威胁。如果未知选项类型字段以 10 开头，则表示丢弃数据包，并且无论数据包的目的地址是否是组播地址，目的主机都会返回代码为 2 的 ICMPv6 参数问题报文给源主机。由于在 IPv6 中某些 ICMPv6 报文是 IPv6 操作的组成部分，所以这些报文通常也不会被防火墙过滤。因此，可以通过伪造受害者节点的源地址，使目的节点向受害者节点发送大量 ICMPv6 报文，从而产生洪泛威胁。

7）携带大量未知选项数据包导致的 DoS 威胁

一个带有目的选项报头或逐跳选项报头的数据包通过携带大量的未知选项可以对路由器造成极高的 CPU 利用率，从而导致 DoS 威胁。而且通过该方式还可以增加报头长度，导致上层协议报头出现在第一个分片报文以外的其他分片报文中，从而导致防火墙或 IDS 绕过威胁。

2. 路由报头安全威胁分析

根据 IETF 制定的 RFC 规范，所有节点（路由器和主机）必须能够接收、处理及转发包含路由报头的 IPv6 数据包。当前，IPv6 路由报头主要有三种类型：类型 0、类型 2 与类型 4。类型 0 路由报头（RH0）类似于 IPv4 中源路由的概念，类型 2 路由报头（RH2）则是为移动 IPv6 设计的，类型 4 路由报头（RH4）是 IPv6 分段路由（SRv6）。

RFC 5095 明确规定了禁止使用 RH0 流量，然而在现实中一些部署了 IPv6 的操作系统依然允许 RH0 流量通过。事实上，RH0 报头会造成如下威胁。

1）DoS 威胁

通过利用 RH0 路由报头来绕过目标节点上的控制访问列表并产生 DoS 威胁。可以利用 RH0 路由报头提供的功能来生成恶意数据包，这些数据包通过在 RH0 中指定目的地址来执行，使得一个中间目的地址出现多次，以循环转发数据包或绕过防火墙，且提供流量放大机制，对受害者进行 DoS 威胁。

图 6.22 展示了使用 RH0 路由报头绕过防火墙的拓扑图，图中防火墙允许从互联网到隔离区（demilitarized zone, DMZ）以及从 DMZ 到内网的某些连接，但不允许从互联网到内网的连接。互联网中的威胁者现在可以向 DMZ 发送一个带有 RH0 路由报头的数据包，其中包含内部网络的最终目标地址，从而绕过防火墙的规则到达内网。

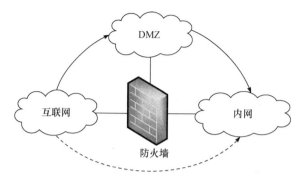

图 6.22　使用 RH0 路由报头绕过防火墙的拓扑图

2）RH0 使得任播地址失效

根据 RFC 2526 可知，任播地址是 IPv6 所特有的地址类型，任播地址用来标识一组网络接口，这些接口通常属于不同的节点。路由器会把目的地址是任播地址的数据包发送给离该路由器最近的一个网络接口，任播使一种到最近节点的发现机制成为可能。而 RH0 数据包会被强制转发到 RH0 所指定的 IP 地址上，这使得网络中的路由转发效率降低，在一定意义上破坏了任播的安全优势。

3. 分片报头安全威胁分析

IPv6 网络节点在处理分片数据包的时候可能存在无法正确处理分片重组、分片重组超时、分片报头载荷部分长度出错、重叠分片、第一个分片不包含所有报头等不符合 RFC 规范的问题。

1）微小分片威胁

RFC 1858 定义分片长度小于 1280 字节的数据包为微小分片。可以利用该特性，构造出微小分片数据包，使得防火墙或者 IDS 需要检测的有效上层协议信息在第二个甚至后续分片中，这就导致了防火墙或者 IDS 规避的问题。为解决该问题，在 RFC 7112 中规定了一个固定的 MTU 值，使其大于 IPv6 报头链（包含 IPv6 报头、扩展报头和上层协议报头）长度，这样就不存在上层协议信息出现在第二个甚至后续分片中的情况了。然而 Antonios 在实验中表明，向某些操作系统（如 OpenBSD、Ubuntu 10.0.4）发送小于 1280 字节的分片报文，对方依然会接受该报文。

2）重叠分片威胁

重叠分片就是精心构造的具有相同分片标识的分片数据包，这些数据包之间由于分片偏移字段值的设置错误而导致分片存在重叠的部分，主要表现形式是后一个分片的前面一部分与前一个分片的后面一部分重叠。

图 6.23 显示的是从 Wireshark 工具捕获到的一个重叠分片的例子，在该例子中，第三个分片与第二个分片的第 8～15 字节处发生了重叠。后一个分片中重叠部分的非法数据在目的主机重组过程中会覆盖前一个分片中被重叠的那部分数据。

3）原子分片威胁

原子分片指的是没有后续分片的分片报文，也就是该原子分片的分片偏移量字段值为 0，M 字段值为 0。这样的原子分片源自源主机收到一个 ICMPv6 包太大报文时，会对发往目的主机的报文进行分片处理，然而实际上该报文并没有分片操作。

```
> Frame 28: 70 bytes on wire (560 bits), 70 bytes captured (560 bits)
> Ethernet II, Src: LiteonTe_95:85:cd (9c:2f:9d:95:85:cd), Dst: VMware_f3:00:7a (00:50:56:
> Internet Protocol Version 6, Src: 2408:8421:b043:3a6a:8598:628b:b9a2:1421, Dst: 2001:200
> Fragment Header for IPv6
v [4 IPv6 Fragments (24 bytes): #25(8), #26(8), #27(8), #28(8)]
    [Frame: 25, payload: 0-7 (8 bytes)]
    [Frame: 26, payload: 8-15 (8 bytes)]
  v [Frame: 27, payload: 8-15 (8 bytes)]
      [Fragment overlap: True]
      [Conflicting data in fragment overlap: True]
    [Frame: 28, payload: 16-23 (8 bytes)]
    [Fragment count: 4]
    [Reassembled IPv6 length: 24]
    [Reassembled IPv6 data: 3c0001040000000003a0001040000000008000b651000c0000]
```

图 6.23　重叠分片

（1）利用原子分片恶意构造重叠报文。

当目的主机正在处理分片重组时，可以构造和正在等待分片重组的分片片段具有相同的 IPv6 源地址、目的地址和分片标识的原子分片。基于 RFC 5722，当原子分片和其他分片发生分片重叠时，包括正在等待分片重组的整个数据包都会被丢弃。

（2）基于原子分片的 DoS 威胁。

如果中间设备（防火墙或者路由器）规定包含扩展报头的数据包被丢弃，那么威胁者向发送方发送 ICMPv6 包太大报文时，发送方会发送原子分片。这样原来的数据包就会被直接丢弃，从而导致 DoS 威胁。

4）分片嵌套报文威胁

分片嵌套报文威胁因其复杂性和迷惑性给安全防护设备的检测过程带来很大的困难，安全防护设备可能由于无法处理非预期状况而崩溃。

4. 未知类型扩展报头安全威胁分析

路由器和防火墙应该丢弃包含未知类型扩展报头的数据包。因为安全设备无法处理它们，转发它们更是浪费了宝贵的资源，这会给威胁者提供可乘之机。为了保证安全，防火墙等安全设备还应该丢弃包含不可识别扩展报头的数据包。

6.3　本章小结

IPv6 地址与报头是 IPv6 中的基础部分，其安全性至关重要。本章对 IPv6 地址带来的抗地址扫描、易于追踪溯源、杜绝广播风暴、缓解放大威胁和抗 DDoS 威胁等优势进行了介绍，也对 IPv6 地址扫描及 IPv6 地址带来的安全威胁进行了分析，并阐述了 IPv6 新特性用于地址跳变等安全性增强。

IPv6 数据包由 IPv6 报头、IPv6 扩展报头和上层协议单元组成，本章从 IPv6 报头的安全威胁和扩展报头的安全威胁两方面对 IPv6 报头安全性进行分析，其中重点阐述了 IPv6 扩展报头中逐跳选项报头、目的选项报头、路由报头、分片报头及未知类型报头带来的安全威胁，并重点分析了基于 IPv6 报头和扩展报头的隐蔽信道。

习　题

1. IPv6 地址安全威胁主要分哪几个方面？都存在哪些安全问题？

2. IPv6 地址扫描还面临哪些挑战？思考应对策略。

3. 本地链路 IPv6 地址扫描还有哪些技术手段或思路？

4. 查阅资料，了解基于目标地址生成的 IPv6 地址扫描的最新进展。

5. 一个 IPv6 节点至少会存在 1 个链路本地地址，另外还会有 1~2 个全球单播地址（如隐私地址和临时地址），请问如何将这些地址关联到同一个 IPv6 节点？

6. 解释 IPv6 网络隐蔽信道的概念和原理，包括如何在 IPv6 网络中隐藏和传输信息。

7. 试着利用 IPv6 扩展报头构造一种存储型网络隐蔽信道。

8. 探讨 IPv6 网络隐蔽信道在实际应用中的潜在用途，如网络安全、隐私保护等领域。

9. 简述设计和实现 IPv6 网络隐蔽信道的常见方法。

10. 讨论评估和检测 IPv6 网络隐蔽信道的技术和方法，包括流量分析、入侵检测系统等的应用。

11. IPv6 网络隐蔽信道的挑战和未来发展趋势是什么？

12. 分析逐跳选项报头和目的选项报头在安全威胁方面的联系及区别。

13. 构造报头中的哪些字段能使目的主机返回 ICMPv6 参数问题报文？

14. 简述类型 0 路由报头可能带来的安全威胁。

15. 什么是安全设备检测绕过威胁？常见方式是什么？

16. 绕过防火墙、入侵检测与防御系统的原理是什么？

17. 如何利用 IPv6（基本）报头的源地址字段进行欺骗？

18. IPv6 扩展报头常见的安全威胁有哪些？

19. IPv6 分片报头常见的安全威胁有哪些？

20. 什么是虚拟分片重组（virtual fragment reassemble, VFR）技术？其是否可以有效防护 IPv6 分片威胁？

21. RFC 8200 建议的 IPv6 各扩展报头出现的顺序是什么？

22. RFC 8200 规定的 IPv6 各扩展报头出现的次数是多少？

23. 不符合 RFC 规范的 IPv6 节点一定是不安全的吗？符合 RFC 规范的一定就是安全的吗？

第 7 章　ICMPv6 与邻节点发现协议安全威胁分析

ICMPv6 是 IPv6 的一个重要组成部分，是 IPv6 网络正常运行的基础支撑协议，用于报告 IPv6 数据包处理过程中的差错报文和完成一些网络诊断功能（如 ping 和 traceroute 等），其基本协议必须被所有 IPv6 实现完整支持。

邻节点发现协议是 IPv6 网络运行的关键协议，组合了 IPv4 中的 ARP、ICMPv4 路由器发现和 ICMPv4 重定向等协议，并对它们做了改进。作为 IPv6 基础协议，ND 协议还提供前缀发现、邻节点不可达检测、重复地址检测、地址自动配置等功能。

本章主要针对 ICMPv6 和邻节点发现协议存在的安全威胁进行分析。

7.1　ICMPv6 安全威胁分析

与 IPv4 一样，IPv6 报头和扩展报头规范并没有提供差错和信息反馈功能，因此，IPv6 使用 ICMP 升级版本 ICMPv6 来提供相应功能，它包括了 IPv4 中的 ICMPv4 和 ARP。因此，要使 IPv6 正常工作，就不能像在 IPv4 中那样为了安全而禁止使用 ICMPv6。

ICMPv6 主要包括差错报文和信息报文，相应地，ICMPv6 安全威胁主要可分为 ICMPv6 差错报文安全威胁和 ICMPv6 信息报文安全威胁两类。

7.1.1　ICMPv6 差错报文安全威胁分析

ICMPv6 差错报文是由 IPv6 目的节点或者中间路由器发送的，用于报告在转发或者传输数据包的过程中出现的错误，其 ICMPv6 报头的类型字段的最高位为 0，包括目的不可达、包太大、超时和参数问题报文。

下面重点分析 ICMPv6 目的不可达报文和路径 MTU 发现机制存在的安全威胁。

1. ICMPv6 目的不可达报文安全威胁分析

通过冒充中间路由器向源节点发送差错报文来干扰源节点的正常通信。如图 7.1 所示，

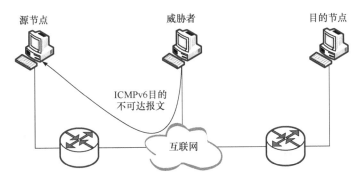

图 7.1　ICMPv6 目的不可达报文伪造

威胁者冒充从源节点到目的节点的路径中的某路由器发送伪造的 ICMPv6 目的不可达报文给源节点，源节点在收到这样的报文后将停止向目的节点发送数据包。

2. 路径 MTU 发现机制安全威胁分析

路径 MTU（PMTU）是 IPv6 引入的一种新机制，它是在源节点和目的节点之间的路径上的任一链路所能支持的最小链路 MTU。

与 IPv4 不同的是，IPv6 的分片和重组只能在源节点和目的节点进行，中间节点不再参与这一工作。路径 MTU 发现机制一方面能够提高路由器等中间节点的转发效率，另一方面也带来了一定的安全隐患。

通过伪造路由器等中间节点来发送虚假的 ICMPv6 包太大报文，会导致两种结果：①如果报文中指示的路径 MTU 值太小，将使源节点对每个待发数据包过度分片，从而增加处理开销，降低系统性能；②如果报文中指示的路径 MTU 值太大，将使源节点发出的数据包到达某个特定的路由器后被丢弃，从而中断源节点与目的节点之间的通信，造成 DoS 威胁。

7.1.2 ICMPv6 信息报文安全威胁分析

ICMPv6 信息报文提供了简单的诊断功能，来协助发现和处理故障，如回送请求报文和回送应答报文等。

利用 ICMPv6 信息报文，可以向目标发起洪泛威胁，本节重点介绍 ICMPv6 回送请求报文洪泛威胁。按照原理的不同，ICMPv6 回送请求报文洪泛威胁可分为 Smurf 威胁、Rsmurf 威胁 2 种。

1. Smurf 威胁

通过构造 ICMPv6 回送请求报文，把源地址伪造成受害者地址，把目的地址设为组播地址（如 ff02::1），可实现 Smurf 威胁。

其原理是，组播组内的所有主机在收到 ICMPv6 回送请求报文后，都会向受害者回复 ICMPv6 回送应答报文，而受害者需要处理大量回复的 ICMPv6 回送应答报文，从而消耗过多资源（图 7.2），造成 DoS 威胁。

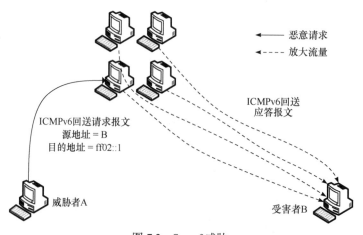

图 7.2 Smurf 威胁

2. Rsmurf 威胁

通过构造 ICMPv6 回送请求报文，把源地址设为组播地址（如 ff02::1），把目的地址伪造成受害者地址，受害者需要向组播组的所有主机回复 ICMPv6 回送应答报文，从而消耗过多资源（图 7.3）。

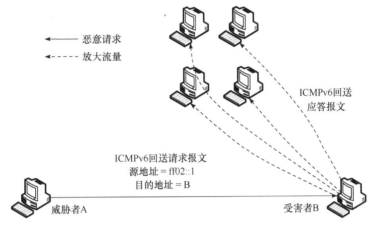

图 7.3　Rsmurf 威胁

7.2　邻节点发现协议安全威胁分析

作为 IPv6 中的基础协议，邻节点发现协议用于发现同一链路上的其他节点，进行地址解析、路由器发现、维持邻节点可达信息等。邻节点发现协议是基于网络完全可信而设计的，对通信过程中的邻节点发现报文缺乏认证机制，使得本地链路上的任一恶意节点都可以通过发送伪造的邻节点发现报文造成安全威胁。

本节将 IPv6 邻节点发现安全威胁分为非路由器/路由相关安全威胁、路由器/路由相关安全威胁、重放与远程利用安全威胁三类。

7.2.1　非路由器/路由相关安全威胁分析

非路由器/路由相关安全威胁多发生在主机之间，不涉及路由器以及路由信息，本节主要介绍邻节点请求和邻节点公告欺骗、邻节点不可达检测（NUD）DoS 威胁、重复地址检测（DAD）DoS 威胁三种安全威胁。

1. 邻节点请求和邻节点公告欺骗

IPv6 中使用邻节点缓存代替 IPv4 中的 ARP 缓存，来存储邻节点的 IPv6 地址和 MAC 地址之间的映射关系。ND 协议使用邻节点请求（NS）和邻节点公告（NA）报文来进行邻节点关系的建立与维护。

根据主被动的不同，邻节点请求和邻节点公告欺骗可分为基于 NS 和 NA 报文的监听欺骗和主动欺骗两种。

1）基于 NS 和 NA 报文的监听欺骗

当威胁者加入主机 A 和主机 B 组成的网络时，它可以监听并接收节点 A 发出的 NS 报文和节点 B 发出的 NA 报文。主机 B 发出携带本机 IPv6 地址和 MAC 地址信息，并启用了请求（S）标志的 NA 报文，以回复节点 A 所发送的 NS 报文。

然而，当监听到主机 B 发出的真实 NA 报文后，威胁者可发出伪造的 NA 报文，该 NA 报文以主机 B 的 IPv6 地址为源地址，以威胁者的 MAC 地址为目标链路层地址（target link-layer address, TLLA），回复主机 A，该 NA 报文不但启用了请求（S）标志，还会启用覆盖（O）标记，以覆盖主机 A 的邻节点缓存表中主机 B 的信息，后续主机 A 会将发往主机 B 的信息发往威胁者（图 7.4）。

图 7.4　基于 NS 和 NA 报文的监听欺骗

2）基于 NS 和 NA 报文的主动欺骗

威胁者还可以主动发送伪造 NS 和 NA 报文给受害者，以窜改受害者邻节点缓存中另一主机的 IPv6 地址和 MAC 地址之间的映射关系。首先，威胁者会将主机 B 的 IPv6 地址作为伪造的 NS 报文的源地址，而将自己的 MAC 地址作为源链路层地址（source link-layer address, SLLA），并将伪造的 NS 报文发送给主机 A（图 7.5）。

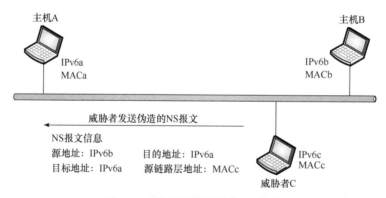

图 7.5　威胁者发送伪造的 NS 报文

主机 A 收到伪造的 NS 报文后，会提取源地址和源链路层地址，并将二者记录在自己的邻节点缓存，然而此时邻节点缓存表项的状态并不是可达状态。然后，威胁者会将主机 B 的源 IPv6 地址作为目标地址，而将自己的 MAC 地址作为目标链路层地址，将伪造的 NA

报文发送给主机 A（图 7.6），该 NA 报文需设置请求（S）和覆盖（O）标志。主机 A 收到伪造的 NA 报文后，会提取目标地址和目标链路层地址，来更新自己的邻节点缓存，此时主机 A 中的邻节点缓存表项状态才会变化为可达状态。

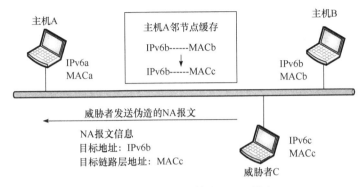

图 7.6　威胁者发送伪造的 NA 报文

2. 邻节点不可达检测 DoS 威胁

IPv6 设备会主动跟踪与本机发生过通信的目的节点的可达状态。IPv6 设备通过邻节点不可达检测（NUD）向目的节点发送 NS 报文，如果目的节点仍然可达，则目的节点将回复 NA 报文。

基于此，威胁者可能会伪造 NA 报文，来响应受害者邻节点不可达检测的 NS 报文，使受害者错误地认为目的节点还处于活动状态。这是一种隐蔽的 DoS 威胁，所产生的后果取决于目的节点不可达的原因，以及受害者如果知道目的节点已变得无法访问将如何表现。

3. 重复地址检测 DoS 威胁

IPv6 节点获取 IPv6 地址后，无论该地址是全球单播地址还是链路本地地址，都要检测该地址是否被本地链路内的其他节点使用。威胁者如果声称该地址已被使用，那么该 IPv6 节点将无法使用该地址。

1）基于 NA 报文的重复地址检测 DoS 威胁

威胁者发送伪造的 NA 报文，以回复正在执行 DAD 过程的受害者，声明受害者正在进行 DAD 的地址已被使用，受害者则无法使用该地址（图 7.7）。

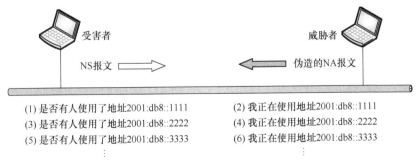

图 7.7　基于 NA 报文的重复地址检测 DoS 威胁

2）基于 NS 报文的重复地址检测 DoS 威胁

威胁者向本地链路中发送伪造的 NS 报文，该报文中的目标地址与受害者 DAD 过程 NS 报文中的目标地址相同，让受害者误认为本地链路中的另一台 IPv6 节点也想拥有该目标地址，从而放弃该目标地址，导致 DAD 过程失败。

7.2.2 路由器/路由相关安全威胁分析

路由器/路由相关安全威胁涉及路由器或路由信息，本节主要介绍默认路由器欺骗、重定向欺骗、虚假链路前缀、虚假地址前缀和参数欺骗等五种安全威胁。

1. 默认路由器欺骗

威胁者可以伪造 RA 报文，以回复试图发现默认路由器的受害者发出的 RS 报文。如果受害者选择威胁者作为其默认路由器，威胁者就有机会重定向受害者路由，或者发起中间人威胁。

威胁者为确保受害者选择自己作为其默认路由器，可以以原始默认路由器的身份发送路由器生存期为 0 的伪造 RA 报文，来删除原始默认路由器（图 7.8）。

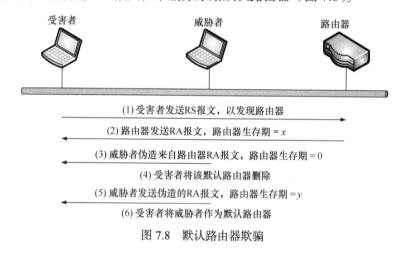

图 7.8　默认路由器欺骗

2. 重定向欺骗

重定向欺骗是指节点伪装成受害者的第一跳路由器向其发送重定向报文，使得本应发送到合法节点的数据包被重定向到其他节点。威胁者冒充默认路由器，发送重定向报文到本地链路上的受害者，欺骗受害者自己是通往目的地址的更好的下一跳地址。

受害者收到重定向报文后，确认其来自默认路由器，因此受害者会根据该重定向报文更新其路由表并将数据包交给威胁者进行转发。这样威胁者就能很容易截获受害者所发送的所有数据包，然后直接将数据包丢弃（或指定不存在的转发地址），以破坏通信或者进行中间人威胁。

3. 虚假链路前缀

威胁者发送伪造的 RA 报文，指定任意长度的前缀为在链路上。如果受害者发现前缀为在链路上，即该前缀为本地链路的 IPv6 前缀，那么它将永远不会向路由器发送该前缀的数据包。相反，受害者还会尝试发送 NS 报文来执行该前缀的地址解析，而该 NS 报文也不会被响应。

4. 虚假地址前缀

威胁者发送伪造的 RA 报文，指定用于地址自动配置的虚假地址前缀。执行地址自动配置的受害者使用威胁者发出的虚假地址前缀来构造 IPv6 地址，而此地址为无效地址。因此，受害者不能使用该 IPv6 地址进行通信。

5. 参数欺骗

威胁者发送含有恶意参数的伪造 RA 报文，包括 MTU 欺骗、跳限制或者错误的地址配置方式等。

1）MTU 欺骗

RA 报文中的 MTU 参数指明了节点所在链路的最大传输单元。威胁者发送 MTU 值小于链路 MTU 实际值的伪造 RA 报文，从而使网络带宽无法得到有效利用，对数据报文的分片和重组也造成了节点资源的浪费。

2）跳限制欺骗

跳限制字段的值表示 IPv6 数据包在被丢弃前可以通过的最大链路数。威胁者发送含很小的跳限制值的 RA 报文，若将 RA 报文中的跳限制值设为 1，则链路内的受害者根据此数值更新后，其发送的任何数据报文到达第一个路由器后都将被丢弃，从而导致受害者无法与本地链路以外的节点进行通信。

3）地址配置方式欺骗

威胁者发送管理地址配置（M）标志为 1 的伪造 RA 报文，声明链路中的主机使用有状态 DHCPv6 服务器进行地址配置，而网络中或许不存在 DHCPv6 服务器，从而导致受害者无法获得任何可公开使用的 IPv6 地址，又或许威胁者会伪造一个 DHCPv6 服务器。

7.2.3　重放与远程利用安全威胁分析

相比于单纯涉及路由器或非路由器的安全威胁，重放与远程利用安全威胁则对于主机和路由器都有涉及。

1. 重放威胁

所有邻节点发现和路由器发现报文都容易受到重放威胁，即使进行加密保护以使其内容无法伪造，威胁者也能够捕获有效报文并在之后重放它们。

威胁者发送一个目的主机已接收过的数据包，来达到欺骗系统的目的，这种方式主要用于身份认证过程，以破坏认证的正确性，例如，重放先前的邻节点或路由器发现报文以获得网络访问权限。

此外，虽然邻节点发现协议主要作用于本地链路，但也并不表示远程链路就无法利用邻节点发现的脆弱性。

2. 邻节点发现远程利用威胁

威胁者制造大量带有子网前缀的地址，并不断地向最后一跳路由器发送数据包，最后一跳路由器有义务通过发送 NS 报文来解析这些地址（图 7.9）。试图进入网络的合法主机可能无法从最后一跳路由器获得邻节点发现服务，因为它已经忙于发送其他请求。路由器的邻节点缓存资源将不断被消耗，而它却尝试解析这些具有有效前缀的虚假 IPv6 地址。

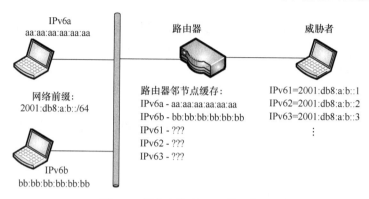

图 7.9　邻节点发现远程利用威胁

7.3　本 章 小 结

本章首先对 ICMPv6 报文存在的安全威胁进行了阐述，对于 ICMPv6 差错报文，重点介绍了 ICMPv6 目的不可达报文和路径 MTU 发现机制存在的安全威胁，对于 ICMPv6 信息报文，重点介绍了基于 ICMPv6 回送请求报文的组播放大威胁（含 Smurf 威胁、Rsmurf 威胁）。

然后分析了邻节点发现协议中存在的安全威胁。邻节点发现（ND）协议是 IPv6 最重要的基础支撑协议之一，但它假设链路内的节点都是可信的，对 ND 交互报文缺乏认证，埋下了诸多安全隐患。根据威胁涉及对象的不同，将邻节点协议安全威胁分为三类：非路由器/路由相关安全威胁（含邻节点请求和邻节点公告欺骗、邻节点不可达检测 DoS 威胁、重复地址检测 DoS 威胁）、路由器/路由相关安全威胁（含默认路由器欺骗、重定向欺骗、虚假链路前缀、虚假地址配置前缀、参数欺骗）和重放与远程利用安全威胁。

习　　题

1. ICMPv6 差错报文存在哪些安全威胁？
2. ICMPv6 信息报文存在哪些安全威胁？
3. IPv6 邻节点发现协议存在哪些类型的安全威胁？
4. 如何基于邻节点请求与邻节点公告欺骗进一步实现中间人威胁（提示：双向欺骗）？
5. 讨论 IPv6 邻节点发现协议中的邻节点请求和邻节点公告报文的作用，并说明它们可能存在的安全风险。
6. 重复地址检测 DoS 威胁的基本原理是什么？适用于哪些场景？
7. 邻节点不可达检测 DoS 威胁的基本原理是什么？会带来哪些危害？
8. 思考防范重放威胁的机制或技术，阐述其在 IPv6 邻节点发现协议中如何使用。

9. 重定向欺骗要成功，需要哪些基础条件？

10. 如果本地链路的节点存在默认路由器，如何才能将特定节点的 IPv6 默认路由器替换为其他指定地址？

11. IPv6 参数欺骗会带来哪些危害？

12. 描述一种用于保护 IPv6 邻节点发现协议通信的加密协议或机制，并解释其工作原理。

13. 请用 Python Scapy 库实现非路由器/路由相关安全威胁（请在实验网络环境中进行，避免对真实网络环境造成危害）。

14. 请用 Python Scapy 库实现路由器/路由相关安全威胁（请在实验网络环境中进行，避免对真实网络环境造成危害）。

第 8 章　IPv6 地址自动配置与路由协议安全威胁分析

为简化节点地址配置过程，IPv6 支持有状态地址自动配置（存在 DHCPv6 服务器时的地址配置）和无状态地址自动配置（没有 DHCPv6 服务器时的地址配置）。为支持 IPv6 地址的路由与寻址，IPv6 路由协议对 IPv4 路由协议也做出了针对性调整与改进。本章主要针对无状态和有状态 IPv6 地址自动配置、IPv6 路由协议存在的安全威胁进行分析。

8.1　IPv6 地址自动配置安全威胁分析

节点为其接口配置 IPv6 地址时，需要执行以下步骤：

第一，创建链路本地地址，验证该地址的唯一性；

第二，确定哪些信息需要自动配置（地址、其他信息或者二者都需要）；

第三，如果采用自动配置，那么应确定通过无状态机制还是有状态机制来获得，或者二者兼而有之。

为简化节点地址配置过程，IPv6 支持有状态地址自动配置（存在 DHCPv6 服务器时的地址配置）和无状态地址自动配置（没有 DHCPv6 服务器时的地址配置）。IPv6 节点地址由接口标识符和子网标识符两部分组成，接口标识符可以由节点自动生成，子网标识符需要通过配置（手动或者自动配置）来指派。

为此，本节从无状态 IPv6 地址自动配置和有状态 IPv6 地址自动配置两个方面进行安全威胁分析。

8.1.1　无状态 IPv6 地址自动配置安全威胁分析

无状态 IPv6 地址自动配置是指 IPv6 节点接入网络后，不必进行手动配置就可以为任何一个接口自动生成一个 IPv6 地址。在无状态 IPv6 地址自动配置中，链路上的主机可以自动配置链路本地地址，并根据路由器发送的 RA 报文，从中提取网络前缀、跳限制、管理地址配置标志、其他状态配置标志等配置参数和信息，完成全球单播地址等地址类型的自动配置，具体过程如图 8.1 所示。

从图 8.1 可知，要为接口生成一个 IPv6 地址，必须先后完成链路本地地址配置和网络前缀发现过程。结合上述两个过程，无状态 IPv6 地址自动配置主要存在两个安全威胁：①地址自动配置过程中的重复地址检测 DoS 威胁；②网络前缀发现过程中的 RA 报文欺骗。

1. 地址自动配置过程中的重复地址检测 DoS 威胁

为安全起见，所有的 IPv6 地址在分配给接口之前都要进行重复地址检测，只有通过检测之后才能进行初始化，即真正与接口绑定。

图 8.1 无状态 IPv6 地址自动配置过程中，两次启用了重复地址检测，分别是对第一阶

段生成的链路本地地址和第二阶段生成的无状态地址进行检测。威胁者通过对基于重复地址检测的邻节点请求报文进行响应，使请求节点认为地址已被占用，重复多次后可导致请求节点停止地址自动配置或者放弃所生成的无状态地址。

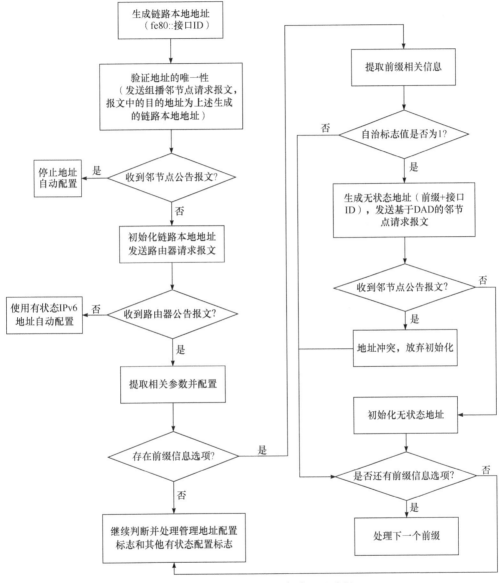

图 8.1　无状态 IPv6 地址自动配置过程

2. 网络前缀发现过程中的 RA 报文欺骗

无状态 IPv6 地址自动配置的第二阶段为网络前缀发现过程，节点为获得链路本地地址之外的其他地址，将发送 RS 报文以接收应答的 RA 报文，或者通过接收自发的 RA 报文，提取其中的参数和信息，用以配置相关地址。

威胁者发送伪造的 RA 报文到本地链路上，其 IPv6 目的地址为链路本地范围内所有节点的组播地址（ff02::1）。同一链路上的所有节点都将收到该伪造的 RA 报文，然后根据其中的路由器信息为自己配置新的全球单播地址等。威胁者可以在伪造的 RA 报文中添加恶意或者虚假的路由器信息，从而导致被配置节点受到重定向或 DoS 威胁。

8.1.2　有状态 IPv6 地址自动配置安全威胁分析

为提高地址配置的安全性，很多机构可能倾向于使用 DHCPv6 服务器进行有状态 IPv6 地址自动配置，而禁止基于 RA 报文的无状态 IPv6 地址自动配置，以加强认证功能，这有利于发现在特定时间内用户使用了哪个 IPv6 地址。

在依赖 DHCPv6 服务器进行地址分配的网络中，如果 DHCPv6 服务被打断或破坏，则该网络内的节点就无法分配到 IPv6 地址，进而造成拒绝服务等安全威胁。

1. DHCPv6 服务器地址池与资源消耗

因为 DHCPv6 服务器的地址池通常包括整个/64 子网，理论上可分配 2^{64} 个地址，与 DHCPv4 服务器的地址池空间相比，DHCPv6 服务器的地址池空间要大得多，单一威胁者很难把地址池内的全部 IPv6 地址都恶意申请并消耗掉。

针对有状态 DHCPv6 服务器，通过冒充大量的普通 DHCPv6 客户端发出高额数量的 IPv6 地址请求，仍可实现 DoS 威胁。尽管 IPv6 地址众多，消耗掉地址池的所有地址难度较大，但这些请求会同时消耗 DHCPv6 服务器的性能资源，也会导致拒绝服务。

上述针对 DHCPv6 服务器的行为的特征较为明显，相对也较易防御，DHCPv6 地址池隐蔽消耗威胁则具有高度隐蔽性。该安全威胁利用重复地址检测（DAD）过程，威胁者通过恶意响应客户端对新申请地址的重复地址检测过程，使得受害者向 DHCPv6 服务器发送 DECLINE 报文，表明分配的 IPv6 地址已被使用。DHCPv6 服务器收到 DECLINE 报文后，会将此地址标记为在租用时间内不可使用（图 8.2）。一直重复此过程，将使得 DHCPv6 地址池内无空闲地址可供分配。

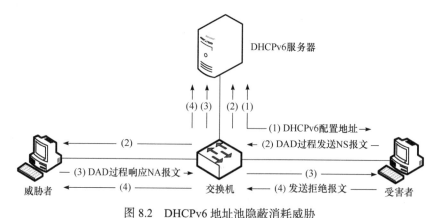

图 8.2　DHCPv6 地址池隐蔽消耗威胁

2. DHCPv6 服务器欺骗

DHCPv6 服务器用于为 IPv6 网络节点分配 IPv6 地址，若威胁者在本地链路上冒充 DHCPv6 服务器，并抢先合法 DHCPv6 服务器向受害者回复了响应报文，则可欺骗受害者收到错误的网络参数（图 8.3）。

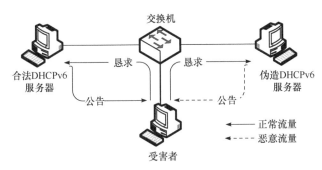

图 8.3　DHCPv6 服务器欺骗

此外，RA 报文可携带很多网络配置信息，如默认路由器、网络前缀列表以及是否使用
DHCPv6 服务器进行有状态地址配置等网络配置关键信息。其中，M 表示管理地址配置标
志，取值包括 0 和 1，0 表示无状态 IPv6 地址自动配置，客户端通过无状态协议（如邻节
点发现协议）获得 IPv6 地址，1 表示有状态 IPv6 地址自动配置，客户端通过有状态协议（如
DHCPv6 协议）获得 IPv6 地址。威胁者通过发送伪造的 RA 报文，可达到 DHCPv6 服务器
伪造的目的，这需要威胁者同时伪造 RA 报文中的 M 标志位，造成节点使用 DHCPv6 服务
器分配到的虚假 IPv6 地址等安全威胁。

DHCPv6 服务器欺骗具体会造成哪种安全威胁由 DHCPv6 服务器响应报文的参数决
定。若响应报文携带虚假信息（如 DNS 记录），则可造成中间人威胁；若响应报文携带无
效信息（如无效地址配置参数），则可造成 DoS 威胁。

8.2　IPv6 路由协议安全威胁分析

本节主要对 RIPng、OSPFv3 和 BGP4+三类 IPv6 路由协议进行安全威胁分析。

8.2.1　RIPng 安全威胁分析

RIPng 是对 IPv4 网络中 RIPv2 的扩展，大多数 RIP 的理念都同样体现在 RIPng。为在
IPv6 网络中应用，RIPng 对原有的 RIP 做了一些修改，例如，使用 UDP 的 521 端口发送和
接收路由信息，使用 ff02::9 作为链路本地范围内所有 RIPng 路由器的组播地址。

1. RIPng 安全隐患

从安全性角度来看，RIPng 对报文的合法性做了一些检查，例如，对于非主动请求的
响应报文，源端口和目的端口必须为 521；IPv6 报文的源地址字段必须为链路本地地址，
且不能为路由器自身的地址；RIPng 报文的跳限制值必须为最大值 255，保证了报文是相邻
路由器发送来的（因为中间路由器转发报文的时候会对跳限制值做减 1 处理）；下一跳路由
表项（RTE）条目中，下一跳地址必须为链路本地地址。

相对 RIPv1 和 RIPv2 而言，RIPng 在协议设计上并没有加入新的安全机制，所以仍然
存在一些安全威胁，主要包括：

（1）由于各设备生产厂商在协议实现上的限制和密钥管理与分发方面的问题，IPv6 安全选项并不能保证被有效启用，而 RIPng 本身缺乏验证机制，这使使用 UDP 方式来进行信息交换的 RIPng 存在较大安全隐患；

（2）威胁者可以假冒 IPv6 路由器发送路由器请求（RS）报文给目标路由器，以获得目标路由器的路由表等相关信息，从而完成对目的网络的配置信息探测等；

（3）威胁者可以发送欺骗数据包到其相邻的路由器，以修改路由表或者插入新的路由条目，从而进行路由欺骗；

（4）在协议各功能模块的实现上，各生产厂商采用的算法和对 RIPng 报文的处理存在一些脆弱性，附带了不少安全方面的问题。

综上所述，RIPng 协议在设计、实现和使用过程中存在诸多不足，其中较易实施且危害极大的莫过于通过修改路由器的路由表来控制数据包的流向，从而进一步执行拒绝服务、数据监听、网络欺骗等恶意行为。

2. RIPng 威胁模型

针对 RIPng 主要有拒绝服务类和缺陷利用类两种威胁模型。

1）拒绝服务类威胁模型

在拒绝服务类威胁模型中，主要有如下 4 种威胁方式。

（1）构造下一跳地址无效的路由表项。

（2）构造路由环路。例如，在图 8.4 的网络环境中，假设从主机 A 到网络 X 的数据需要经过 R6→R1→R2→R3 这一路径，威胁者可以修改 R1 中到网络 X 的路由表项的下一跳地址为 R6 的地址，从而导致数据包在 R1 和 R6 之间往复循环，直到跳限制值为 0。

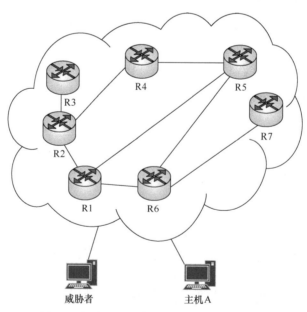

图 8.4　拒绝服务类威胁模型拓扑结构示意图

（3）流量牵引，堵塞链路。例如，在图 8.4 的网络环境中，有可能把 R1→R2→R3 和 R1→R6→R7 的流量定向为 R1→R5→R4→R2→R3 和 R1→R5→R6→R7，从而干扰数据正常流向，使 R1→R5 的有限带宽有可能被全部消耗掉。

（4）发送大量欺骗数据包给路由器，让路由器的路由表无限膨胀，消耗路由器 CPU 和内存资源。有研究者做过相关测试，发现不少型号的路由器在处理超过每秒 6000 多个路由响应数据包时会宕机。

上述 4 种方式中，第 3 种方式需要对网络拓扑结构进行详细探测，实施难度相对较大，其余 3 种方式则较易实施。和传统的拒绝服务类威胁方式相比，上述方式具有代价小、效果明显的特点。

2）缺陷利用类威胁模型

在缺陷利用类威胁模型中，结合其他技术手段，主要有如下 2 种威胁方式。

（1）欺骗威胁。例如，在图 8.5 的网络环境中，威胁者 B 可以发送欺骗报文给 R2，让 R2 把威胁者所在子网里到 DNS 服务器的流量传递给它，这样威胁者就可以假冒 DNS 服务器回复普通用户的 DNS 查询，达到欺骗目的。在此基础上，威胁者可以进行网络钓鱼、网页挂载木马病毒等。此外，R2 还会把虚假的路由传递给 R4，进而影响到其他网络。更简单的是，威胁者 B 可以直接在网卡上添加需要假冒的主机 IP，然后提供虚假的服务与访问者进行交互，这样的威胁更直接。

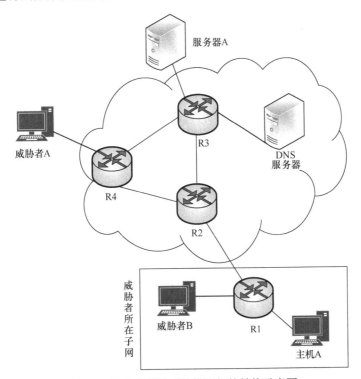

图 8.5　缺陷利用类威胁模型拓扑结构示意图

（2）嗅探与中间人威胁。这种威胁需要 2 个威胁主机进行配合。假设主机 A 对服务器 A 进行访问，威胁者 B 欺骗 R1，让 R1 把主机 A 发送给服务器 A 的数据包转发给威胁者 B，威胁者 B 收到数据包后对数据二次打包，设置新的数据包的目的 IP 为威胁者 A，威胁者 A 收到数据包后还原数据包并把数据包转发给服务器 A，如果仅仅需要嗅探上行数据，则威胁者 A 转发给服务器 A 的数据包的源 IP 为主机 A；如果要对上行和下行的数据都进行嗅探或中间人威胁，则需要比较复杂的处理。首先，威胁者 A 需要维护一个类似 NAT 的转换表，设置转发给服务器 A 的数据包的源 IP 为自己，服务器 A 收到数据包后把数据包回复给威胁者 A，威胁者 A 再把数据转发给真实的访问者主机 A。

上述 2 种方式的危害显然是很大的，特别是第一种方式，很容易实施，满足这种条件的网络环境也很多，第二种方式难度大一些，而且需要较好的软件实现，但这种威胁更难被发现。

8.2.2　OSPFv3 协议安全威胁分析

OSPFv3 协议是支持 IPv6 的链路状态路由协议。相较于 IPv4 OSPF（OSPFv2），基本内容保持不变，只是做了一些必要的修改，以满足 IPv6 地址长度以及 IPv4 与 IPv6 之间的协议语法变化。因此，OSPFv3 协议与 OSPFv2 协议所面临的安全威胁基本一致。

1. OSPFv3 协议安全机制

相较于 RIP、EIGRP 等内部网关协议，OSPF 协议有着较为复杂的内部状态机，同时也具有更高的安全性，原因在于其加入了一些安全防护机制。

1）认证机制

OSPF 要求在路由域内转发的路由协议分组进行身份认证。在 OSPF 报头中，认证类型（AuType）字段以及认证字段分别对应于验证类型域及 64 位的用于验证的数据。认证类型取值域为 0、1、2，分别对应于空验证、简单口令验证及密码验证这三种验证类型。使用空验证时，网络上的 OSPF 路由交换默认不验证，只需计算除验证域外的校验和，以检查数据的正确性；使用简单口令验证时，所有从特定网络发送的数据包必须在 OSPF 报头验证域中配置 64 位的明文密码；使用密码验证时，所有路由器配置有一个共享密码，该密码通过单向函数[通常采用消息摘要算法第 5 版（message digest algorithm5, MD5）]生成一个信息摘要，不在网络上传输。

上述三种认证机制的安全性由低到高。但需提及的是，熟悉密码破解的威胁者或来自内部的威胁者仍然能越过认证机制，进而造成对路由域的损害。

2）反击机制

反击（Fight-Back）机制是 OSPF 协议中最核心的安全机制：一旦 OSPF 路由器收到一个以它自身 ID 为公告路由器的 LSA，而该 LSA 比路由器内对应的最新 LSA 更新，那么该路由器就会立即公告一个比接收到的 LSA 更新的 LSA。在 OSPF 洪泛机制的影响下，一旦某 LSA 在区域内出现，则该区域内所有的路由器都会接收到该 LSA。因此，一旦有人恶意发送错误的 LSA，除开单路径情况，经过洪泛机制，该 LSA 一定会转发至其公告路由器。该公告路由器收到该 LSA 后，对比自身 LSDB 中的信息发现该 LSA 错误，会立即公告序列号更新但内容相同的 LSA 洪泛至网络以还原网络。

3）分域机制

OSPF 协议允许将自治系统划分为多个区域，每个区域（区域可被定义为一组连续组合的网络和主机集合，每个区域的拓扑结构对外不可见）都有着独立的 LSDB 和拓扑视图，这就是 OSPF 的分域机制。分域机制最初旨在解决 OSPF 网络中路由表过大的问题。这种将 AS 划分为多个区域的隔绝方法极大减少了 OSPF 的路由流量。在多区域划分下，OSPF 协议区分出骨干区域和非骨干区域。其中，非骨干区域之间无法互连，必须通过骨干区域进行连接。

就安全性而言，当允许 OSPF 将目的网络划分为多个区域时，一旦某一区域遭受恶意威胁，其产生的影响将只会在该区域内有效，而不会波及其他正常区域，有效增强了 OSPF 对于安全威胁的鲁棒性，减小了威胁产生的恶劣影响。

4）洪泛机制

OSPF 协议通过洪泛机制来实现每个区域中的链路状态数据库同步。域内路由器会定时刷新或网络拓扑变化时发送 LSA，与其邻接的路由器会接收确认每一个 LSA，并将 LSA 洪泛到每个接口上，使得域内的链路状态数据库得到及时更新。

一旦域内出现了恶意路由，洪泛机制就会发挥巨大的安全作用。设想一个含有恶意 LSA 的链路状态更新（link state update, LSU）报文在域内链路传播，被经过的路由器接收后，纳入路由表计算，这时洪泛机制会让该 LSA 最终转发至其原始路由器，原始路由器将该 LSA 与自身 LSDB 中的信息对比后发现该 LSA 错误，会立即生成更新的正确 LSA 洪泛全域，将该恶意 LSA 造成的错误修复。

2. OSPF 协议安全威胁分析

OSPF 是一种链路状态路由协议，其协议数据包在洪泛机制下首先由确立了邻接关系的路由器双方相互接收，旋即转发至其他路由器。因此，邻接关系的建立、更新与维护是 OSPF 协议中至关重要的一环。建立邻接关系的目的就是确保 OSPF 路由器间具有相同的 LSDB。OSPF 五种类型的报文也是围绕这一目的而设计的。

下面以 OSPF 邻接过程为脉络，梳理邻接关系建立、更新与维护期间，五种 OSPF 报文的功能及威胁，由此引出 OSPF 中存在的几种常见路由威胁。图 8.6 给出了两个相邻路由器的 OSPF 邻接过程。

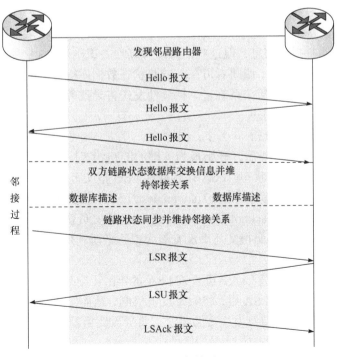

图 8.6　OSPF 邻接过程

1）Hello 报文安全威胁分析

Hello 报文用于建立、维持路由器间的邻接关系，在非广播多路访问（non-broadcast multiple access, NBMA）网络中还负责指定路由器（designated router, DR）、备份指定路由器（backup designated router, BDR）的选举。NBMA 网络中指定路由器的选取必须依赖于 Hello 报文中的字段值。

（1）Hello 邻节点威胁。

在 OSPF 维持邻接关系时，Hello 报文中活跃邻节点（active neighbor）字段记录了其相邻路由器的路由 ID。威胁者一旦在伪造 Hello 报文的活跃邻节点字段中删除某个 ID 或增加了本不存在的 ID，就会使得路由器之间的邻接关系立刻被打破。这将导致邻接关系重新建立，链路上会突然出现大量路由流量持续性发送，从而导致带宽消耗完毕后，造成网络中断。

（2）DR/BDR 重选威胁。

在 NBMA 网络中，多个路由器在同一网段中，相互邻接会导致不必要的资源消耗。因此 OSPF 规定在 NBMA 网络的众多路由器中选举一个指定路由器、备份指定路由器，由指定路由器和其他路由器邻接。这种选举在 Hello 报文中实现，对应字段为指定路由器、备份指定路由器。威胁者只需在伪造 Hello 报文中维持邻节点表内容不变，将上述两个字段置空或将其变为自身，就会导致网络连接丢失。

2）DBD 报文安全威胁分析

发现邻节点后，OSPF 仍要求每隔特定时间就发送 Hello 报文以维持邻接关系，通常特定时间间隔是 10s。此后，邻接过程进入数据库信息摘要交换过程。在这一阶段，OSPF 会通过一系列有序的数据库描述（database description, DBD）报文完成数据库信息摘要交换。为确保 DBD 报文的有序可靠传输，在这一阶段进行了邻接路由器双方的主从选举。

DBD 报文中包含了部分链路状态数据库内容（即链路状态数据库中的 LSA 条目）的列表。虽然只有 LSA 报头信息，但这些信息却可以唯一识别该 LSA 及其当前实例。利用该特点，通过伪造 DBD 报文，威胁者可在其链路状态数据库摘要列表中加入一个根本不存在的 LSA，这将同样造成邻接关系终止。持续性发送将导致邻接关系反复终止、建立，最终带宽消耗殆尽，网络连接丢失。

3）LSU 报文安全威胁分析

数据库信息摘要交换完毕后，开始最为关键的链路状态同步。邻接路由器双方通过交换 LSA 相互获取对方的路由状态。LSA 是装载在 LSU 报文上传输的，因此 LSU 报文是威胁者关注的重点。链路状态请求（link state request, LSR）报文负责重新更新链路状态数据库，链路状态确认（link state acknowledgment, LSAck）报文负责保证 LSA 能够可靠的洪泛。相比之下，LSR 报文和 LSAck 报文几乎没有能为威胁者所利用的漏洞。

（1）最大年龄威胁。

威胁者向目标路由器发送 LSA，设置该 LSA 的年龄（Age）字段为 3600。当目标路由器通过洪泛机制收到该伪造 LSA 后，将触发反击机制，从而发送新的正确 LSA。其年龄标识又重新开始，如果威胁者持续发送威胁报文，将导致路由器资源被严重消耗。

（2）最大序列号威胁。

威胁者冒充 OSPF 网络内的目标路由器，发送 LSA 序列号为 0x7FFFFFFF（最大序列号取值）的伪造 LSA。此时该 LSA 是当前网络中与目标路由器相关的最新 LSA。其他路由器将接收该 LSA，目标路由器收到后会发送一个 LSA 序列号为 0x8000001 的新 LSA，但由于其序列号小于伪造的 LSA，因此不会被其他路由器接收。威胁者既可以通过重放的方式消耗路由器资源，也可以使用伪造的链路状态进行路由欺骗。

（3）序列号增量威胁。

序列号增量威胁又称为序列号加一威胁，威胁者向目标路由器发送 LSA，并将其序列号字段设置为实际值加 1。当目标路由器收到该报文之后，就会发送更新的 LSA。威胁者以序列号值域不断累加的方式持续发送类似的报文，由此消耗目标路由器的资源。

（4）定期注入威胁。

RFC 2328 不允许路由器在 MinLSInterval（任何特定 LSA 的不同始发之间的最短时间，通常为 5s）时间间隔内发送两个相同的 LSA，因此反击机制的实际触发条件是路由器接收恶意 LSA 在 5s 之内。一旦目标路由器在每 5s 内收到恶意的 LSA，反击机制将不会被触发。

（5）标准二义性威胁。

RFC 2328 规定：当 LSA 类型为 1 时（即该 LSA 为路由 LSA），LSA 的链路状态 ID 和公告路由字段值必须相等。研究者发现在反击机制的触发条件中，如果路由 LSA 的上述两个字段值不等，将不会触发反击机制。威胁一旦成功，将造成受害路由器被剔除路由域。

（6）双 LSA 注入威胁。

使用具有先后顺序关系的两个伪造 LSA 可窜改其他路由器路由表。双 LSA 注入威胁能冒充其他正常 LSA，并且实现与反击机制的竞争，使其在局部路由域内的威胁修复无效化。

（7）单路径注入威胁。

在 OSPF 的洪泛机制作用下，如果两路由器之间有且只有唯一链路进行流量转发，则单独更新的洪泛报文不会回送。威胁者通过这种方式，选定特殊单链路区域上的路由器，发送伪造 LSA 报文，将使得反击机制无效化，从而实现路由表窜改。

（8）远程虚假邻接威胁。

远程虚假邻接威胁是指威胁者以远程注入方式，在远端向 OSPF 网络内的路由器建立虚假的、持续的邻接关系，使该受害路由器误以为域内拓扑发生变化，接入了"新"的路由器。威胁者可通过该虚假邻接实现对受害路由器的欺骗行为。

8.2.3　BGP4+安全威胁分析

BGP 是互联网各个 AS 之间用来交换路由信息的协议。通过 BGP，AS 中的路由器可以学习到互联网上各个 AS 的互联情况，从而构建整个互联网的地图。目前广泛采用的是版本 4，即 BGP4，其由于具有简单灵活、可靠稳定且易于扩展的优点，成为互联网事实上的标准。

为了实现对 IPv6 的支持，BGP4 需要将 IPv6 的信息反映到网络层可达信息（network layer reachable information, NLRI）属性及下一跳属性。BGP4+中引入 MP_REACH_NLRI 和 MP_UNREACH_NLRI 两个 NLRI 属性，分别用于发布可达路由及下一跳信息，以及撤销不可达路由。BGP4+中的下一跳属性用 IPv6 地址来表示，可以是 IPv6 全球单播地址或者下一跳的链路本地地址。

可见，BGP4+是利用 BGP 的多协议扩展属性来达到在 IPv6 网络中应用的目的的，BGP 原有的消息机制和路由机制并没有改变，而且 BGP4+具有向后兼容性，也就是说，运行 BGP4+的路由器可以和运行 BGP4 的路由器交互路由信息。

1. BGP4+安全威胁

IPv6 环境下的域间路由协议 BGP4+与 BGP4 在安全性上没有本质的提高。从协议角度，BGP4+仍然存在 3 个安全威胁：

（1）BGP4+缺乏对 BGP 会话消息完整性、新鲜性和源认证的保护（完整性用于保证消息不被窜改，新鲜性用于保证接收方收到的是非重放的最新消息，源认证用于保证路由更新的发布者不会被冒充）；

（2）BGP4+没有安全机制来确认 1 个 AS 公告的网络层可达信息（NLRI）的权威性和有效性；

（3）BGP4+没有规范机制来保证 1 个 AS 公告的路径属性的真实性。

2. 针对 BGP4+的安全威胁

1）基于链路的威胁

链路指 BGP 会话链路，威胁者通过会话劫持、会话重置等手段来干扰或者破坏 BGP 会话，这些威胁包括针对会话机密性、会话完整性以及会话终止的威胁。

（1）针对会话机密性的威胁。

2 个 BGP 对等体 A 和 B 之间的通信需要具有机密性，它们发送的消息不希望被第三方看到。但威胁者 C 可能已监听它们的通信信道，以获得路由信息和策略。上述被动威胁并不是仅针对 BGP4+的，它源于 TCP 传输安全性。

（2）针对会话完整性的威胁。

与针对机密性的威胁不同的是，威胁者 C 不是被动监听会话更新报文，而是成为通信链路上的一部分。C 可以通过中间人方法劫持 A 和 B 的会话，并窜改 BGP 报文。C 将伪造的 BGP 报文插入到报文流中，使其产生不正确的路由信息；C 也可以强行关闭 A 和 B 之间的连接；C 还可以通过有选择性地删除报文来影响报文流。因为 BGP 是通过周期性地发送保活报文来维持连接的，如果在规定时间内没有收到保活报文，会话连接将会被关闭。

（3）会话终止威胁。

威胁者 C 可以终止 BGP 会话。例如，A 和 B 之间建立 BGP 会话，首先 A 给 B 发送 1 个打开报文并将状态转为打开发送（Open Sent）。当 B 收到这个报文后，它也以 1 个打开报文回应。A 收到这个回应报文后，将转入打开确认（Open Confirm）状态。当会话完全建立起来后，A 和 B 均将处于已建立（Established）状态。如果威胁者 C 在此期间插入 1 个打开报文，则 A 和 B 的会话将会被关闭，因为它违反了预期的输入。另一种终止会话的方式是发送伪造的通知报文，该报文表示有错误发生了。当 A 或 B 收到这个报文后，它们会终止 BGP 会话。

2）基于路由器的威胁

与基于链路的威胁相比，基于路由器的威胁造成的危害更大。由于 BGP 运行于全球不计其数的路由器上，威胁者可以利用这个连接特性造成更大规模的影响。

如图 8.7 所示，AS1 和 AS2 是 Stub 网络，它们的地址空间块由提供者 AS3 分配。所有的 AS 都向它们的客户提供转发流量。

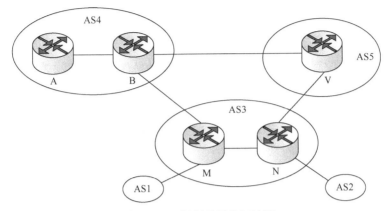

图 8.7　AS 级别的网络拓扑图

（1）网络前缀欺骗威胁。

BGP 会话者在接收到一个新的地址前缀时无法对地址前缀起源的合法性进行判断，威胁者可以用此特性对路由系统进行网络前缀欺骗威胁。

① 分化前缀。

BGP 路由器在选择最佳路由时通常遵循的是最长前缀匹配原则，即与前缀相匹配的最长掩码的路由将会被选择。威胁者可以利用该机制公告一个虚假的路由前缀（同时也是最长匹配前缀），这个虚假的路由公告将会在互联网上替代合法的路由公告。恶意路由器 B 可以把由 AS2 所属的前缀打散成为两个前缀，其中一个比另一个掩码大，同时不改变到 AS2 的 AS-PATH 序列。这样，互联网上有相当一部分去往 AS2 的流量都将被转发到路由器 B。前缀分化将影响 BGP 的性能，并间接地增加 BGP 表的尺寸。

② 前缀劫持。

前缀劫持是针对域间路由系统的威胁类型。恶意路由器可以通过 BGP 更新报文将假路由信息传递到相邻 AS 的路由器，也可以公告不属于它的地址前缀，该方式称为前缀劫持。假设路由器 B 要扰乱去往 AS2 的流量，B 可以向外公告一个伪造的路由前缀，声明它自己有一条直接通向 AS2 的链路。这样来自其他位置的流量可能由于受到由路由器 B 声称"捷径"的影响而传递到 AS2。路由器 B 甚至可以宣称其拥有本属于 AS2 的地址空间块的所有权。这样，路由器 S 和 V 将会直接将流向 AS2 的流量转发到 B。

（2）路径信息修改威胁。

恶意路由器可以通过窜改更新报文的路径属性来传播错误信息。BGP 是路径向量协议，通向目的地址的路径是通过更新报文中的 AS-PATH 属性指定的。由于几乎没有任何保护措施，恶意路由器可以修改更新报文中的路径信息，例如，在 AS-PATH 属性中插入或删除 AS，或改变 AS 序列，这样会引发新的威胁模式。

① 路由抖动抑制。

研究者发现即使仅对单个 BGP 路由进行取消接着重新公告也会引发路由抑制，甚至造成受害者网络长达 1h 的不可访问。

恶意路由器可以有意、周期性地发布某个受害者网络的地址块，这样邻居 BGP 路由器就会抑制不稳定的路由。由于通向受害者网络的路由被抑制，目的地是受害者网络的流量就必须寻找一个替代路由，如果找不到替代路由，那么在这段时间内，受害者网络是不可达的。

② AS-PATH 填充威胁。

BGP 提供了大量的属性用来选择到某个目的地的最佳路由。图 8.8 中，AS3 使用链路 B-M 作为通向互联网的主要链路，而把 V-N 链路作为备份链路。为了完成这样的路由策略，AS3 的 BGP 路由器 N 在向 AS5 的路由器发送更新报文时会将报文中的 AS-PATH 序列用它自己的 AS 号码填充或扩展。这样通向 AS5 的路径将会比通向 AS4 的路径要长，两个网络之间的流量将会通过 B-M 之间进行传输。

AS-PATH 填充威胁能被威胁者用来重定向到它自己或者其他 AS 的流量。例如，恶意路由器 B 可以正常地公告去往 AS1 的路由，其 AS-PATH 为{AS4, AS3, AS1}。但是该条路由只能传播到路由器 A，然后 B 向路由器 R 发送 AS3 备份链路的路由。这样网络上有相当一部分的流量就会通过 AS3 的备份链路去往 AS3 及其客户，造成网络拥塞或者流量的重定向。

8.3　本章小结

具备灵活、高效的地址自动配置能力是 IPv6 对 IPv4 的重要改进之一，但其也面临着安全威胁。本章分别对两种 IPv6 地址自动配置方式的安全性进行了分析，包括无状态 IPv6 地址自动配置和有状态 IPv6 地址自动配置，其中对于无状态 IPv6 地址自动配置主要介绍了地址自动配置过程中的重复地址检测 DoS 威胁、网络前缀发现过程中的 RA 报文欺骗两种安全威胁，对于有状态 IPv6 地址自动配置主要介绍了 DHCPv6 服务器地址池与资源消耗、DHCPv6 服务器欺骗两种安全威胁。

尽管 IPv6 与 IPv4 的路由转发机理以及路由选择协议基本相同，但为了支持 IPv6 地址长度等报文特征的变化，相关路由协议都进行了扩展和改进。本章对 RIPng、OSPFv3 协议和 BGP4+进行了安全威胁分析。针对 RIPng 主要介绍了拒绝服务类和缺陷利用类两种安全威胁；针对 OSPFv3 协议，在介绍完认证机制、反击机制、分域机制、洪泛机制等安全机制后，对 Hello 报文存在的 Hello 邻节点威胁、DR/BDR 重选威胁和 LSU 报文存在的最大年龄威胁、最大序列号威胁、序列号增量威胁、定期注入威胁、标准二义性威胁、双 LSA 注入威胁、单路径注入威胁、远程虚假邻接威胁进行了介绍，并对 DBD 报文安全性进行了分析；针对 BGP4+，主要介绍了基于链路的威胁（包含针对会话机密性的威胁、针对会话完整性的威胁和会话终止威胁）、基于路由器的威胁（包含网络前缀欺骗威胁、路径信息修改威胁）。

习　题

1. 无状态 IPv6 地址自动配置存在哪些安全威胁？

2. 有状态 IPv6 地址自动配置存在哪些安全威胁?

3. 如果要伪造一个 DHCPv6 服务器,需要做哪些工作?

4. 在没有安全邻节点发现(secure neighbor discovery, SEND)或 DHCP 报文验证的情况下,如何阻止未授权的内网主机获取 IPv6 地址和配置?

5. RIPng 对报文的合规性做了哪些检查?

6. 请简要描述 OSPFv3 协议的安全机制。

7. 请搜索相关文献,描述一种关于 OSPFv3 协议栈实现方面的脆弱性,并分析其可利用性。

8. "数字大炮"是一种利用 BGP 设计特性的级联失效威胁,请搜索相关文献,描述其原理,并分析在 IPv6 网络中实施此类威胁的可行性。

第 9 章　IPv6 过渡技术安全威胁分析

IPv6 与 IPv4 二者并不兼容，IPv4 节点不能直接使用 IPv6 服务，也不能跟 IPv6 节点直接进行通信。为使 IPv4 和 IPv6 节点之间可以进行互操作，需要使用过渡技术。本章主要针对双栈、隧道和翻译三类过渡技术进行安全威胁分析。

9.1　双栈技术安全威胁分析

在双栈过渡环境中，每个节点都同时支持 IPv4 和 IPv6 协议栈。双栈节点同时运行 IPv4 和 IPv6，并同时分配有两种协议的地址。但是双栈节点暴露在两种协议的威胁下，同时还增加了它们之间互相影响造成新威胁的可能。

一个部署了 IPv6 的机构可能依然保持对 IPv4 服务的提供，导致 IPv4 和 IPv6 双栈的同时存在，而该机构的安全基础设施或许无法同时识别这两种协议。此外，双栈将会增加网络环境的复杂性，意味着出错概率增加了一倍，安装新设备或者改变现有设备时需要进行的网络配置也增加了一倍，而且，对上层协议的威胁可以使用 IPv4 或 IPv6 来进行，管理员需要同时对两种协议栈进行维护才能减少安全威胁。

对于同时支持 IPv4 和 IPv6 的节点，威胁者可以利用所发现的两种协议中所存在的安全威胁，同时用两种协议开展协同，也可以利用两种协议版本中安全防护设备间的协同不足来躲避检测。

很多应用（如 VPN 客户端和服务器软件）尚不支持 IPv6，导致双栈节点可能部署了不支持 IPv6 的 VPN 软件，IPv4 和 IPv6 在双栈环境中的这种交互和共存的关系可能会无意或有意导致 VPN 泄露问题，通过 VPN 连接所传输的流量可能会泄露到 VPN 连接之外，并在本地网络上以纯文本形式发送，根本不使用 VPN 服务。虽然 IPv6 无法向后兼容 IPv4，但这两种协议被域名系统（DNS）联系在一起。当建立 VPN 连接时，VPN 软件通常插入 IPv4 默认路由，让所有的 IPv4 流量通过该 VPN 连接进行发送。然而，如果不支持 IPv6，发往 IPv6 地址的所有流量都会使用本地 IPv6 路由器以纯文本形式发送，VPN 软件将无法保护这些 IPv6 流量的安全。

另外，Windows、Linux、macOS 等主流操作系统均已将 IPv6 协议栈默认开启，通过假装为本地 IPv6 路由器，本地节点可以发送伪造的 RA 报文来故意触发受害节点上的 IPv6 连接。通过发送包含相应的 RDNSS（recursive DNS server, 递归 DNS 服务器）选项的伪造 RA 报文，就可假装成本地递归 DNS 服务器，随后就可进行 DNS 欺骗。

9.2　隧道技术安全威胁分析

隧道将一个协议封装于另一个协议的数据包当中。隧道对于被封装的协议是透明的，而且在计算跳数时，不将其计算入内。隧道是一种复杂的传输机制，支持的场景有：作为双栈过渡策略的一部分、作为一种单独的过渡方案、与翻译技术一同使用。

隧道大体分为两类：配置隧道和自动隧道。配置隧道要求系统管理员对隧道终端进行配置，自动隧道则由节点自行配置。一般来说，机构使用配置隧道作为隧道基础设施，而主机用户则采用自动隧道。配置隧道是静态的，自动隧道则是动态的。

图 9.1 给出了一个简单的过渡场景：IPv6 网络中的两个主机只能通过 IPv4 网络互通，每个主机连接到一个双栈路由器，路由器之间相互连通。

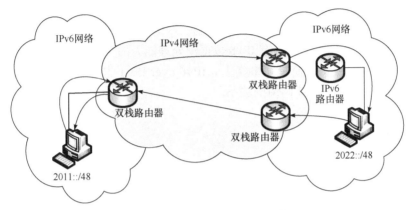

图 9.1　IPv6 over IPv4 隧道示例

当 IPv6 数据包直接封装于 IPv4 数据包时，其使用的协议字段为 41。而 IPv6 数据包直接封装 IPv4 数据包时，其下一报头字段是 4。当然，还可以使用其他封装方法，如通用路由封装（GRE）和 IPsec ESP。

IPv6 数据包的理论最大值可达 4GB，而 IPv4 只有 64KB。当 IPv6 数据包封装于 IPv4 时，往往需要分片，若可能，IPv6 需要发现 IPv4 路由的最大 MTU。然而，并不是所有的隧道都会反馈其真实的 MTU。被封装的协议会将隧道视为一跳，被封装的协议的跳限制或 TTL 对于封装的协议是相互独立的。

9.2.1　隧道技术安全威胁概述

隧道环境中的安全涉及隧道端点、隧道检查、接入控制、隧道撤销几个环节。

一般来说，隧道端点是隧道环境安全的重要部分，任意流量都能到达隧道的端点处，这就要求对封装于 IPv4 数据包中的数据进行检查、包过滤、网络接入过滤、病毒防护、应用代理和入侵检测等。即使隧道流量利用了端到端 IPsec，以及附加的安全控制（如授权），也需要对隧道中的协议应用相应的安全策略。

在隧道端点处，除使用相应的过滤机制外，采用单播逆向路径转发（reverse path forwarding, RPF）也很重要。威胁者可以针对或利用隧道端点，实施流量注入、流量重放等威胁，将威胁报文发送至隧道端点路由器，使其通过隧道到达隧道的目的地。而由于威胁报文是来源于隧道接口的，因此，隧道的目的地将认为该数据包是合法的。采用单播 RPF 和隧道端点过滤机制可以降低此类风险，还可以使用流量访问控制列表机制保证进入隧道的流量的合法性。此外，威胁者还有可能针对隧道数据流实施嗅探。针对这一问题，可以采用 IPsec 予以应对。

检查数据包外部的 IPv4 报头并不能保证其中 IPv6 数据的合法性。安全设备很难有效地对数据包内部和外部的报头内容进行匹配、验证。而且，当前大多数组织未对隧道数据包进行深度包检测。

企业网络中的路由器、防火墙和其他安全设备可能还不能有效地检测封装于 IPv4 中的 IPv6 载荷，而且安全设备也不能检测加密隧道中的流量。因此，机构应该部署可以解析并检测隧道流量的安全设备。

针对隧道数据包，因为 IPv6 的相关信息都被当作载荷封装于数据包中，IPv4 路由器的访问控制列表无法对其中的 IPv6 地址实施控制。网络管理员必须认识到 IPv6 隧道已在不知不觉中得到应用，有必要部署具有 IPv6 数据流处理能力的安全设备。IPv4 可以承载 IPv6 流量，帮助其绕过各种安全措施。事实上，IPv6 over IPv4 隧道已经成为网络中的后门。图 9.2 解释了隧道和现有 IPv4 网络的关系。

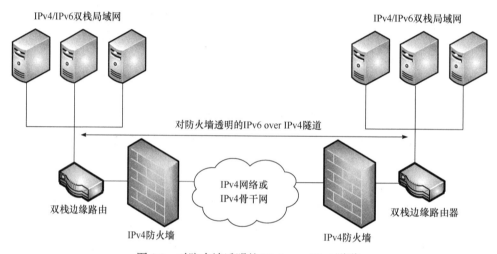

图 9.2　对防火墙透明的 IPv6 over IPv4 隧道

虽然无法对封装了的 IPv6 流量进行安全处理，但 IPv4 访问控制列表以及防火墙可以阻止隧道数据包，或者将其转发至可处理 IPv6 流量的防火墙处，例如，可以通过对协议类型为 41（ISATAP、6to4 等隧道）的隧道数据包进行一定处理，来保障基础设施的安全。

通过访问控制列表或防火墙阻止协议类型为 41 的数据包并不能应对基于 IPv4 UDP 的 IPv6 隧道，如 Teredo。Teredo 采用了 UDP 3544 端口去连接本地的 Teredo 服务器，然而简单阻止 UDP 3544 端口并不能有效阻止 Teredo，因为简单改变端口分配策略就可以绕开相应的过滤。因此，还可以结合使用 IDS/IPS，使得即使随意改变其端口值，也可有效地识别出此类协议。

将 IPv6 封装于安全套接字层（secure socket layer, SSL）/传输层安全（transport layer security, TLS）协议或者 IPsec 数据包中的隧道将更加麻烦。因为载荷部分被加密，当前的安全机制无法对其载荷部分进行检测。各机构必须拥有相应的解密密钥才能实施相应的检测。

RFC 4213 要求当出于安全原因考虑而丢弃数据包时，发送与目的不可达报文相同的回复，否则，威胁者可以据此探测隧道端点的存在性，进而造成更大的危害。

9.2.2　配置隧道安全威胁分析

配置隧道应在通信开始前完成建立，具体是由网络管理人员建立和维护的。配置隧道一般为路由器-路由器隧道，用于两个机构之间的通信。

下面介绍增强配置隧道安全的方法。

（1）在解封装之后，数据包的源地址如果是组播地址、回环地址、IPv4 兼容地址以及 IPv4 映射地址，则该数据包必须丢弃。使用一般的入口过滤时，需要人工控制 IPv6 前缀列表。

（2）隧道端点必须进行配置，以允许封装的数据包可以通过增强的安全策略：包过滤、应用层网关、入侵检测和防御系统等。

（3）针对隧道，加入额外限制，例如，可以让隧道端点只接收来自某个列表的发送方发出的隧道包。

（4）隧道端点处理多个配置隧道时，必须单独处理。

9.2.3　自动隧道安全威胁分析

自动隧道一般在过渡初期使用，本节主要针对 6over4、6to4、ISATAP、Teredo、隧道代理等自动隧道的安全威胁进行分析。

1. 6over4 隧道安全威胁分析

6over4 隧道（RFC 2529）是一种较为古老且简单的过渡技术，它使用 IPv4 组播机制作为虚拟链路层，也称作 IPv4 组播隧道或虚拟以太网。该技术实现了主机-主机、主机-路由器和路由器-主机之间的自动隧道建立，支持单播和组播通信，适用于同一 IPv4 站点内的 IPv6 节点间进行通信。然而，由于其固有的对组播机制的依赖，6over4 隧道并未得到广泛使用。

RFC 2529 特别指出了一种欺骗威胁存在的可能性，即虚假的 6over4 数据包能够从外部被注入 6over4 域。解决方法有两种：第一种方法是保证 IPsec 验证可用，并且网络上的主要节点都配置了 IPsec 认证，这样主要节点就都是可信任的，不会发送虚假的 6over4 数据包，从源头上遏制这种威胁；第二种方法是配置边界路由器，使之只接收来自可信地址范围的协议类型为 41 的数据包，也就是说如果一个数据包的源地址或者目的地址是 6over4 组播地址，但是却在那个地址范围之外的物理接口到达，那么边界路由器必须丢弃它。同样针对单播 6over4 欺骗数据包，边界路由器必须丢弃来自未知源地址的协议类型为 41 的数据包。

2. 6to4 隧道安全威胁分析

6to4 隧道的通信实体包括 6to4 客户端、6to4 路由器和 6to4 中继路由器，其主要通信方式有三种：6to4 客户端间通信、6to4 客户端与 IPv6 节点通信以及 IPv6 节点与 6to4 客户端通信，其中 6to4 客户端间通信不需要 6to4 中继路由器的参与，双方节点直接通过 6to4 路由器进行通信。

下面参照图 9.3 简要给出这三种通信方式的流程。

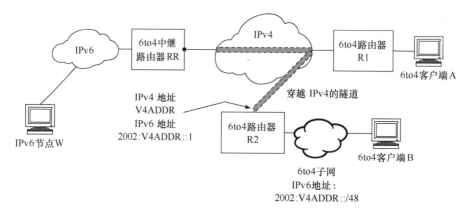

图 9.3 6to4 运行机制示意图

1）6to4 客户端间通信

当 6to4 客户端 A 与 6to4 客户端 B 通信时，A 将数据包直接发送至 6to4 路由器 R1，然后数据包通过 IPv4 传输，传至另一方的 6to4 路由器 R2，由 R2 再转发至客户端 B。

2）6to4 客户端与 IPv6 节点通信

当 6to4 客户端 A 与处于 IPv6 单栈网络中的 IPv6 节点 W 通信时，A 将数据包发送至 6to4 路由器 R1，R1 经由 IPv4 路由体系将数据包传送至下一跳，即 6to4 中继路由器 RR，由 RR 剥出其中的 IPv6 报文，并通过其 IPv6 接口，经过 IPv6 路由体系将 IPv6 报文传至 IPv6 节点 W。

3）IPv6 节点与 6to4 客户端通信

6to4 中继路由器 RR 会周期性在 IPv6 网络中发送前缀为 2002::/16 的路由器公告报文。当 IPv6 节点 W 欲与 6to4 客户端 A 通信时，会根据收到的路由信息将数据包发送至 6to4 中继路由器 RR，接着由 RR 将数据包封装于 IPv4 数据包中传输，当数据包传至 6to4 路由器 R1 后，由 R1 转发至客户端 A。

由上可知，6to4 隧道机制中的 6to4 路由器和 6to4 中继路由器需要完成多种工作。

6to4 路由器需要完成的工作有：

（1）为本地 6to4 客户端提供 IPv6 连接，转发其通信数据包；

（2）使用 IPv4 路由体系，将由本地 6to4 客户端发往外部 6to4 客户端的数据包转发至目的 6to4 路由器或 6to4 中继路由器；

（3）转发发送至本地 6to4 地址的数据包；

（4）解封装来自外部 6to4 地址的 IPv4 数据包；

（5）解封装来自 IPv6 中继路由器的 IPv4 数据包。

然而，对于 6to4 路由器，没有方法可以有效区分出收到的 IPv4 数据包是来自一个 6to4 中继路由器还是来自一个恶意节点，因此所有的 6to4 路由器必须接收并解封装所有来自其他 6to4 路由器和 6to4 中继路由器的 IPv4 数据包，这个特点为 6to4 机制带来了安全威胁。

6to4 中继路由器需要完成的工作有：

（1）在本地 IPv6 网络中发送前缀是 2002::/16 的路由器公告报文，因此它将收到本地 IPv6 节点发送的所有发送至 6to4 地址的报文；

（2）向 IPv4 路由结构中广播 IPv4 的 6to4 中继任播前缀的路由信息，因此它将收到来自 6to4 路由器的发送至本地 IPv6 节点的报文；

（3）解封装收到的来自 6to4 地址的数据包，并通过 IPv6 路由体系转发；

（4）将经由 IPv6 路由体系收到的目的地址前缀为 2002::/16 的数据包转发至 6to4 路由器。

6to4 中继路由器在 6to4 机制中扮演了关键角色，负责将本地 IPv6 网络中的报文路由到外部的 6to4 节点。由于这一功能，6to4 中继路由器必须接收任何来自本地 IPv6 节点的数据包。然而，这一特性也给 6to4 机制带来了安全威胁。威胁者可以冒充本地的 IPv6 节点向 6to4 中继路由器发送恶意报文。

由上可知，6to4 的路由器和中继路由器在对所接收的数据进行处理的过程中，没有采取措施来防止威胁者冒充合法的本地节点及相关的路由器等通信节点，无法对数据是否合法进行辨别，通常将此安全威胁称为 6to4 数据处理威胁。

3. ISATAP 隧道安全威胁分析

ISATAP 隧道是一种在同一管理域内实现 IPv6 和 IPv4 共存的自动隧道机制，隧道数据包在 ISATAP 主机之间或者 ISATAP 主机和 ISATAP 路由器之间传输。ISATAP 建立了 IPv4 地址和 IPv6 地址之间的映射关系。ISATAP 过渡机制使用一个内嵌 IPv4 地址的 IPv6 地址，无论站点使用的是全球还是私有的IPv4 地址,都可以在站点内使用IPv6-in-IPv4 的自动隧道技术。

在 IPv4 向 IPv6 过渡的初期，ISATAP 在站点内进行 IPv6 部署是一种有效的隧道机制。ISATAP 不适用于 IPv6 已占主导地位的网络内。

ISATAP 将 IPv4 网络虚拟成一个不具备组播能力的链路层网络以供 IPv4/IPv6 节点使用，在这种链路层网络上，ISATAP 主机首先用自己的 IPv4 地址生成自己的 IPv6 地址，并通过某种方式获得 ISATAP 路由器的 IPv4 地址（由固定的映射关系可得知其 IPv6 地址），然后建立隧道进行通信。

ISATAP 的通信过程分为两种：同一 IPv4 域内的 ISATAP 主机间通信和 ISATAP 主机与 IPv6 节点通信。下面参照图 9.4 简要给出这两种通信方式的通信流程。

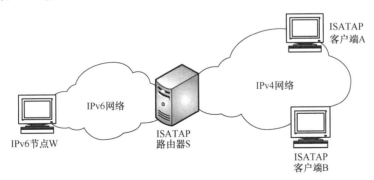

图 9.4　ISATAP 主机间通信示意图

1）同一 IPv4 域内的 ISATAP 主机间通信

双栈主机 A 欲与双栈主机 B 通过 ISATAP 进行通信时，首先 A 获得双栈主机 B 的 ISATAP 地址，然后将需要发送的数据包交给自己的 ISATAP 接口进行发送。

ISATAP 接口从该数据包的 IPv6 源地址和目的地址中提取出相应的 IPv4 源地址和目的地址，并对该数据包加上 IPv4 报头；封装后的数据包按照其 IPv4 目的地址被发送到双栈主机 B；双栈主机 B 接收到该数据包后对其解封装，得到原始 IPv6 数据包，然后通过与上述过程类似的过程将应答数据返回给 A。

2）ISATAP 主机与 IPv6 节点通信

ISATAP 主机 A 获得 ISATAP 地址（站点本地地址），并将下一跳设为 ISATAP 路由器 S 的 ISATAP 地址（站点本地地址）；当所发送报文的目的地址为所在子网以外的地址时，ISATAP 接口将 IPv4 报头中的目的地址设置为 ISATAP 路由器 S 的 IPv4 地址；ISATAP 路由器 S 收到数据包之后，除去 IPv4 报头，将 IPv6 数据包转送给 IPv6 网络中的目的 IPv6 节点 W。

IPv6 节点 W 直接将应答的 IPv6 数据包发回给 ISATAP 网络；在应答 IPv6 数据包经过 ISATAP 路由器 S 时，ISATAP 路由器 S 先将应答 IPv6 数据包进行 IPv4 封装，然后转发给 ISATAP 主机；ISATAP 主机收到应答数据包后，将数据包去掉 IPv4 报头，恢复成原始 IPv6 数据包。

ISATAP 机制通过 IPv6 邻节点发现协议来实现路由重定向、邻节点不可达检测（NUD）和下一跳路由选择。ISATAP 地址的获得是由链路层 IPv4 地址通过静态计算得到的。在获得了 ISATAP 地址之后，主机通过发送邻节点请求和接收邻节点公告报文来确认邻节点是否可达。另外，主机还需要执行邻节点不可达检测。因为它是在某一个 ISATAP 域内实现的，所以它假设 IPv4 地址是不重复的，这样 ISATAP 地址也就不需要进行重复地址检测了。ISATAP 节点在执行路由器和前缀发现时，除了使用邻节点发现中的前缀列表和默认路由器列表外，ISATAP 链路还增加了一个新的数据结构——潜在路由器列表（PRL），以及一个新的配置变量 PrlRefreshInterval。潜在路由器列表列出潜在的、可供 ISATAP 节点使用的路由器，而变量 PrlRefreshInterval 用来设置初始化之后连续两次 PRL 重新刷新的间隔秒数。

ISATAP 隧道的一个重要设计思想是将 IPv4 网络虚拟成一个不具备组播能力的链路层网络，其中的 ISATAP 主机和 ISATAP 路由器都是在链路上的，然后使用邻节点发现协议来完成路由地址信息获取等工作，因此其可能受到基于 ND 的中间人和 DoS 威胁。通常将此安全威胁称为 ISATAP 链路虚拟威胁。

4. Teredo 隧道安全威胁分析

Teredo 是定义在 RFC 4380 中提供了穿越 IPv4 网络的单播 IPv6 连接性的地址分配和自动隧道技术。

1）Teredo 认证威胁

Teredo 通信分为同一链路上的 Teredo 客户端间的通信、Teredo 客户端与特定 Teredo 主机的中继的通信和 Teredo 客户端与 IPv6 主机的通信等，其中 Teredo 客户端与 IPv6 主机的通信最为普遍，其进行认证的通信初始化过程如下。

（1）Teredo 客户端向首选的 Teredo 服务器发送路由器请求（RS）报文。在这个数据包中包含了验证指示符，保证了即使存在一个威胁者，其所处的位置也一定在客户端至服务器的通信链路上。Teredo 格式如图 9.5 所示。

0x00(8位)	0x01(8位)	标识符长度(8位)	认证值长度(8位)
客户端标识符(长度可变)			
认证值(长度可变)			
Nonce值(8字节随机数)			
确认(32位)			

图 9.5　Teredo 格式

其中的客户端标识符和认证值是可选项。但由于其加密的复杂性等问题，这些字段在实际中并未被使用。

由此可见，威胁者若可以从客户端至服务器的通信链路上截获 RS 报文，则有机会利用地址欺骗等发起中间人威胁。

（2）Teredo 服务器收到来自客户端的 RS 报文后，对其进行分析处理。回应一个路由器公告（RA）报文，其中包含客户端发过来的验证指示符，以及 Teredo 客户端已经映射的 IPv4 地址和 UDP 端口号的来源指示符（图 9.6）。

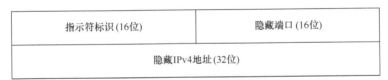

指示符标识(16位)	隐藏端口 (16位)
隐藏IPv4地址(32位)	

图 9.6　来源指示符的结构

（3）Teredo 客户端根据收到 RA 报文中的信息构造 IPv6 地址。客户端在此过程中只是根据收到的 RA 报文中的验证指示符是否正确来验证服务器身份，因此威胁者若截获了 RS 报文，则完全可以冒充服务器向客户端发送信息。

（4）开始通信前，Teredo 客户端必须先进行 ping 测试，以验证离 IPv6 主机最近 Teredo 中继的 IPv4 地址和 UDP 端口号。Teredo 客户端经由它自己的 Teredo 服务器发送一个 ICMPv6 回送请求报文，其中的载荷部分随机填入数据。

（5）Teredo 服务器收到 ICMPv6 回送请求报文后，在 IPv6 网络上把它发送给 IPv6 主机。

（6）IPv6 主机发送给 Teredo 客户端一个含有 Teredo 地址的数据包予以响应。根据 IPv6 网络路由结构，这个含有 Teredo 地址的数据包被发送给最近的 Teredo 中继。

（7）Teredo 中继将 ICMPv6 回送应答报文压缩，并直接发送给 Teredo 客户端。客户端对其中的载荷部分进行验证。虽然此方法进一步增强了 Teredo 安全性，但实际应用中，载荷部分通常填入全 0 数据。

（8）Teredo 客户端根据 ICMPv6 回送应答报文的 IPv4 源地址和 UDP 端口号来确认 Teredo 中继的 IPv4 地址最接近 IPv6 主机。一个通信初始化数据包就被发送至 Teredo 中继的 IPv4 地址和 UDP 端口上。

（9）Teredo 中继去除通信初始化数据包的 IPv4 和 UDP 报头，并把此数据包发给 IPv6 主机。

所有接下来的往返于 Teredo 客户端和 IPv6 主机的数据包都将采用经由 Teredo 中继的路径。

由上可知，在设计 Teredo 时，对其安全性也进行了一定考虑。Teredo 使用了验证指示符来保证在 Teredo 客户端和 Teredo 服务器之间的路由器发现过程的可靠性，还使用了 ping 测试过程来进一步加强其通信初始化过程的安全。

但由于在设计 Teredo 时考虑到需要解决其他隧道无法穿越 NAT 的问题，因此在 Teredo 所采用的认证机制中，认证部分虽然覆盖了 IPv6 报文部分，但由于需要通过 NAT 设备进行转换，所以数据包的 IPv4 和 UDP 报头部分并未得到保护，这就出现了可能被利用的安全威胁，威胁者可以截获 Teredo 数据包，并窜改其中的 IPv4 和 UDP 报头部分的信息，在此基础上实施针对 Teredo 隧道的中间人威胁。

2）数据处理威胁

在 Teredo 数据处理过程中，也像其他网络通信机制一样，存在请求队列，用以缓存不能被立刻处理的数据，如服务器的请求队列等，也存在数据缓存，用以缓存短时间内还有可能被重复使用的数据，如 Teredo 客户端处的节点缓存等。虽然 Teredo 在数据处理过程中采用了一些安全措施（例如，客户端和服务器对收到的 Teredo 数据包进行地址检测等），但仍然存在安全威胁。

（1）Teredo 服务器数据处理威胁。

根据 Teredo 运行机制可知，客户端欲使用 Teredo 隧道时，首先需要从服务器处获得一个 Teredo 地址。客户端向服务器发送用于地址请求的 RS 报文，服务器在收到此 RS 报文后，会根据已有的隧道配置信息，向其回应 RA 报文，使其获得一个可用的 Teredo 地址和其他一些配置信息。

威胁者可以基于此过程构造报文，而在设计 Teredo 服务器时，默认其对所有接收到的数据包进行处理，因此威胁者可以使用洪泛手段对服务器发送大量数据包，导致其无法正常提供服务。同时，对于相同的数据包，Teredo 服务器是无状态的，因此威胁者还可以不断地重复发送合法的服务请求，通过重放 DoS 威胁使服务器的性能受到很大影响。

（2）Teredo 中继数据处理威胁。

当处于受限 NAT 的 Teredo 客户端与 IPv6 主机通信时，Teredo 机制要求 Teredo 客户端必须首先验证 Teredo 中继的 IPv4 地址是否距离目标 IPv6 主机最近。Teredo 客户端通过它自己的 Teredo 服务器发送一个 ICMPv6 回送请求报文给 IPv6 主机。IPv6 主机响应一个发送至 Teredo 客户端的 Teredo 地址的 ICMPv6 回送应答报文。根据 IPv6 网络的路由结构，这个以 Teredo 地址打包的数据包被发送至最近的 Teredo 中继。Teredo 中继验证 Teredo 客户端位于受限 NAT 之后。如果 Teredo 中继本应发送 ICMPv6 回送请求报文至 Teredo 客户端而没发，NAT 将会丢弃它。这是因为不存在一个起始于 Teredo 中继的 Teredo 通道的映射。因此，Teredo 中继在 IPv4 互联网上通过 Teredo 服务器发送一个气泡数据包至 Teredo 客户端。Teredo 服务器收到来自 Teredo 中继的气泡数据包后，将其发送至 Teredo 客户端，同时，来源指示符获得 Teredo 中继的 IPv4 地址和 UDP 端口号。因为一个起始于 Teredo 服务器的 Teredo 通道的特定源映射存在于 NAT 中，所以气泡数据包将被发送至 Teredo 客户端。

Teredo 客户端根据收到的气泡数据包的来源指示符验证 Teredo 中继的 IPv4 地址是不是距离 IPv6 主机最近。为了建立一个起始于 Teredo 中继的 Teredo 通道的特定源的映射，Teredo 客户端发送一个气泡数据包至 Teredo 中继。根据气泡数据包已符合等待发送的接收回执（ICMPv6 回送应答报文），Teredo 中继确认 Teredo 客户端的受限 NAT 现在存在一个特定源的映射。Teredo 中继发送 ICMPv6 回送应答报文至 Teredo 客户端。

然而，当 Teredo 中继对收到的此类发往处于限制 NAT 后的客户端的数据包时，若通信过程建立未完成，中继会缓存这些数据包，直到完成一个用以穿越 NAT 的气泡过程。若气泡过程失败，则总共耗时是 6s（尝试 3 次，每次耗时 2s）。因此，威胁者可以通过向中继伪造并发送大量需要缓存的报文来达到实施拒绝服务威胁的目的。

（3）Teredo 客户端数据处理威胁。

Teredo 客户端也使用了一个队列来保存通信另一端是非可信地址（包含两种情况：一种是客户端不知需通过哪个中继；另一种是 NAT 还未准备完毕）的数据包。根据 RFC 协议规范可知，此过程最长耗时也是 6s。因此，威胁者可以通过发送源地址不存在或无法回应的数据包来影响 Teredo 通信。

5. 隧道代理安全威胁分析

IPv6 隧道代理为 IPv4 网络中的双栈节点提供了一种获得 IPv6 连接的方法，但不能支撑运行一个大型站点，如 6to4，其目的是面向小型网站或个人主机。IPv6 隧道代理方法需要部署一个隧道代理服务器，隧道代理服务器可看作一个虚拟 IPv6 ISP。

隧道代理和其他组件（客户端、隧道服务器、DNS）的相互通信都需要考虑安全的问题，具体的安全方法依赖于各个接口的具体实现。

对于 HTTP 客户端，可以使用 SSL/TLS 保护其用户名和密码。HTTP 是纯文本协议，当要传输保密信息时，需要使用加密隧道。机构在实际工作中应选取相对安全的部署方案。例如，对于隧道的参数，要使用列表分发的方法，而不是下载可执行脚本并在客户端上运行。

第 1 版简单网络管理协议（simple network management protocol version1, SNMPv1）和第 2 版简单网络管理协议（simple network management protocol version2, SNMPv2）是纯文本协议。因此，它们无法提供保密性。第 3 版简单网络管理协议（simple network management protocol version3, SNMPv3）提供了加密方案，但在实施的效率方面不如 SNMPv1 和 SNMPv2。如果不考虑 SNMPv3，隧道服务器的简单网络管理协议（simple network management protocol, SNMP）接口应该采用 IPsec 或者 SNMP over SSH。

对于 DNS 更新，可以采用 RFC 3007 所规范的安全动态更新，以及受 SSH 或 IPsec 保护的命令脚本。

如果一个主机断开网络连接，而且其 IPv4 地址被重新分配，那么隧道服务器可能无法发现这一问题，而是继续将 IPv6 数据包发至该地址。

隧道代理服务器负责维护每一个客户端的状态信息，因此容易受到资源消耗型威胁或者其他类型的 DoS 威胁。

9.3　翻译技术安全威胁分析

IPv4 或 IPv6 的数据包通过翻译技术翻译为其他协议的数据包,从而能够通过网络路由或传输。翻译技术(IPv4 到 IPv6 或 IPv6 到 IPv4)引入了组建网络和系统的新思路,但同时也提高了网络和系统遭受安全威胁的可能性。

出于多种原因,不建议将协议翻译作为 IPv4 过渡到 IPv6 的战略选择。将 IPv6 翻译成 IPv4,也就否定了过渡到 IPv6 的意义,例如,无法体现 IPv6 在分层路由、扩大地址空间、简化报头和移动性等方面的优点。另外,翻译不能解决 IPv4 地址空间耗尽的问题。然而,若不支持协议翻译,那么 IPv6 单栈网络就不能与 IPv4 单栈网络通信,因此,翻译技术仍有存在的必要性。

翻译技术仅仅是将一种协议尽可能翻译为另一种协议,不可能完全准确,导致可以利用对报头字段、地址、扩展选项、分片和差错报文等的翻译来绕过安全策略。

9.3.1　NAT-PT 安全威胁分析

NAT-PT 是把 SIIT 协议翻译技术和 IPv4 网络中动态地址转换技术相结合的一种技术。NAT-PT 处于 IPv6 和 IPv4 的交界处,可以实现 IPv6 主机与 IPv4 主机之间的互通。

一般来讲,部署 IPv4 NAT 的目的是实现安全控制,但显然,它并不具备安全控制功能。这种观点广泛存在于 IETF 相关文件。无论是作为一个安全机制还是为了提高 IPv4/IPv6 的互通性,NAT-PT 都存在安全隐患:

(1)除了 ESP 隧道模式,其他模式下的 IPsec 都无法翻译。

(2)如果翻译器试图重组分片,可能引发 DoS 威胁。

(3)如果翻译器受到诱骗而使用组播地址,将导致 DoS 放大威胁。

(4)NAT-PT 易受 DoS 威胁而耗尽地址池。

(5)NAT-PT 与 DNSSEC 不兼容。

9.3.2　TRT 安全威胁分析

传输中继翻译器(TRT)并不是简单地重写报头,而是一直跟踪 TCP 和 UDP 数据流的状态,并依赖于 AAAA 和 A 记录之间的 DNS 翻译。

TRT 安全注意事项包括:

(1)IPsec 不能穿越 TRT。

(2)与 DNSSEC 不兼容。

(3)不支持基于 IP 地址认证的协议。

(4)应对各种 DoS 威胁的能力较差。

(5)威胁者可以利用翻译器破坏地址过滤或隐藏流量的真实来源。

9.3.3　应用层翻译技术安全威胁分析

应用层翻译技术用于翻译特定应用,如需要包含 IP 地址的应用,类似于一些防火墙所使用的应用网关。这种技术的应用使得网络可以继续运行原有的合法 IPv4 应用。另一种方法是重新编写应用程序代码，或者处理 IP 地址，或者将应用程序生成的报文嵌入地址。

应用层翻译技术可以保证很好的安全性，但对 IPv6 过渡的价值仍然有限。基于主机的翻译技术支持 IPv6 安全机制，而基于网关的翻译技术则破坏端到端的连接。另外，如果不采用认证，网关可能受到 DoS 威胁、地址欺骗威胁和开放式中继威胁。

9.4　本 章 小 结

本章分别针对双栈、隧道和翻译三类过渡技术面临的安全威胁进行了分析，首先对双栈技术安全威胁进行分析，然后将隧道技术分成配置隧道和自动隧道两部分进行阐述，在自动隧道中，详细分析了 6over4、6to4、ISATAP、Teredo、隧道代理等技术的安全威胁，最后对于翻译技术，重点分析了 NAT-PT、TRT 和应用层翻译技术的安全威胁。

习　　题

1. IPv6 过渡技术的安全性需要关注哪些方面？

2. 双栈环境下主要存在哪些安全威胁？

3. IPv6 自动隧道的安全威胁主要有哪些？

4. 查阅资料，谈谈翻译技术还有哪些可能的安全威胁。

5. 双栈环境下，存在哪些 IPv4 和 IPv6 主机关联的共同部分？这些部分会对节点安全带来哪些影响？

第三部分　IPv6 网络安全防护

第 10 章　IPv6 网络安全协议

针对第二部分介绍和分析的 IPv6 网络所面临的各类安全威胁和存在的多种安全隐患，本章主要介绍和分析 IPv6 为网络通信与邻节点发现所提供的安全协议。

10.1　IPsec 协议

IPsec 是一个开放的安全协议框架，可以无缝地为 IPv6 网络环境下的网络层数据传输提供访问控制、数据源身份认证、数据完整性检查、机密性保证以及抗重放威胁等安全服务，另外还提供一定的数据流机密性，使得通过包大小、包速率等进行流量分析变得更加困难，以解决网络层端到端数据传输的安全问题。

IPsec 还可保护其他特定 IPv6 协议（如移动 IPv6、邻节点发现协议等），路由协议 OSPFv3 和 RIPng 推荐采用 IPsec 来对路由信息进行加密和认证，提高抗路由威胁的性能。同时，IPsec 也为设计安全体系提供新思路，即把加密和认证机制融入其中，使传统的安全设备更加完善和强健。

10.1.1　IPv6 安全体系结构

IPsec 的 3 个基本组成部分为认证报头（AH）协议、封装安全载荷（ESP）协议和互联网密钥交换（internet key exchange, IKE）协议。

1. AH 协议

AH 协议主要是为 IP 数据包提供信息源认证及数据完整性检查服务，同时，它还具有抗重放功能。AH 协议只涉及数据包的认证，而不涉及数据包的加密。AH 协议除了可以对 IP 数据包的数据部分进行认证外，还可以对 IP 数据包的 IP 报头进行认证。

2. ESP 协议

ESP 协议主要是为 IP 层提供加密保证及数据源身份认证服务。ESP 协议是一种与具体的加密算法相独立的安全协议，该协议几乎可以支持所有对称加密算法。

3. IKE 协议

IKE 协议主要是对密钥交换进行管理，包括 3 个主要功能：①用于通信双方协商所使用的协议、加密算法及密钥等；②用于通信双方进行密钥交换（可能需要周期性地进行）；③用于跟踪以上约定参数的具体实施情况。

在 IPsec 的 3 个基本协议中,AH 协议和 ESP 协议在 IPv6 的 IPsec 协议数据单元中分别称为 AH 和 ESP 报头。AH 协议和 ESP 协议可以单独使用,也可以配合使用。IKE 协议是对 AH 协议和 ESP 协议的一种补充。

10.1.2　安全关联

IPsec 中的一个基本概念是安全关联(security association, SA),它包含认证或者加密的密钥和算法。安全关联是单向连接,为保护两个主机或者两个安全网关之间的双向通信,需要建立两个 SA。SA 提供的安全服务是通过 AH 和 ESP 两个协议中的一个来实现的。

如果要在同一个数据流中使用 AH 和 ESP 两个协议,那么需要创建两个(或者更多)SA 来保护该数据流。一个 SA 需要通过三个参数进行识别,由安全参数索引(security parameter index, SPI)、目的 IP 地址和安全协议(AH 或 ESP)三者的组合唯一标识。

AH 和 ESP 协议都使用安全关联,用于发送端和接收端协商加密算法和安全参数,这些加密算法和安全参数构成了发送端和接收端之间的 SA 实例。发送端使用发送端的身份和目的地址来选择适当的 SA 和 SPI,接收端利用 SPI 和目的地址的组合来区别正确的 SA。SA 既可面向主机,又可面向用户,面向主机的 SA 支持同一个主机的所有用户使用同一个会话密钥,而面向用户的 SA 要求所有的用户使用不同的会话密钥。

SA 把密钥管理和安全机制相互分开,密钥管理负责建立和更新 SA 中的所有变量,相应的安全机制负责读取和使用这些变量的值。IKE 和安全协议的唯一连接是通过 SPI 来完成的。

安全策略控制 IP 层安全机制的使用。从实现的角度看,当为数据包选择正确的 SA 和 SPI 时,安全策略定义了所有加强安全策略的变量。

一般说来,每一个 IPv6 节点为每一个安全通信管理一套 SA。SPI 是在 AH 和 ESP 报头中的一个参数,用以指定在解密或验证数据包时使用哪一个 SA。SA 以及相关 SPI 的协商由 IKE 协议来完成。通常情况下,在单播传输中,当通信建立时,由接收端选择 SPI,然后回送给发送端,而在组播传输中,SPI 必须是组播组中的所有成员所共有的,通过 SPI 和组播地址的组合,每一个节点必须能够正确地识别 SA。

10.1.3　认证报头

AH 为 IP 通信提供数据源认证服务、数据完整性和抗重放保护,它能保护通信免受窜改,但不能防止窃听,适用于传输非机密数据。使用 AH 时,需在每一个数据包上添加一个身份认证报头。此报头包含一个带密钥的散列(可以将其当作数字签名,只是它不使用证书),此散列在整个数据包中计算,因此对数据包的任何更改都将致使散列无效,以此来提供完整性保护。

如果 IPv6 报头的下一报头字段是 51,则其后跟的就是 AH。AH 格式如图 10.1 所示。

(1)下一报头(8 位):表示紧跟在 AH 后面的协议类型。在传输模式下,该字段是处于保护中的传输层协议的值,如 6(TCP)、17(UDP)或 50(ESP)。在隧道模式下,AH 保护整个 IP 数据包,该值是 4,表示是 IP-in-IP。

下一报头(8位)	载荷长度(8位)	保留(16位)
安全参数索引(32位)		
序列号(32位)		
认证数据(长度可变)		

图 10.1　AH 格式

（2）载荷长度（8 位）：其值是以 32 位（4 字节）为单位的整个 AH 数据（包括 AH 报头和变长认证数据）的长度再减 2。

（3）保留（16 位）：准备将来对 AH 协议扩展时使用，目前该字段应该被置 0。

（4）安全参数索引（32 位）：值为[256, $2^{32}-1$]，用来标识发送端在处理 IP 数据包时使用了哪些安全策略，当接收端看到这个字段后就知道如何处理收到的 IPsec 数据包。SPI 值 0 被保留，用来表示"没有安全关联存在"。

（5）序列号（32 位）：从 1 开始的 32 位单调递增的序列号，不允许重复，唯一一地标识了被发送的数据包，为每个 AH 包赋予一个序列号。当通信双方建立 SA 时，其初始化为 0。SA 是单向的，每发送/接收一个包，外出/进入 SA 的计数器增 1。该字段可用于抗重放威胁。接收端校验该序列号的数据包是否已经被接收过，若是，则拒收该数据包。

（6）认证数据（长度可变）：取决于采用何种消息认证算法。认证数据包含完整性检查值（ICV），用来提供数据源认证和数据完整性。用来计算 ICV 的算法由 SA 指定。ICV 是在这种情况下计算的，即 IP 报头字段在传递过程中保持不变，认证报头带有的认证数据置 0，IP 数据包为载荷。有些字段在传递过程中可能改变，包括最大跳数、流量类别和流标签等。IP 数据包的接收端使用认证算法和 SA 中确定的密钥对认证报头重新计算 ICV。如果计算的 ICV 和认证数据中的 ICV 一样，则接收端认为数据通过认证，并且没有被更改过。

从图 10.2 可以看出，当接收端收到发送端发送过来的 IP 数据包后，接收端根据 AH 中的 SPI 找出与之相对应的 SA，并计算 ICV，再将接收到的数据包中的 ICV 与计算的 ICV 进行比较，如果两者相等，则认为该 IP 数据包满足了认证和完整性的要求，否则，认为该 IP 数据包可能是假冒的数据包，或者在传输过程中已被他人修改。

值得注意的是，AH 中的序列号可用于防止重放威胁。重放威胁是指威胁者捕获网络上的数据包（可能是已加密的或未加密的），然后在稍后的时间将捕获的数据包重新发送到原始目标或另一个目标。当发送端和接收端之间的通信建立的时候，AH 中的序列号被置 0。当发送端或者接收端传送数据的时候，AH 中的序列号将增加 1。如果接收端发觉一个 IP 数据包中包含的是复制的序列号，将丢弃该数据包，以提供抗重放保护。该字段是强制使用的，即使接收端没有选择抗重放服务，它也会出现在特定的 SA 中。

虽然，采用认证机制可以提高系统的安全性，但系统必须为此而付出额外的时间代价来进行 IP 数据包的认证计算。因此，在实际使用时，IPv6 并不要求所有的支撑系统都必须使用此安全机制，用户可以根据自身系统的使用场合和性质，以及系统对安全和效率的要求进行选择。

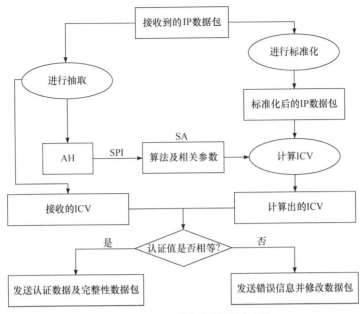

图 10.2　IP 数据包的认证过程

10.1.4　封装安全载荷报头

ESP 通过对数据包的全部数据和载荷内容进行加密来严格保证传输信息的机密性，这样可以避免其他用户通过监听来打开信息交换的内容，因为只有受信任的用户才拥有可打开内容的密钥。ESP 也能提供数据源认证服务和维持数据的完整性，可对封装的载荷进行机密性、数据完整性验证。AH 和 ESP 两种报头可以根据应用的需要单独使用，也可以结合使用。结合使用时，ESP 应该在 AH 的保护下。

如果 IPv6 报头的下一报头字段是 50，则其后面跟的就是 ESP 报头。ESP 报头格式如图 10.3 所示，其中 ESP 报头包含 SPI 和序列号字段，ESP 报尾包含填充、填充长度和下一报头字段。

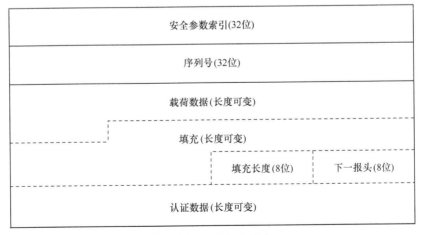

图 10.3　ESP 报头格式

（1）安全参数索引（32位）：值为[256, $2^{32}-1$]。

（2）序列号（32位）：从1开始的32位单增序列号，不允许重复，唯一标识了被发送的数据包，为安全关联提供抗重放保护。接收端校验该序列号的数据包是否已经被接收过，若是，则拒收该数据包。

（3）载荷数据（长度可变）：如果SA采用加密算法，该部分是加密后的密文；如果没有采用加密，该部分就是明文。

（4）填充（长度可变）：0~255字节，是可选的字段，为对齐待加密数据而根据需要将其填充到4字节边界。

（5）填充长度（8位）：以字节为单位，指示填充长度，值为[0, 255]，用于保证加密数据的长度适应分组加密算法的长度，也可以用于掩饰载荷的真实长度以对抗流量分析。

（6）下一报头（8位）：表示紧跟在ESP报头后面的协议类型，其中值为6表示后面封装的是TCP。

（7）认证数据（长度可变）：只有选择了认证服务时才需要有该字段，它包含ICV，完整性检查部分包括ESP报头、载荷（应用程序数据）和ESP报尾。

ESP报头在IPv6数据包中所处的位置如图10.4所示。

图10.4   ESP报头在IPv6数据包中所处的位置

在IPv6中，加密是由ESP报头来实现的。ESP用来为封装的载荷提供机密性、数据源验证服务、无连接的完整性、抗重放服务和有限的数据流机密性。

很多情况下，AH的功能已经能满足安全的需要，ESP由于需要使用高强度的加密算法，需要消耗更多的计算资源，在使用上受到一定限制。在IPsec协议族中使用两种不同功能的协议使得IPsec具有对网络安全细粒度的功能选择，便于用户依据自己的安全需要对网络进行灵活配置。

10.1.5　互联网密钥交换协议

IKE协议是IPsec体系规定的自动密钥管理协议，用于在不安全的网络中为IPsec或需要密钥的其他协议协商并交换密钥。IKE协议是通用的密钥交换协议，其最主要的作用是为IPsec协商安全关联（SA），进而为AH和ESP提供安全服务。当然也可以为通信过程中任何要求保密的安全参数进行协商，包括所采用的认证算法、加密算法、封装的安全协议和有效期等，同时，安全地生成算法所需要的密钥。

1. IKE协议的组成

IKE协议是结合互联网安全关联和密钥管理协议（internet security association and key management protocol, ISAKMP）、Oakley协议和安全密钥交换机制（security key exchange mechanism, SKEME）三种协议的优点而形成的一种新的混合协议。

其中, ISAKMP 提供了密钥交换和数据认证的统一框架, 主要用于管理安全关联 (SA) 的相关操作; Oakley 协议采用迪菲-赫尔曼 (Diffie-Hellman) 密钥交换算法, 使需要保密通信的双方能够相互通过认证,建立起安全的通信连接;SKEME 描述了具体的密钥交换技术, 具有防抵赖、防匿名等功能。

2. IKE 协议的交换过程

IKE 协议通过阶段交换实现安全关联的协商。建立 SA 分为两个阶段: 第一阶段, 采用主模式, 通信各方通过协商建立起彼此间的一个通过身份认证的通道 (IKE SA), 并生成共享的主密钥, 然后双方使用此主密钥交换密钥信息, 为进一步的 IKE 通信提供认证安全服务; 第二阶段, 采用快速模式, 使用已建立的 IKE SA 建立 IPsec SA (协议、密钥规则、安全参数以及认证加密算法等), 为数据交换提供 IPsec 服务。

两个阶段实现不同的任务, 第一阶段的交换可以看作一般性的控制通信信道的操作, 所建立的通道可以用于多个第二阶段的协商, 另外, 单个第二阶段的协商也可以请求多个安全关联。这样就可以达到重用、快速交换密钥的目的, 从而提高交换的效率。

10.1.6　IPsec 传输和隧道模式

IPsec 的工作原理类似于包过滤防火墙, 可以将其看作对包过滤防火墙的一种扩展。当接收到一个 IP 数据包时, 包过滤防火墙使用其报头在一个规则表中进行匹配。当找到一个相匹配的规则时, 包过滤防火墙就按照该规则制定的方法对接收到的 IP 数据包进行相应的丢弃或转发处理。IPsec 通过查询安全策略数据库 (security policy database, SPD) 决定对接收到的 IP 数据包的处理方式。

与包过滤防火墙不同的是, IPsec 对 IP 数据包的处理方式除了丢弃和转发 (绕过 IPsec) 外, 还有对 IP 数据包进行加密和认证。包过滤防火墙只能控制来自或去往某个站点的 IP 数据包的通过, 可以拒绝来自某个外部站点的 IP 数据包访问内部某些站点, 也可以拒绝某个内部站点对某些外部网站的访问, 但是它不能保证自内部网络出去的数据包不被截取, 也不能保证进入内部网络的数据包未经窜改。

只有在对 IP 数据包实施了加密和认证后, 才能保证其在外部网络传输的机密性、真实性、完整性, 通过互联网进行安全的通信才成为可能。

IPsec 既可以只对 IP 数据包进行加密或只认证, 也可以同时实施二者。但无论是进行加密还是进行认证, IPsec 都有两种工作模式, 分别是传输模式 (transport mode) 和隧道模式 (tunnel mode)。在这两种模式下, 可以使用 AH 或 ESP 报头两种方式进行封装。在实际进行 IP 通信时, 可以根据实际安全需求同时使用这两种报头或选择使用其中的一种。

1. 传输模式

传输模式是 IPsec 默认模式, 又称为端到端模式, 它适用于两个主机之间进行 IPsec 通信。传输模式下只对 IP 载荷进行保护, 可能是 TCP 或 UDP 或 ICMP 协议, 也可能是 AH 或 ESP 协议。传输模式只为上层协议提供安全保护, 在此模式下, 参与通信的双方都必须安装 IPsec, 而且它不能隐藏 IP 地址。

启用 IPsec 传输模式后，IPsec 会在传输层数据的前面增加 AH 或 ESP 报头或同时增加这两种报头，构成一个 AH 或 ESP 数据包，然后添加 IP 报头组成 IP 数据包。在接收方，首先处理的是 IP 报头，然后做 IPsec 处理，最后将载荷数据交给上层协议。

1）传输模式的认证

传输模式只对 IP 数据包的载荷进行认证。此时，继续使用以前的 IP 报头，只对 IP 报头的部分报头进行修改，而 AH 报头插入到 IP 报头和传输层之间，如图 10.5 所示。

IP报头	AH 报头	TCP/UDP/ICMP 载荷

图 10.5　传输模式认证报文

2）传输模式的加密

传输模式只对 IP 数据包的载荷进行加密。此时，继续使用以前的 IP 报头，只对 IP 报头的部分字段进行修改，而 ESP 报头插入到 IP 报头和传输层之间，如图 10.6 所示。

IP报头	ESP报头	TCP/UDP/ICMP载荷	ESP报尾	认证数据

图 10.6　传输模式加密报文

2. 隧道模式

隧道模式使用在两个网关之间站点到站点的通信。参与通信的两个网关实际是为两个以其为边界的网络中的计算机提供安全通信服务。

隧道模式为整个 IP 数据包提供保护，为 IP 本身而不只是上层协议提供安全保护。通常情况下只要使用 IPsec 的双方有一方是安全网关，就必须使用隧道模式，隧道模式的一个优点是可以隐藏内部主机和服务器的 IP 地址。

启用 IPsec 隧道模式后，IPsec 将原始 IP 数据包看作一个整体要保护的内容，前面加上 AH 或 ESP 报头，再加上新的 IP 报头组成新的 IP 数据包。隧道模式的数据包有两个 IP 报头，内部报头由路由器背后的主机创建，是通信终点，外部报头由提供 IPsec 的节点（如路由器）创建，是 IPsec 的终点。

事实上，IPsec 的传输模式和隧道模式分别类似于其他隧道协议，如二层隧道协议（layer 2 tunneling protocol, L2TP）的自愿隧道和强制隧道，即一个由用户实施，另一个由网络设备实施。

1）隧道模式的认证

隧道模式对整个 IP 数据包进行认证。此时，需要新产生一个 IP 报头，AH 报头被放在新产生的 IP 报头和以前的 IP 数据包之间，从而组成一个新的 IP 报头，如图 10.7 所示。

新的IP报头	IP报头	AH报头	TCP/UDP/ICMP载荷

图 10.7　隧道模式认证报文

2）隧道模式的加密

隧道模式对整个 IP 数据包进行加密。此时，需要新产生一个 IP 报头，ESP 报头被放在新产生的 IP 报头和以前的 IP 数据包之间，从而组成一个新的 IP 报头，如图 10.8 所示。

新的IP报头	ESP报头	IP报头	TCP/UDP/ICMP载荷	ESP报尾	认证数据

图 10.8　隧道模式加密报文

ESP 不保护任何 IP 报头字段，除非这些字段被 ESP 封装（隧道模式），而 AH 则为尽可能多的 IP 报头提供认证服务。因此，如果需要确保一个数据包的完整性、真实性和机密性，需同时使用 AH 和 ESP。先使用 ESP，然后把 AH 封装在 ESP 报头的外面，从而接收端可以先验证数据包的完整性和真实性，再进行解密操作，AH 能够保护 ESP 报头不被修改。

10.1.7　IPsec 安全问题

安全策略实施、SA 查询、加解密操作及密钥管理等都是部署 IPsec 时必须需要考虑的要素。有研究显示，在 IPsec 安全网关中，SA 查询比加解密操作还要费时。正确地实现或配置这些安全要素对减少其对网络性能的影响至关重要。

IKE 可以使用基于预共享密钥的认证和密钥管理方式，但是，随着 IPsec 应用规模的扩大，这种方式很难扩展、保证安全或实现密钥更新。为避免这种弊端，推荐使用基于公钥的认证和密钥管理方式。可以使用一个完全遵照 X.509 的公钥基础设施（public key infrastructure, PKI），但如此一来，会提高成本并加重负载，例如，检查失效的证书列表会消耗较多资源。

IPsec 并不是解决 IPv6 所有安全问题的终极方案，它提供加密传输等功能来减轻从网络层到应用层的安全威胁，但不能替代其他的安全防范功能，如垃圾邮件过滤、访问控制和入侵检测等。

IPsec 同样带来一些新问题，例如，它会使得两个 IPsec 端点间的深度包检测技术彻底失效，而入侵检测和病毒扫描等安全工具无法处理加密数据包，此种情况下，一种切实可行方法是将入侵检测和病毒扫描等功能分配到基于网络和基于主机的部件上。

此外，IPsec 无法抵御嗅探、DoS 威胁和应用层威胁。

10.2　安全邻节点发现协议

邻节点发现协议是 IPv6 设计用于实现链路通信控制的新协议，存在诸多安全威胁，总结而言，主要是因为缺乏相应的安全机制：一是没有防止重放威胁的机制；二是没有对数据源进行验证核实的机制；三是没有对路由器进行权威性验证的机制。

10.2.1　SEND 协议概述

安全邻节点发现（SEND）协议是 ND 协议的扩展，在原有 ND 协议通信交互的基础上，引入非对称加密技术及证书认证技术来提升协议安全性。

SEND 报文格式如图 10.9 所示。

IPv6报头 （下一报头 = 58）	ICMPv6报头	ND报文	SEND选项

图 10.9　SEND 报文格式

SEND 协议通过引入四个选项及两种报文来保证 IPv6 子网内的通信安全，SEND 选项代码及用途如表 10.1 所示。

表 10.1　SEND 选项代码及用途

选项名称	选项代码	选项功能
CGA	11	宣称地址所有权
RSA 签名	12	认证数据源
时间戳	13	抗重放威胁
随机数	14	确保请求-公告关联报文安全

其中，加密生成地址（cryptographically generated address, CGA）用来确保 ND 报文发送方的地址确实是其所声称的属于其自身的地址。

RSA 签名用来保护所有涉及邻节点发现和路由器发现的报文。

时间戳和随机数是为了防止重放威胁而引入的两个邻节点发现选项。在邻节点发现和路由器发现过程中，在向目的组播地址发送数据包时，可用时间戳选项来防止重放威胁，而不用事先建立状态或序列号（但是需时钟同步）。

随机数用于确保与请求-公告相关联的报文的安全。

SEND 协议添加证书路径请求（certificate path solicitation, CPS）、证书路径公告（certificate path advertisement, CPA）两种报文，SEND 协议授权委托发现过程报文代码及功能如表 10.2 所示。

表 10.2　SEND 协议授权委托发现过程报文代码及功能

报文名称	报文代码	报文功能
证书路径请求	148	请求证书路径
证书路径公告	149	回复包含证书路径的报文

为保护路由器发现过程，SEND 协议要求只有被授权的路由器才能行使路由器功能。SEND 协议对主机和路由器的授权过程是一致的，路由器从信任锚（trust anchor, TA）获得证书，配置有信任锚的主机可以认证路由器。SEND 中路由器授权包含两种情形：

（1）被授权的路由器可行使路由器的功能，这类路由器是被信任锚信任的路由器的集合，该集合中的所有路由器都具有相同的权限；

（2）被授权的路由器可公告特定的子网前缀。一个特定的路由器被授权公告特定的子网前缀，而其他的路由器被授权公告其他的子网前缀。信任锚也可以委托其他的实体（如 ISP 等）公告子网前缀。

需要注意的一点是：在 SEND 中使用的证书也可以应用于其他场合以提供授权服务，如路由信息，并且有必要确保授权信息恰当地用于所有应用。SEND 中的证书也允许授权路由器公告一个更大范围的子网前缀。例如，SEND 允许使用空前缀，但会在某些应用中造成验证或路由问题，推荐的用法是含有空前缀的 SEND 证书仅用于 SEND。

10.2.2　CGA 分析

CGA 是 SEND 协议引入的一种新的地址生成方法，通过将节点的地址与节点的公私钥对绑定的方法，证明节点拥有其所声称的地址的所有权，用以防范恶意节点伪造 IP 地址，是 SEND 协议的运作基础。

本节从基本思想、生成与验证两个方面对 CGA 进行分析。

1. CGA 基本思想

CGA 借鉴自我认证地址（self-certifying address, SCA）思想，使得其不需要诸如 PKI、授权认证、可信服务器或任何安全基础设施的支持即可运作，还可以用于实现节点证明其拥有自己所声称的地址。

CGA 的基本思想是对公共密钥进行哈希计算以生成 IPv6 地址的后 64 位，即接口标识符（IID）。CGA 接口标识符结构如图 10.10 所示。

图 10.10　CGA 接口标识符结构

其中，IPv6 子网前缀（CGA 地址的前 64 位）由路由器公告宣称，接口标识符部分由节点的公钥和安全参数[图 10.10 中的 3 位安全参数（security parameter, SEC）]等经过哈希函数生成。

CGA 的目的是将公钥与 IPv6 地址绑定。由于在非对称加密技术中，在参数配置相同的情况下，公私钥是一一对应的，因此不同公钥生成的 CGA 与节点的公私钥对形成绑定关系，这种绑定关系是 SEND 协议防止 IPv6 地址欺骗的基础。

2. CGA 生成与验证

每一个 CGA 都与一个 CGA 参数结构相关，CGA 参数结构如图 10.11 所示，各字段的含义如下。

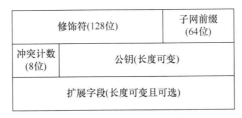

图 10.11　CGA 参数结构

（1）修饰符，128 位，主要在 CGA 生成过程中起增加地址随机性的作用。

（2）子网前缀，64 位，为 IPv6 子网前缀。

（3）冲突计数，8 位，只能为 0、1 或 2，记录了 CGA 生成过程中的地址冲突次数。

（4）公钥，长度不固定，使用可辨别编码规则（distinguished encoding rules, DER）编码的抽象语法标记 1（abstract syntax notation one, ASN.1）的数据结构，该结构在 X.509 证书中的 SubjectPublicKeyInfo 字段中定义。目前，节点只能用 RSA 算法确定公私钥对。

（5）扩展字段，可选且变长，用于 CGA 的扩展。

下面简要介绍 CGA 的生成与验证过程。

1）CGA 生成过程

CGA 生成过程如图 10.12 所示，可知 CGA 生成过程包括了 CGA 参数结果的确定。

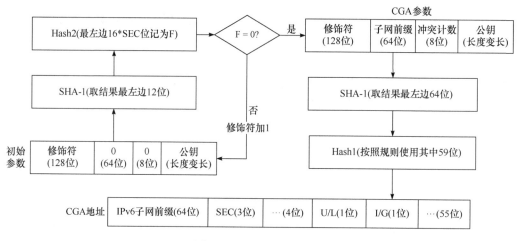

图 10.12　CGA 生成过程

（1）修饰符的确定。

初始时，CGA 参数构成包括随机或伪随机生成修饰符、值为 0 的子网前缀和冲突计数以及相应的公钥。根据安全参数（SEC）的配置，经过一轮或几轮 SHA-1 运算，使得 Hash2 的值满足要求，从而确定修饰符的值。

（2）接口标识符的生成。

修饰符的值确定后，CGA 参数结构由确定的修饰符、真实的子网前缀、值为 0 的冲突计数以及相应的公钥组成。然后，经过 SHA-1 运算得到 Hash1，由于 IPv6 地址的某些位具有特殊含义，Hash1 必须按照一定的规则使用，即 Hash1 的第 7 位和第 8 位须设置为 0，Hash1 的前三位须与 SEC 的值相吻合，其他位不变。至此，CGA 接口标识符生成完毕。

（3）CGA 生成。

将生成的 CGA 接口标识符与 IPv6 子网前缀结合起来就生成了 CGA。然后，进行重复地址检测（DAD），若存在冲突，则将 CGA 参数结构中的冲突计数字段加 1，然后重新计算 Hash1，直到冲突计数字段为 2 时，结束 CGA 生成过程并发送错误报告。

2）CGA 验证过程

（1）验证冲突计数和子网前缀字段。

首先，节点提取 CGA 参数结构，判断冲突计数字段的值是否为 0、1 或 2，若不为 0 或 1 或 2，则验证失败；若为 0、1 或 2，则判断前缀字段与 IPv6 子网前缀是否一致，若不一致，则验证失败。

（2）验证 Hash1 的值。

节点使用 SHA-1 计算 CGA 参数结构的散列值，取其最左边 64 位为 Hash1，将其与 CGA 接口标识符按照之前的规则进行比较，若不完全符合，则验证失败。

（3）验证 Hash2 的值。

将 CGA 参数结构的子网前缀字段和冲突计数字段设为 0，保持修饰符和公钥不变，对其进行 SHA-1 计算，取结果的最左边 112 位为 Hash2。然后，从 CGA 接口标识符中获取 SEC 的值，判断 Hash2 的最左边 16*SEC 位是否全为 0，若不全为 0，则验证失败。

CGA 验证过程伪代码如下。

输入：CGA

输出：验证结果

```
1    Validate cga_parameters    //验证参数有效性
2    IF collision_count ∉ {0,1,2}
3        THEN return FAILURE
4    IF prefix ≠ CGA prefix
5        THEN return FAILURE
6    Hash1: = first(64, SHA-1(cga_parameters))
7    IF Hash1[3..5,8..63] ≠ IID
8        THEN return FAILURE
9    SEC: = IID[0..2]
10   Hash2: = first(112, SHA-1(modifier | 9 zero-octets | public key* |
                 optional extension fields))
11   IF first(16*SEC, Hash2) ≠ 0
12       THEN return FAILURE
13   return SUCCESS
```

10.2.3　授权委托发现过程分析

在 ND 协议中，当某个节点收到一个声称是路由器的节点发出的报文时，该节点并没有任何措施用于验证这个报文的真实性，因此存在一个巨大的安全隐患。

SEND 协议虽然使用了 CGA 和 RSA 签名来保护报文的安全，但是这两种技术均不能对报文的发送方进行身份合法性认证，即 IPv6 子网内的任一节点只要拥有或生成公私钥对，就会被认为是子网内的合法节点。

CGA、RSA 签名、时间戳及随机数四个选项的引入只能保证数据包来自宣称 CGA 的公私钥持有者，且数据包没有被窜改。

路由器的身份认证不能简单地通过上述四个选项实现，主要原因有三个：一是路由器的作用特殊；二是上述四个选项主要用于邻节点请求/公告；三是让路由器进行大量的关于 RSA 的运算显然是不现实的。

因此，SEND 协议必须另辟蹊径，以减轻路由器在身份认证中的计算负担。SEND 协议设计了授权委托发现机制来区别主机和路由器，且使得路由器工作负担较小。

本节从基本思想、工作流程两个方面对授权委托发现过程进行分析。

1. 授权委托发现基本思想

ADD 过程通过使用 PKI 和 X.509 数字证书实现。在 ADD 过程中，节点需要配置一个或多个信任锚（TA），其中 TA 是具有数字证书签发能力的可信节点，是其管理范围内的合法权威认证机构。

要在一个节点上配置一个 TA，需要在节点上安装一个该 TA 给自己签发的数字证书，这一过程由网络管理员负责。SEND 协议中的合法路由器都需要配置至少一个 TA 来直接或间接签发证书，数字证书中包含有效时间及授权公告的 IPv6 子网前缀等信息。

当一个主机节点第一次收到一个自称是“路由器”的节点发出的 RA 报文时（不论该 RA 报文是一个请求报文还是一个非请求报文），该节点就开始一次 ADD 过程。首先，该节点向该“路由器”发出一个证书路径请求报文，并在该证书路径请求报文中附带上自己的 TA 报文。当“路由器”接收到证书路径请求报文后，根据该证书路径请求报文中的 TA 报文，将该 TA 到本地的数字证书链通过证书路径公告报文发到发送证书路径请求的节点，其中，为防止证书路径公告报文分片，一个证书路径公告报文中只能带有一个数字证书链。

当该节点接收到“路由器”证书路径公告报文返回的数字证书链后，就根据这些证书路径公告报文中的组件字段得到数字证书链，并验证该证书链。若证书链无法通过验证，则该“路由器”不能被相信，该“路由器”的报文不能修改本地的路由表，否则，该“路由器”就是一个可信的路由器。

2. 授权委托发现工作流程

SEND 协议通过引入两种新的报文来对路由器的合法性进行认证，即证书路径请求和证书路径公告。下面介绍这两种报文的结构及含义。

1）证书路径请求

证书路径请求报文结构如图 10.13 所示，其中类型字段为 148，用以标明 CPS 报文，代码字段为 0，校验和字段用于差错检验，标识符字段用以匹配 CPS 报文和 CPA 报文，组件字段用以指明请求节点想要接收的证书路径上的证书序号，如果请求节点想要接收完整的证书路径，则该字段设置为 65535，而选项字段用以指定请求节点可以接受的信任锚。

<table>
<tr><td>类型＝148
(8位)</td><td>代码＝0
(8位)</td><td colspan="2">校验和(16位)</td></tr>
<tr><td colspan="2">标识符(16位)</td><td colspan="2">组件(16位)</td></tr>
<tr><td colspan="4">选项(长度可变)</td></tr>
</table>

图 10.13　证书路径请求报文结构

2）证书路径公告

证书路径公告报文结构如图 10.14 所示，其中类型字段为 149，用以标明 CPA 报文，代码字段为 0，校验和字段用于差错检验，标识符字段用以匹配 CPS 报文和 CPA 报文，所有组件字段用以指明完整证书路径中含有的证书个数，组件字段用以指明当前报文携带的证书序号，保留字段为 0，选项字段用以指明应答节点接受的信任锚，同时还需携带证书原始数据。

类型 = 149 (8位)	代码 = 0 (8位)	校验和(16位)	
标识符(16位)		所有组件(16位)	
组件(16位)		保留(16位)	
选项(长度可变)			

图 10.14　证书路径公告报文结构

ADD 过程主要包括三个部分，即主机发送证书路径请求、路由器发送证书路径公告及主机验证证书路径。授权委托发现过程如图 10.15 所示。

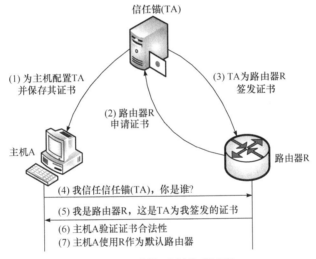

图 10.15　授权委托发现过程

第一，为主机配置信任锚（TA）并保存其证书[图 10.15 中（1）]，此时，主机 A 获得相关参数，包括签名算法等；第二，路由器 R 向信任锚（TA）申请证书[图 10.15 中（2）]，信任锚（TA）向路由器 R 签发证书[图 10.15 中（3）]，路由器 R 将该证书存储起来以备查询；第三，路由器 R 向 IPv6 子网发送 RA 报文，主机 A 收到该报文后，触发 ADD 过程，主机 A 向路由器发送证书路径请求[图 10.15 中（4）]；第四，路由器 R 向主机 A 发送包含已存储证书的证书路径公告[图 10.15 中（5）]；第五，主机 A 收到路由器 R 所发送证书路径公告报文的证书链后，根据一定的算法对其中证书的合法性进行验证[图 10.15 中（6）]；第六，主机 A 验证该证书链合法，那么就使用路由器 R 作为默认路由器[图 10.15 中（7）]。另外，在 ADD 过程中，主机 A 必须周期性地检查证书撤销列表（certificate revocation list, CRL），以保证路由器保存的证书在有效时间内。

10.3　本章小结

　　IPsec 是一个开放的安全协议框架，可无缝地为 IPv6 网络层数据传输提供访问控制、数据源身份认证、数据完整性检查、机密性保证以及抗重放威胁等安全服务，另外还提供一定的数据流机密性，使得通过包大小、包速率等进行流量分析变得更加困难，以解决网络层端到端数据传输的安全问题。本章对 IPsec 体系架构、安全关联、认证报头、封装安全载荷报头、互联网密钥交换协议及传输和隧道模式进行了介绍，最后分析了 IPsec 存在的安全问题。

　　IPv6 邻节点发现（ND）协议代替了 IPv4 中 ARP、ICMP、路由器发现以及 ICMP 重定向报文用以确定邻节点之间的关系的功能。由于 ND 协议过于简单，存在难以防范重放威胁及难以验证真实数据源等问题，SEND 协议应运而生，在 ND 原有架构的基础上，通过引入非对称加密技术与证书认证技术，极大地提高了 IPv6 邻节点发现的安全性。本章概述了 SEND 协议，分析了 CGA 地址和授权委托发现过程。

习　　题

1. IPsec 在 IPv6 中需要哪些扩展报头配合？都支持哪些安全服务？
2. IPsec 在具体使用时，可用于哪些 IPv6 报文或过程的安全防护？
3. IPsec 支持哪两种模式？分别适用于哪些环境和安全需求？
4. 应用 IPsec 一定能保证安全吗？
5. 安全邻节点发现协议能防范哪些 ND 协议的安全威胁？防范举措是什么？
6. CGA 有哪些特点？
7. 请尝试分析 ND 与 SEND 混合部署环境中可能存在的安全问题。
8. 分析 SEND 协议在部署时面临哪些困难。
9. 除了 IPsec 和 SEND 协议，IPv6 下还有哪些可用的网络安全协议？

第 11 章　IPv6 网络安全机制

针对 IPv6 地址、邻节点发现协议、DHCPv6 地址配置等存在的安全威胁，IPv6 提供了地址隐私保护、真实源地址验证、RA-Guard、DHCPv6-Shield 等安全机制，本章重点对这些安全机制进行介绍。

11.1　地址隐私保护

IPv6 地址接口标识符的生成方式与 IPv6 地址安全和隐私保护息息相关。为保护 IPv6 地址的隐私，为 IPv6 接口分配隐私地址是一个不错的选择（显然，一个拥有 DNS 域名且接受入站连接的接口不能使用隐私地址，但是其仍然可以使用不同的临时地址进行出站连接）。

11.1.1　地址隐私保护优势分析与临时地址生成

采用 EUI-64 地址、IPv4 地址嵌入等接口地址生成方式容易造成地址扫描、位置追踪等信息泄露安全威胁。

以通过 EUI-64 方式生成接口标识符为例，使用该方式的 IPv6 主机存在多种隐私泄露和安全威胁，这里介绍 4 种信息泄露威胁：事件关联、位置跟踪、地址扫描、特定设备缺陷发现，EUI-64 方式造成的信息泄露威胁如表 11.1 所示。

表 11.1　EUI-64 方式造成的信息泄露威胁

威胁	含义
事件关联	在地址有效生存期内，对所发生的事件进行关联分析
位置跟踪	根据前 64 位具有位置相关信息的部分进行位置跟踪
地址扫描	在 IPv6 地址扫描时，减小搜索目的网络地址空间
特定设备缺陷发现	根据地址推测操作系统等信息，从而发现更多存在相同缺陷的特定设备

前三种安全威胁依赖于扫描者收集的目的主机接口标识符信息。收集接口标识符并不是件困难的事情，网络中许多实体都可以完成这项工作，如 Web 服务器、与目标连接到同一链路的实体、对主机流量的被动观察者、路径上的网络运营商等。

针对上述信息泄露安全威胁，地址隐私保护是一种典型的防范方式和手段。通过使用地址隐私保护措施，可降低地址扫描威胁，也可降低事件关联、位置跟踪、特定设备缺陷发现威胁。

1. 降低地址扫描威胁

在对 IPv6 地址进行扫描时，虽然 IPv4 遍历式扫描的手段不再适用，但是地址扫描者在应对巨大的 IPv6 地址空间时并非束手无策，在多种场景下都存在可大幅减小地址扫描空间的情况，常见场景有：

（1）以 IPv4 地址嵌入、服务端口嵌入、低字节地址为代表的 IPv6 弱地址设置使得扫描者可以减小地址扫描空间来降低 IPv6 存活地址扫描难度；

（2）基于地址预测（目标地址生成）的 IPv6 地址扫描方法。基于 IPv6 种子地址集，使用机器学习、深度学习等方法对地址集进行分类和预测，从而生成一些可能存活的地址，然后进行存活地址扫描即可。

为有效降低地址扫描方面的安全风险，通常可从以下几方面考虑：

（1）在为主机手动分配 IPv6 地址时，不应为了追求方便管理、易于记忆而分配有特殊含义等有明显规律的地址，IPv6 地址分配时应该优先进行安全考虑，所分配的地址应充分随机化；

（2）为 IPv6 地址设置猜测难度大的反向解析域名，以避免将域名、主机名等信息作为关联信息来进一步发现更多的地址；

（3）主机仅作为客户端时，开启隐私扩展保护选项，使用有效期更短的临时地址发起通信连接；

（4）对含有地址记录的文件要进行充分保护，因为信息收集者对含有 IPv6 地址的文件非常感兴趣，如 DNS 记录、DHCPv6 记录、日志文件等。

2. 降低事件关联、位置跟踪、特定设备缺陷发现威胁

关于事件关联、位置跟踪、特定设备缺陷发现这 3 种安全威胁是否会造成实质影响，其关键因素在于受害主机生成和使用地址的方式。在某些场景下，有些主机配置单个全球单播地址并将其用于所有通信，还有些主机使用不同的地址分配机制来配置多个 IPv6 地址，并使用其中任何一个或所有 IPv6 地址。

RFC 3041 试图通过定义出站连接的临时地址来解决上述风险问题。RFC 3484 指定稳定地址用于出站连接，除非应用程序明确出站连接首选临时地址，建立稳定地址的默认首选项是为了避免由于临时地址的生存期短，可能发生反向查找错误，从而进一步使得应用程序失败的情况出现。

事实上，大多数操作系统（尤其是 Windows 操作系统）都默认使用临时地址作为出站连接的首选。因此，RFC 6724 随后废弃了 RFC 3484，并更改了默认设置以匹配实际需要。

临时地址由 RFC 3041 提出后，其思想得到保存，但为了丰富更多细节或完善实现缺陷，RFC 4941、RFC 8981 相继对其进行优化改进。RFC 8981 设计了与 SLAAC 体系结构兼容的一种方法，其地址的 IID 部分会随时间改变，更改 IID 会使得基于 IP 地址确定同一主机更加困难。当许多主机同时充当客户端和服务器时，主机需要一个名称（如 DNS 域名）才能用作服务器，在这个场景下，IP 地址是否变化对隐私保护来说几乎是无意义的，因为名称保持不变并充当了标识符。

然而，当充当客户端（如启动通信）时，这样的主机可能希望改变其使用的地址。因此，这样的场景中可能需要多个地址：一个与名称关联的稳定地址（用于接收来自其他主机的传入连接请求），以及一个临时地址（用于在客户端启动通信时屏蔽其身份）。另外，仅作为客户端运行的主机可能只希望使用临时地址进行公共通信。

RFC 8981 推荐的临时地址生成算法的大致工作流程如下。

（1）处理 RFC 4862 SLAAC 算法中指定的前缀信息选项，调整现有临时地址的寿命。总的约束条件是，临时地址不应该在比 TEMP_VALID_LIFETIME 或 TEMP_PREFERRED_LIFETIME–DESYNC_FACTOR 更长的时间内保持有效或首选。配置变量 TEMP_VALID_LIFETIME 和 TEMP_PREFERRED_LIFETIME 分别对应于临时地址的最大有效生存期和最大首选生存期。

（2）每个临时地址关联一个创建时间（称为 CREATION_TIME），该时间指示创建地址的时间。更新现有临时地址的首选生存期时，它将设置为在接收的生存期指示的时间或 CREATION_TIME+TEMP_PREFERRED_LIFETIME–DESYNC_FACTOR 过期。关于有效生存期，也可以使用相同的方法。DESYNC_FACTOR 见步骤（4）。

（3）如果主机没有为相应的前缀配置任何临时地址，则主机应该为该前缀创建一个新的临时地址（注意：主机可能会实施特定于前缀的策略，例如，不为唯一本地地址 ULA 前缀配置临时地址）。

（4）创建临时地址时，会计算 DESYNC_FACTOR，并将其与新创建的地址关联，而且地址生存期必须从相应的前缀派生，如下：

① 它的有效生存期是前缀的有效生存期和 TEMP_VALID_LIFETIME 中的较低者；

② 它的首选生存期是前缀的首选生存期和 TEMP_PREFERRED_LIFETIME–DESYNC_FACTOR 中的较低者。

（5）仅当此计算出的首选生存期大于 REGEN_ADVANCE 时，才创建临时地址。特别注意，不得创建具有零首选生存期的临时地址。

（6）必须通过将随机 IID 附加到收到的前缀来创建新的临时地址。

（7）主机必须对生成的临时地址执行 DAD。如果 DAD 指示该地址已在使用中，则主机必须生成一个新的随机 IID，并酌情重复前面从步骤（4）开始的步骤，直到 TEMP_IDGEN_RETRIES 时间。如果在 TEMP_IDGEN_RETRIES 时间内连续尝试之后，主机无法生成唯一的临时地址，则主机必须记录系统错误，并且在主机通过执行 DAD 失败的接口连接到网络的持续时间内，不应尝试为给定前缀生成临时地址。

11.1.2　地址隐私保护面临的挑战

本节将围绕现有 IID 生成方案的风险评估、隐私保护考虑的其他因素、临时地址带来的问题、非 IPv6 单栈网络的隐私安全等方面阐述地址隐私保护面临的挑战。

1. 现有 IID 生成方案的风险评估

根据 IID 的变化特性，RFC 7721 把 IID 分为恒定的（constant）、稳定的（stable）和临时的（temporary）。其中，恒定 IID 就是当节点从一个 IPv6 链路转移到另一个 IPv6 链路时，接口标识符不会变；稳定 IID 是指在某种特定上下文环境中 IID 保持不变，例如，只要在同一条链路下 IID 就保持不变，但当移动到另一条链路时 IID 就会变化；临时 IID 是指那些随时间而变化的接口标识符。

此外，根据 IID 是否语义透明，可以将其分为语义不透明 IID 和语义透明 IID。对于语义不透明 IID 而言，IPv6 地址的后 64 位可以看作随机的二进制字符串。

在对各种 IID 的生成方案和特性进行研究分析后，RFC 7721 给出了风险评估结果。如表 11.2 所示，CGA、随机地址和临时地址对位置跟踪、地址扫描、特定设备缺陷发现这三方面的威胁都有很好的抵御作用，关于事件关联威胁的防范情况，表现为在一定的条件下仍然存在事件关联的可能，只不过是限制了威胁者可利用的时间或范围。

表 11.2 常见接口标识符生成方式的风险评估表

IID 生成方案	事件关联	位置跟踪	地址扫描	特定设备缺陷发现
EUI-64	设备使用期	设备使用期	可能	可能
手动静态	地址使用期	地址使用期	取决于 IID 生成方式	取决于 IID 生成方式
恒定的语义不透明随机地址	地址使用期	地址使用期	不能	不能
CGA	modifier 和公钥的使用期	不能	不能	不能
稳定的语义不透明随机地址	在某个 IPv6 链路	不能	不能	不能
临时地址	地址使用期	不能	不能	不能
DHCPv6	租约时间	不能	取决于 IID 生成方式	不能

2. 隐私保护考虑的其他因素

仅仅针对地址进行隐私保护并不能完全解决隐私问题，因为地址只是网络通信的基础标识符，威胁者可以从除地址外的其他途径收集信息。设想一个场景，一条链路上只有一个主机，即使该主机有意使用了临时地址，依然可以完成事件关联或位置跟踪，因为此时前缀成为标识符。可充当标识符的消息类型多种多样，如域名、浏览器 cookie。再设想一个场景，主机有意使用临时地址（作为源地址）来与目的节点进行通信，但威胁者仍然可以探测稳定地址，即便该地址从未被用作源地址或在链路外部（如在 DNS 或 SIP 中）公布，其原因是临时地址被设计为补充主机生成的其他地址，主机依然可以配置更稳定的地址。

3. 临时地址带来的问题

当然，让大量客户每天或每周更改地址可能足以缓解大多数隐私问题，但是与主机相关联的大量地址也会带来客户端成本（例如，在进行地址查找时，需要加入许多 IP 组播组等），对主机性能产生影响，而且保护个人隐私的愿望可能与有效维护和调试网络的愿望发生冲突，使追踪和隔离运营问题变得更加困难。

在一些场景中，大量 IPv6 地址的使用可能会对网络设备产生负面影响，如源地址验证改进（source address validation improvement, SAVI），因为这些设备需要为每个 IPv6 地址维护某种数据结构条目。

如果网络设备中的邻节点缓存不足以存储链路上的所有地址，那么主动并发使用多个 IPv6 地址将增加邻节点发现拥塞情况。此外，如果以高速率重新生成临时地址，某些网络安全设备也可能会错误地将其视为 IPv6 地址伪造行为。

4. 非 IPv6 单栈网络的隐私安全

以上都是对 IPv6 单栈网络的分析，而 IPv4 与 IPv6 共存的阶段将持续一个不短的时间。过渡措施由于采取独特的地址生成方案，也会带来一些隐私和安全问题。例如，Teredo 将 IPv4 地址和端口嵌入到 IPv6 地址中，并且 RFC 4380 中将多余的比特设置为 0，这也使得扫描者可以很容易地根据 Teredo 所使用的 IPv4 地址和端口来扫描 IPv6 地址（由于很多 NAT 中端口并非随机分配），为此，后来又增加了 12 个随机比特。

另一些过渡隧道，如 ISATAP，也使用 IPv4 地址来生成 IPv6 地址，这使得扫描者更容易进行端口扫描。其他一些措施如轻量级 4over6（lightweight 4over6）、带有封装的地址和端口映射（mapping of address and port with encapsulation, MAP-E）、使用翻译的地址和端口映射（mapping of address and port using translation, MAP-T）、使用 IPv4 地址和端口集合 ID。

总的来说，由于 IPv6 网络欠缺大规模使用的安全使用与运维经验，大量支持 IPv6 的设备对 IPv6 也只实现了基本功能，已经进行的安全检验和提升还十分有限，IPv6 地址方面的安全仍然有待进一步研究。

11.2　真实源地址验证

为在互联网中进行正常通信，报文的发送方应该在报文的源地址字段填写真实 IP 地址，这样报文的接收方才知道将报文返回哪一个地址。然而，在当前互联网体系结构里，网络中的数据包转发只基于目的地址，对于源地址基本不做检查，使得源地址伪造变得简单且频繁。

在互联网中地址是主机的标识，而缺乏源地址的验证使得无法在网络层建立起信任关系。源地址伪造由于简单且频繁，已成为当前互联网最重要的安全隐患之一。针对源地址伪造问题，需要保证报文中源地址的真实性，为此要进行真实源地址验证。在网络中部署真实源地址验证机制能够带来如下好处：

（1）可以直接处理一些伪造源地址的 DDoS 威胁，如反射威胁等；

（2）可以使得互联网中的流量更加容易追踪，使得设计安全机制和网络管理更加容易；

（3）可以实现基于源地址的计费、管理和测量；

（4）可以为安全服务和安全应用的设计提供支持。

然而，依赖单一层次的源地址验证技术很难解决源地址伪造问题，需要在不同层级间灵活配合，因地制宜地采用各技术，从而实现整个互联网范围内源地址的真实可靠。

在设计真实源地址验证体系结构（source address validation architecture, SAVA）时考虑以下原则：不应大幅降低现有设备的性能；应支持在整个互联网大范围部署；支持分层部署，以在不同位置满足不同粒度的需求；不同部分的运营商可采用各自不同的实现；支持增量部署；部署后更容易发现和追踪伪造源地址的报文。

基于这些原则，SAVA 采用三级体系化设计，划分成接入网真实源地址验证、自治域内真实源地址验证、自治域间真实源地址验证三个层级，各级实现不同粒度的真实源地址验证，并且允许运营商在每个层级灵活选择不同的技术，注重整体结构的简单性和各部分组成的灵活性的平衡（图 11.1）。

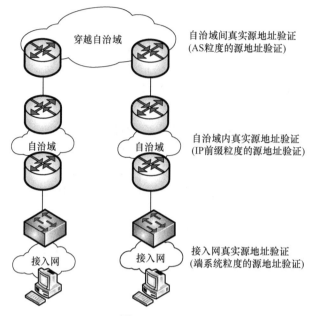

图 11.1　SAVA

1. 接入网真实源地址验证技术

接入网真实源地址验证技术的基本思想是，通过一个由真实 IPv6 地址准入验证服务器、真实 IPv6 地址准入交换机和真实 IPv6 地址准入客户端构成的系统对用户进行准入控制。

其中，准入验证服务器对用户身份进行验证，分配相应的 IPv6 地址区间，并建立两者的对应关系，在获取来自服务器的用户 IPv6 地址区间后，准入交换机会将该信息与客户端的 MAC 地址以及用户访问的端口号进行关联，并将这些数据存储到绑定关系表中。随后，准入交换机会将 IPv6 地址发送给客户端。客户端接收到 IPv6 地址后，解析出 IPv6 地址空间，并配置到 IPv6 数据包发送模块。之后，IPv6 数据包发送模块以该 IPv6 地址为源地址，发送 IPv6 数据包，并交由准入交换机进行过滤处理。

接入网真实源地址验证技术适用于用户通过以太网经交换机直接接入互联网的条件。在实施端口绑定的方法上，该技术可以与包括 802.1x 在内的现有其他方案很好地结合起来，以方便部署。交换机的每个端口绑定一个 IP 地址，对网络管理和流量计费等措施也可以提供保证。过滤算法直接将数据包的源地址作为过滤依据，开销较小，可以获得不错的系统性能。

在接入网真实源地址验证层级，可以完成主机粒度的真实源地址验证，其使用 SAVI 技术作为接入网验证方案，实现步骤可分为以下三步：

（1）监听报文，获取主机的合法地址。

（2）建立绑定关系，将主机合法 IP 与主机网络附属的链路属性绑定。

（3）报文流入网络，对报文中的源地址与其绑定信息进行匹配，进一步决策是否放行。

2. 自治域内真实源地址验证技术

对于每个自治域的管理者来说，如何在域内的各个接入网之间实现真实源地址验证也是一个比较重要的问题。与自治域间真实源地址验证技术相比，自治域内真实源地址验证技术的网络规模上较小，获取网络信息的途径也更加灵活。

在自治域内真实源地址验证层级，可以完成 IP 前缀粒度的真实源地址验证。同一管理机构负责自治域内的所有设备，所以只需在运营商网络和接入网络的边界部署验证规则即可。在真实源地址验证体系结构中，选择入口过滤在多宿主网络中部署的方案作为自治域内真实源地址验证方案。

3. 自治域间真实源地址验证技术

在自治域间源地址验证层级，可以完成自治域粒度的真实源地址验证。按照自治域是否为邻接关系，可将自治域间真实源地址验证技术分为邻接部署和非邻接部署。

对于邻接部署，利用自治域邻接关系，在自治域边界路由器上生成和每一个路由器接口关联的真实 IPv6 源地址验证规则表，并利用规则表在自治域边界路由器上对伪造 IPv6 源地址的数据包进行验证检查。

对于非邻接部署，将自治域组成一个信任联盟，联盟内各个自治域的控制服务器通过端到端的方式交互彼此的地址空间信息和协商签名信息，然后由自治域的边界路由器在发送的 IPv6 数据包中增加 IPv6 逐跳选项报头来存放签名，并在接收的 IPv6 数据包中检查 IPv6 逐跳选项报头中的签名是否正确，以验证数据包源地址的合法性。

在真实源地址验证技术的具体实施过程中，非邻接部署的自治域间真实源地址验证技术更加适合早期的网络环境。在这一时期的网络中，部署真实源地址验证技术的自治域数量相对较少，分布较为稀疏，采用非邻接部署的自治域间真实源地址验证技术可以保证所有部署这一技术的自治域之间相互通信。

非邻接部署的自治域间真实源地址验证技术的优点在于：以自治域为单位部署，部署了这一技术的自治域可以立即享受到真实源地址验证技术带来的好处及优势，在所有成员之间既可以保证自己的地址不被伪造，又可以验证其他来源的地址的真实性。因此，该技术具有很好的增量部署特点和激励机制。

签名的自动更新降低了控制服务器之间的通信开销，在性能方面也可以收到十分不错的效果。

11.3　RA-Guard

在没有安全邻节点发现（SEND）完全支持或者没有支持 SEND 所需的基础设施的二层网络中运行 IPv6 时，面临着连接到该网络的未经授权或未正确配置的路由器所恶意或无意生成的路由器公告（RA）欺骗报文导致的安全风险。

RA-Guard 就是针对 RA 报文欺骗问题的解决方案框架，其中网络被设计为由能够识别无效 RA 报文并阻断它们的单个二层交换设备或一组二层交换设备组成。在此框架内开发的解决方案可以进行基本操作，其中二层交换设备的端口被静态配置为转发或不转发接收到的 RA 报文，也可进行高级操作。二层交换设备使用特定标准（此标准甚至可基于 SEND 机制）来动态检验接收到的 RA 报文。

RA-Guard 适用于 IPv6 终端设备之间的所有报文都通过受控二层交换设备的环境。当设备无须通过支持 RA-Guard 的二层交换设备即可直接通信时，RA-Guard 就不适用。

RA-Guard 简单部署场景示例如图 11.2 所示。

图 11.2　RA-Guard 简单部署场景

　　除 RA 报文过滤外，RA-Guard 还引入了路由器授权代理的概念，即链路上的每个节点都分析 RA 报文并做出独立决定：如果启用了 SEND，则会根据 X.509 证书来检查 RA 报文。在路由器授权方面，RA-Guard 可视为 SEND 的超集，它根据一系列标准来过滤 RA 报文，从简单的"在给定接口上不允许使用 RA 报文"到"允许从预定义源所发送的 RA 报文通行"，再到 SEND 所保证的"仅允许授权源所发送的 RA 报文通行"。

　　RA-Guard 对于简化 SEND 部署很有帮助，因为它只需要二层交换机和路由器携带证书（自己的证书和信任锚证书）。

　　RA-Guard 可分为无状态 RA-Guard 和有状态 RA-Guard 两种。

11.3.1　无状态 RA-Guard

　　无状态 RA-Guard 验证其所收到的 RA 报文，并根据报文或二层交换设备配置中的信息来决定是转发还是阻止。收到的 RA 报文中对 RA 报文验证有用的典型信息如下：

　　（1）发送节点的链路层地址。

　　（2）收到该 RA 报文的端口。

　　（3）发送者的源 IP 地址。

　　（4）前缀列表。

　　在二层交换设备上创建的以下配置信息可供 RA-Guard 使用，以验证在接收到的 RA 报文中找到的信息：

　　（1）允许/不允许的 RA 报文发送节点的链路层地址。

　　（2）允许/不允许端口接收 RA 报文。

　　（3）允许/不允许的 RA 报文发送节点的源 IP 地址。

　　（4）允许的前缀列表和前缀范围。

　　（5）路由器优先级。

　　一旦无状态 RA-Guard 根据配置信息验证通过了 RA 报文，它就将该 RA 报文转发到其目的节点，无论是单播还是组播，否则，该 RA 报文将被丢弃。

　　非常简单的无状态 RA-Guard 实现可以是小型二层交换机，其中有一个静态配置接口作为连接到路由器的接口，而所有其他接口用于非路由器设备。通过此类简单的静态设置，唯一转发 RA 报文的接口将是预先分配的路由器接口，而非路由器接口将阻止其所接收到的所有 RA 报文。

11.3.2　有状态 RA-Guard

有状态 RA-Guard 动态学习合法 RA 发送节点并存储学到的信息以允许转发后续的
RA 报文。

1. 状态机

对于二层交换设备，一个简单的有状态方案在某个手动配置的时间段内监听 RA 报文，
其中监听开始和持续时间由人工干预控制。然后，二层交换设备可以仅在该时间段内接收
到有效 RA 报文的那些端口上允许转发后续的 RA 报文。通常，只有在二层网络上配置新
的 IPv6 路由器时，才会通过手动配置来激活学习状态。

RA-Guard 包含关闭、学习、阻止和转发四种不同的状态。

状态 1：关闭。

RA-Guard 关闭状态下的设备或接口就像 RA-Guard 功能不可用时一样运行。

状态 2：学习。

RA-Guard 学习状态下的设备或接口正在主动获取连接到其接口的 IPv6 路由设备的信
息。学习过程在预定义的时间段内进行，该时间段可通过手动配置来设定或者通过事件触
发。将获得的信息与预定义的标准进行比较，以确定 RA 报文的有效性。

在此状态下，启用 RA-Guard 的设备或接口要么阻止所有 RA 报文直到其有效性得到验
证，要么暂时转发所有 RA 报文直到其有效性得到验证。

当二层交换设备到达学习状态的末尾时，二层交换设备会记录哪些接口连接到具有有
效 IPv6 路由器的链路。如果在接口上没有发现有效 IPv6 路由器，则二层交换设备将每个
接口从学习状态转换为阻止状态，而如果发现有效 IPv6 路由器，则转换为转发状态。

状态 3：阻止。

RA-Guard 阻止状态下的设备或接口将阻止接收到的 RA 报文。如果有二层交换设备操
作员的明确指令，一个接口可以直接从阻止状态转换到转发状态。如果有二层交换设备操
作员的明确指令或触发事件发生，一个接口也可以从阻止状态转换为学习状态。

状态 4：转发。

RA-Guard 转发状态下的设备或接口将接收有效的 RA 报文并将它们转发到目的节点。
如果有二层交换设备操作员的明确指令，一个接口可以直接从转发状态转换到阻止状态。
如果有二层交换设备操作员的明确指令或触发事件发生，一个接口也可以从转发状态转换
到学习状态。

可以通过手动配置或满足预定义标准来触发这些状态之间的转换。

2. 基于 SEND 的 RA-Guard

在基于 SEND 的 RA-Guard 中，二层交换设备基于 SEND 来阻止或转发 RA 报文。在
接口上捕获 RA 报文时，二层交换设备将首先验证 CGA 和 RSA 签名，具体如 RFC 3971（安
全邻节点发现）的第 5 节（安全邻节点发现选项）所述。如果验证失败，应丢弃该 RA 报
文。然后它将应用 RFC 3971 第 6.4.6 节（主机处理规则）中所描述的主机行为。

特别地，二层交换设备将尝试从其缓存中检索 RA 报文中引用的公钥的有效证书。如

果找到这样的证书，则二层交换设备就将该 RA 报文转发到其目的节点。如果找不到，二层交换设备将生成带有未指定源地址的证书路径请求（CPS）报文，以查询路由器证书。然后，它将捕获证书路径公告（CPA）报文并尝试验证证书链。若证书链未能通过验证，将导致该 RA 报文被丢弃。若验证成功，二层交换设备会将 RA 报文转发到其目的节点，并将路由器证书存储在其缓存中。

在这种情况下，应为二层交换设备配置信任锚证书，具体参见 RFC 3971 第 6 节（授权委托发现）。它还可能与证书撤销列表（CRL）证书路径公告服务器和/或网络时间协议（network time protocol, NTP）服务器建立三层连接。可以通过使用配置方法指定第一个路由器的可信端口以及所有其他端口上基于 SEND 的 RA-Guard 方法来解决此问题中的引导问题。

11.3.3 RA-Guard 注意事项

只有当目标环境中的 IPv6 设备之间的所有报文都经过受控的二层交换设备时，RA-Guard 机制才有效。对于以太网集线器之类的环境，设备可以直接通信而无须通过支持 RA-Guard 的二层交换设备，此情况下，RA-Guard 无法防范 RA 报文欺骗。当 IPv6 流量通过隧道传输时，RA-Guard 机制也不能提供保护。

另外，RA-Guard 的有效性依赖于二层交换设备识别 ICMPv6 RA 报文的能力，威胁者可能采用基于 IPv6 扩展报头和基于分片的方式来承载 RA 报文，使得部分 RA-Guard 实现无法检测到 IPv6 数据包中的 RA 报文，进而绕过 RA-Guard 的防护。

针对该问题，RFC 7113 建议 RA-Guard 实现必须解析 IPv6 数据包的整个 IPv6 报头链，进而确定该数据包是否是 RA 报文，另外，如果要解析的 IPv6 数据包是第一个分片，但并未包含全部的 IPv6 报头链，则必须丢弃该数据包，此外，如果在解析 IPv6 数据包时遇到无法识别的下一报头值，也必须丢弃该数据包。

11.4 DHCPv6-Shield

针对 DHCPv6 服务器伪造问题，为保护连接到网络的主机免受恶意 DHCPv6 服务器的威胁，IPv6 网络提供类似于已广泛部署在 IPv4 网络中的 DHCP 窥探（DHCP snooping）机制的 DHCPv6-Shield，其基本思想是二层交换设备根据一些评判标准和策略过滤掉发往 DHCPv6 客户端的 DHCPv6 数据包，以下将其称为 DHCPv6 服务器数据包。最基本的过滤原则是二层交换设备丢弃所有的 DHCPv6 服务器数据包，除非它们接收自其特定端口。

在部署 DHCPv6-Shield 之前，管理员指定二层端口所允许通行的 DHCPv6 服务器数据包，且只应指定要连接 DHCPv6 服务器或中继的那些端口。

一旦部署，DHCPv6-Shield 就会检查其所收到的数据包，只有当这些数据包是在已明确配置为允许通行的二层端口上接收的时，才允许这些数据包通过，即仅允许被明确配置的二层端口所接收的 DHCPv6 数据包传递给 DHCPv6 客户端。

DHCPv6-Shield 在不允许接收发往 DHCPv6 客户端的 DHCPv6 数据包的端口上需要强制执行的过滤规则如下。

（1）DHCPv6-Shield 必须解析 IPv6 数据包中的整个报头链，以识别它是否是 DHCPv6 服务器数据包。DHCPv6-Shield 不得强制限制要检查字节的最大值（从 IPv6 数据包的开头开始），因为这可能会引入漏报。

（2）解析 IPv6 数据包的报头链时，如果此数据包是第一个分片（即包含段偏移值为 0 的分片报头的 IPv6 数据包），并且没有包含整个 IPv6 报头链（即包括 IPv6 报头、后续所有扩展报头及上层协议报头），则 DHCPv6-Shield 必须丢弃该数据包，并且应该采用某种方式按照安全故障来记录该数据包丢弃事件。不包含整个报头链的 IPv6 数据包可能被用来绕过 DHCPv6-Shield。RFC 7112 中要求第一个分片必须包含整个 IPv6 报头链，并允许中间节点（如路由器）丢弃不符合此要求的数据包。

（3）DHCPv6-Shield 必须提供一个配置按钮，以控制是否丢弃具有无法识别的下一报头值的 IPv6 数据包，其默认为丢弃。在解析 IPv6 数据包中的报头链时，如果该数据包中包含无法识别的下一报头值并且配置按钮为丢弃，则 DHCPv6-Shield 必须丢弃该数据包，并且应该采用某种方式按照安全故障来记录该数据包丢弃事件。

（4）解析 IPv6 数据包中的报头链时，如果该数据包是发往 DHCPv6 客户端的 DHCPv6 数据包，则 DHCPv6-Shield 必须丢弃该数据包，并且应该采用某种方式按照安全告警来记录该数据包丢弃事件。

（5）在其他情况下，DHCPv6-Shield 必须正常转发数据包。

需要注意的是，为实施 DHCPv6-Shield 过滤策略，应将 ESP 报头视为上层协议（即应将其视为 IPv6 报头链中的最后一个报头），这意味着包含 ESP 报头的 IPv6 数据包将由 DHCPv6-Shield 转发到目的节点。如果目的节点与上述 IPv6 数据包的发送节点没有安全关联（SA），则该数据包将被丢弃。

上述过滤规则隐含地处理分片数据包的情况：如果 DHCPv6-Shield 设备由于使用分片而无法识别上层协议，则相应的数据包将被丢弃。

如果 DHCPv6-Shield 部署在具有多个级联交换机的二层网络中，则节点的本地交换机上将有一个入口端口，需要启用该端口才能接收 DHCPv6 服务器数据包。但是，此本地交换机依赖于能过滤恶意 DHCPv6 服务器数据包的上游设备，因为本地交换机无法确定哪些上游 DHCP 服务器数据包是有效的。因此，应当在给定二层网络的所有二层交换机上部署和启用 DHCPv6-Shield。

另外，不符合 RFC 5722（IPv6 重叠分片的处理）的允许重叠分片的 IPv6 实现可能仍然受到基于 DHCPv6 服务器数据包的安全威胁。

此外，通过部署 RFC 7513（DHCP 源地址验证改进解决方案）来缓解 IPv6 地址欺骗威胁，可以进一步提高采用 DHCPv6-Shield 的安全性。还可以使用其他机制来减轻基于 DHCPv6 服务器数据包的安全威胁，如在客户端节点上预配置 DHCPv6 服务器的 IPv6 地址。

应该注意的是，DHCPv6-Shield 仅缓解针对主机的基于 DHCPv6 服务器数据包的安全威胁，无法解决基于其他网络配置数据包（如 RA 数据包）的威胁，也不能抵御对 DHCPv6 服务器的威胁（如 DoS 威胁）。

11.5　本章小结

本章重点介绍了 IETF 所规范的 IPv6 网络安全机制，主要介绍了地址隐私保护、真实源地址验证、RA-Guard 和 DHCPv6-Shield。

当前的 IPv6 研究主要侧重于 IPv6 组网、部署与协议测试等，有关 IPv6 环境下的网络威胁和安全防护的研究仍然较为匮乏，急需有针对性地研究 IPv6 网络安全防护理论与方法。

习　　题

1. IPv6 隐私地址与临时地址是否一样？谈谈二者的区别与联系。

2. 按照变化特性的不同，接口标识符可分为哪几种？按照语义透明性的不同，接口标识符又可分为哪几种？

3. 真实源地址验证是否可以防范源地址伪造？

4. 在网络中进行真实源地址验证的好处有哪些？

5. SAVA 中分几个层级进行源地址验证？每个层级都完成什么验证粒度？

6. 查阅资料，了解哪些交换机已支持 RA-Guard。

7. 无状态 RA-Guard 和有状态 RA-Guard 有哪些区别？

8. 除了 RA-Guard，还有哪些防范 RA 数据包欺骗的手段？

9. 查阅资料，谈谈 DHCPv6-Shield 与 DHCPv6-Guard 的区别与联系。

10. RFC 6104 中总结了可能会遇到的非法 RA 数据包的情况，除了本章提到的解决方案，还有哪些解决方案？

第 12 章　IPv6 网络安全防护措施

对于如何安全运营 IPv4 网络（无论是互联网还是企业内部网络），业界积累了大量可用的知识和经验，但是 IPv4 和 IPv6 之间存在诸多差别，尤其是在安全性方面。因此，本章主要探讨 IPv6 网络安全防护的一些措施和思路。

12.1　IPv6 通用安全防护措施

从协议的角度来看，IPv6 作为 IPv4 的下一代互联网协议，与 IPv4 同属于网络层协议。互联网协议的全面更新带来了新的安全问题，与网络协议有关的大多数安全漏洞都是协议栈实现方面的，如缓冲区溢出或无法正常处理特制数据包等。通常，安全研究人员会发现协议栈实现中的漏洞，最终会对这些漏洞进行修补以缓解这些漏洞。随着时间的流逝，查找和修补漏洞的过程会促使协议栈实现更加可靠、更加安全。因此，IPv4 协议栈已从安全研究人员的工作中受益良久，现在通常能够感受到 IPv4 协议栈比 IPv6 协议栈更健壮。

12.1.1　IPv6 地址安全

IPv6 的显著特点是 IP 地址空间的扩大，地址空间由 IPv4 下的 32 位变为 128 位，这正是 IPv6 被选作新型承载协议并逐渐商用部署与应用的根本驱动力。

IPv4 网络的地址分配是不规则的，并且很多时候是一个地址被多个主机共用。使用 IPv6 之后，能够将每个地址都指定给一个责任体，就像给每个人一个身份证号，给每辆车一个车牌号一样，每个地址都是唯一的。此外，IPv6 的地址分配采用逐级、层次化结构，这就使得追踪定位、威胁溯源有了很大改善。

IPv6 地址分配和整体架构是 IPv6 安全的重要部分，IPv6 引入了一种全新的节点寻址方法，一种典型的做法是将分配给一台 IPv6 主机的 128 位 IPv6 地址分为两部分，其中前 64 位作为子网地址空间，后 64 位作为接口地址空间，而 64 位子网地址空间可以满足主机到主干网之间的三级 ISP 结构，使路由器的寻址更加安全便捷。

从某种意义上说，IPv6 地址是其高安全性的基础之一。IPv6 能够使用唯一本地地址（ULA），它仅能够在本地网络上使用，在 IPv6 网络上不可被路由。

使用 127 位的 IPv6 前缀可以防止未正确实施 RFC 4443 的路由器之间发生安全威胁，还可以防止对邻节点缓存的 DoS 威胁。在 IPv6 回环地址中，许多网络运营者为其基础架构中的所有回环地址保留/64 块，并为每个回环接口从保留的/64 前缀中分配/128。这种做法易于编写访问控制列表，以实施有关回环地址的安全策略。

IPv6 地址特性便于在网络边界上轻松执行基于 IPv6 地址的安全策略，例如，在制造商使用说明（manufacturer usage description, MUD）机制中，边界防御部门可以根据内部设备的类型检索安全策略模板，并根据设备的 IPv6 地址应用正确的安全策略。

IPv6 支持没有 DHCPv6 服务器的无状态地址自动配置（SLAAC）。在 SLAAC 中，链路上的主机会自动为自己配置适合本地链路的 IPv6 地址。随机生成接口标识符是 SLAAC 的一部分，用于解决地址隐私问题。

一些网络运营者（通常是向大学校园网等第三方提供服务的网络运营者）需要跟踪哪些 IP 地址分配了给其网络上的哪些主机，维护将用户 IP 地址和时间戳映射到硬件标识符（如 MAC 地址）的日志，该日志可用于确定入侵或其他非法活动。

IPv6 也支持有 DHCPv6 服务器的有状态地址自动配置，某些情况下需要使用 DHCPv6 来提供地址和其他参数，以确保审核能力和可追溯性。一个主要的安全隐患是检测并抵制恶意 DHCPv6 服务器。必须注意，与 DHCPv4 相比，DHCPv6 可以为每个客户端提供多个 IPv6 地址，并绑定到客户端 DHCP 唯一标识符（DHCP unique ID，DUID），但该标识符不总是绑定链路层地址。

12.1.2　IPv6 扩展报头安全

和 IPv4 报头相比，IPv6 报头去除了报头长度、标识、标志、分片偏移、报头校验和、选项（加填充）字段，新增加流标签字段，因此 IPv6 报头的处理较 IPv4 大大简化，处理效率得到大幅提高。

IPv6 提出扩展报头的概念，可以按需对报头字段进行扩展，以实现所需的功能，如果需要进行分片，就加入用于分片的扩展报头。

扩展报头是 IPv4 和 IPv6 之间的重要区别之一，在 IPv4 中，找到上层协议类型和协议报头很简单，而在 IPv6 中，由于必须完全解析扩展报头链，因此找到上层协议类型和协议报头更为复杂。

1. 逐跳选项报头

在 IPv6 互联网标准 RFC 8200 中，建议了扩展报头的顺序和最大出现次数，此外，当 IPv6 数据包中存在逐跳选项报头时，RFC 2460 会强制转发路径上的所有节点检查此报头。由于大多数路由器无法在硬件中处理此类数据包，不得不对此类数据包进行软件处理，因此可能导致拒绝服务威胁。RFC 8200 考虑到了此安全威胁，并使中间路由器对逐跳选项报头的处理是可选的。

2. 分片报头

只有在源节点必须对数据包进行分片时，才使用分片报头。RFC 7112 和 RFC 8200 明确要求：防火墙和安全设备将丢弃不包含整个 IPv6 报头链（包括传输层协议报头）的第一个分片；目的节点将丢弃不包含整个 IPv6 报头链（包括传输层协议报头）的第一个分片。

如果不满足这些要求，则威胁者可能会绕过无状态过滤防护设备。RFC 6980 通过强制丢弃分片的邻节点发现报文，对邻节点发现过程实施更严格的过滤。RFC 7113 描述了存在分片 RA 数据包的情况下，在 RA-Guard（RFC 6105）解析 IPv6 报头链时，如果报文是第一个分片（即包含一个分片报头，分片偏移设置为 0），并且不包含整个 IPv6 报头链，则 RA-Guard 必须丢弃该报文，并将丢弃报文的事件记录为安全故障。

3. IPsec AH 和 ESP 报头

IPv6 提出了新的地址生成方式，即加密生成地址（CGA）。加密生成地址与公私钥对绑定，以保证地址不能被他人伪造。在 IPv6 设计之初，IPsec 协议族中的认证报头（AH）和封装安全载荷（ESP）报头就内嵌到协议栈中，并作为 IPv6 扩展报头出现在 IPv6 数据包中，提供了完整性、机密性和源认证保护，这无疑是从协议上较大地提升了安全性。

12.1.3　IPv6 链路层安全

IPv6 严重依赖于邻节点发现（ND）协议来执行各种链路层操作，如发现链路上的其他节点、解析它们的链路层地址以及在链路上找到路由器。如果不加以保护，则邻节点发现协议与过程很容易受到各种安全威胁，如路由器/邻节点报文欺骗、重定向威胁、重复地址检测（DAD）DoS 威胁等。

1. ND/RA 报文速率限制

邻节点发现（ND）容易受到 DoS 威胁，例如，当路由器被迫对大量未分配的地址执行地址解析时，可能阻止新设备加入网络，或由于 CPU 使用率过高而导致最后一跳路由器失效。

针对性防护措施有：限制邻节点请求（NS）报文的速率、限制为未解析的邻节点请求所保留的状态量以及更智能的缓存/计时器管理。

网络运营者可以采用以下缓解或减轻 DoS 威胁的措施。

（1）通过 ACL 对未使用地址进行入口过滤。这需要地址的静态配置，例如，将地址从/120 前缀中分配，并使用特定的 ACL 仅允许访问此/120 前缀（实际主机的链路配置为/64 前缀）。

（2）仅在只有路由器的链路上使用链路本地地址。

此外，IPv6 ND 在本地链路上广泛使用组播（不使用广播）来高效发送报文，但是这会对无线网络产生一些副作用，例如，会减少连接到此类网络的智能手机等设备的电池寿命。通过对无线网络上的 RA 报文和其他 ND 报文进行限速，可以缓解此问题。

2. RA/NA 报文过滤

伪造 RA 报文可能导致 IPv6 链路上主机的部分或全部操作失败，例如，主机可能会选择一个错误的路由器地址，伪造的 RA 报文可用于发起中间人威胁，或者致使无状态地址自动配置（SLAAC）使用了错误的网络前缀。

主机上线发送 RS 报文，威胁者会伪装成网关发送非法 RA 报文使得主机受到欺骗，获取到错误的网络配置信息。如果 RA 报文携带的是伪造网络前缀列表，则会修改受害主机的路由表，造成受害主机无法上网。

在 RFC 6104 中总结了可能会遇到的非法 RA 报文的情况，并提出了可能的解决方案列表，如手动配置地址和默认路由器、引入 RA 窥探（RA snooping）、在受管理交换机上配置 ACL、实施二层准入控制等。RFC 6105（RA-Guard）描述了针对伪造 RA 报文问题的解决方案框架，其中围绕能够识别无效 RA 报文的交换设备来分割网段，并在伪造的 RA 报文到达目的节点之前对其进行阻止。

但是，IPv6 分片对 RA-Guard 提出了严峻的挑战。威胁者可以通过将其数据包分成多个分片来掩盖其恶意行为，这样负责阻止无效 RA 报文的交换设备就无法找到所有必要的信息来对这个报文进行过滤。RFC 7113 描述了这些逃避技术，并为 RA-Guard 实现者提供建议，以便消除上述逃避方式。此外，鉴于可以利用 IPv6 分片报头来规避当前的 RA-Guard 实现，除证书路径公告之外的所有邻节点发现报文均禁止使用 IPv6 分片报头，这个简单而有效的措施可有效防范邻节点发现威胁。

当路由器和交换机丢弃不完整的分片时，RA-Guard 和 SAVI 仍是抵御常见安全威胁（包括配置错误的主机）的首选方法，此外，还应分析所生成的日志以对违规操作采取行动。

3. 保护 DHCP

对于 DHCP 客户端，两种最常见的安全威胁来自恶意或无意配置错误的 DHCP 服务器。建立恶意 DHCP 服务器的目的是向客户端提供不正确的配置信息，以发起拒绝服务威胁或中间人威胁。在无意情况下，配置错误的 DHCP 服务器可能会产生相同的影响。

DHCPv6-Shield 指定了一种基于二层设备的 DHCPv6 数据包过滤机制，这样可以保护 DHCPv6 客户端免受恶意 DHCPv6 服务器的威胁，通常人们应该启用 DHCPv6-Shield 并分析相应的日志消息，以指定连接到 DHCPv6 服务器的接口。需要注意的是，除非强制执行 RFC 7112 对于扩展报头尤其是分片报头的要求，否则威胁者可以利用扩展报头绕过 DHCPv6-Shield。

4. 3GPP 链路层安全性

第三代合作伙伴计划（3rd generation partnership project, 3GPP）链路类似于点对点链路，没有链路层地址，这意味着在该链路上只能有一个终端主机（移动手持终端）和第一跳路由器，即通用数据包无线服务（general packet radio service, GPRS）网关支持节点（gateway gprs support node, GGSN）或数据包数据网络网关（packet data network gateway, PGW）。GGSN/PGW 永远不会使用公告的 /64 前缀在链路上配置非链路本地地址。公告的前缀不能用于在链路上确认（on-link determination）。

由于没有链路层地址，因此无须在 3GPP 链路上进行地址解析。此外，GGSN/PGW 为使用无状态 IPv6 地址自动配置的每个 3GPP 链路分配唯一的前缀，避免了必须在网络级别对为移动主机配置的每个地址执行重复地址检测（DAD）。

GGSN/PGW 始终为蜂窝主机提供接口标识符（IID），以配置链路本地地址，并确保该 IID 在链路上的唯一性（即 3GPP 自身的链路本地地址与移动主机的地址之间不会发生冲突）。

3GPP 链路模型本身可以缓解大多数与 ND 相关的已知拒绝服务威胁。实际上，GGSN/PGW 只需要将所有流量路由到所分配前缀下的移动主机。由于 3GPP 链路上只有一个主机，因此无须保护该 IPv6 地址。

5. SEND 和 CGA

安全邻节点发现（SEND）是一个用于保护 ND 报文的机制，使用新的 ND 选项来承载基于公钥的签名，而加密生成地址（CGA）用于确保邻节点发现报文的发送方是所声明 IPv6

地址的实际所有者。SEND 引入了 CGA 选项，用于承载公钥和相关参数。另一个 ND 选项（RSA 签名选项）用于保护所有与邻节点和路由器发现有关的报文。

SEND 可以防范邻节点请求/公告欺骗、邻节点不可达性检测失败、重复地址检测 DoS 威胁、路由器请求和公告威胁、重放威胁和邻节点发现 DoS 威胁，但不能保护静态配置的地址、使用固定标识符配置的地址（即 EUI-64），并且不能为 ND 通信提供机密性。

值得注意的是，CGA 和 SEND 尚未得到通用操作系统的广泛支持，其作用是有限的。

12.1.4　IPv6 控制平面安全

现代路由器体系结构设计将路由器控制平面和转发平面的硬件和软件严格分开。路由器控制平面支持路由和管理功能，通常将其描述为路由器体系结构的硬件和软件组件，用于处理发往设备的数据包以及构建和发送设备数据包。转发平面通常也被描述为路由器体系结构的硬件和软件组件，负责在入口接口上接收数据包、执行查找，以识别数据包的下一跳 IP 并确定发往目的地的最佳出口接口，并通过适当的出口接口转发数据包。

转发平面通常是在高速硬件中实现的，控制平面是由路由器处理器（RP）实现的，无法高速处理数据包。因此，可以通过向其输入队列洪泛而超出其可处理的数据包数量来影响此处理器。这样，控制平面的处理器将无法处理有效的控制数据包，并且路由器可能会丢失 OSPF 或 BGP 邻接关系，从而导致严重的网络中断。

在非法控制数据包排队到 RP 之前就将其丢弃、将剩余数据包的速率限制为 RP 可以维持的速率以及进行协议特定保护可以有效缓解上述问题。

1. 控制协议

控制协议包括 OSPFv3、BGP4+、ND、ICMPv6。在所有路由器接口上应用的入口 ACL 应该这样配置：丢弃来自非链路本地地址的 OSPFv3（由下一报头标识为 89）和 RIPng（由 UDP 端口 521 标识）数据包；允许来自所有 BGP 邻节点的 BGP（由 TCP 端口 179 标识）数据包；丢弃其他 BGP 数据包；允许所有 ICMPv6 报文。

但是，在 ACL 无法解析 IPsec ESP 或 AH 扩展报头的某些路由器上，是无法丢弃由 IPsec 验证的 OSPFv3 数据包的，此外，还必须对有效数据包进行速率限制，具体的配置取决于路由器的可用资源，如 CPU、三态内容可寻址存储器（ternary content addressable memory,TCAM）等。

2. 管理协议

管理协议包括 SSH、SNMP、syslog、NTP 等。对于 IPv6，在所有路由器接口上（或在安全边界的入口接口上，或通过使用平台的特定功能）应用的入口 ACL 应该这样配置：丢弃发往路由器的数据包，但属于所使用协议的数据包除外（如在仅使用 SSH 时，允许 TCP 22 丢弃所有数据包）；在源地址与安全策略不匹配的情况下丢弃数据包，如果 SSH 连接仅应来自网络运行中心（network operation center, NOC），则 ACL 应仅允许来自 NOC 前缀的 TCP 端口为 22 的数据包。

同样地，必须对有效数据包进行速率限制，具体的配置取决于路由器的可用资源。

3. 数据包异常

当数据平面数据包因为太大而无法转发时，生成 ICMPv6 包太大报文；当数据平面数据包因跳限制字段达到 0 而无法转发时，生成 ICMPv6 超时报文；当数据平面数据包因任何原因无法转发时，生成 ICMPv6 目的不可达报文；处理逐跳选项报头是可选的；或者更具体的一些路由器实现，一个超大的扩展报头链不能由硬件处理并强制将数据包发送到通用路由器 CPU。上述这些情况都需要特殊处理。

在某些路由器上，专用数据平面硬件无法完成所有工作，需要将某些数据包交付 RP 来处理，可能包含长扩展报头链的处理，以便基于 4 层信息来应用 ACL。路由器上扩展报头链过大时存在着相当大的安全隐患，因此 RFC 8200 中规定数据包的第一个分片必须包含整个 IPv6 报头链。

入口 ACL 无法使用异常数据包来缓解控制平面威胁。RP 的唯一保护是限制转发到 RP 的那些异常数据包的速率，所以某些数据平面数据包将被丢弃，而没有任何 ICMPv6 报文返回到源节点，这可能会导致路径 MTU 漏洞。

除了限制转发 RP 的数据平面数据包的速率之外，限制 ICMP 报文的生成速率也很重要。使用路由器作为反射器，不仅可以保存 RP，还可以防止放大威胁。值得注意的是，一些平台在硬件中实现了此速率限制。另外，不生成 ICMP 报文的后果是将破坏某些 IPv6 机制，如路径 MTU 发现或 traceroute。

12.1.5　IPv6 路由安全

运行 OSPFv3 的路由器使用物理接口的链路本地单播地址作为源地址来发送 OSPF 报文。相同链路上路由器互相学习与之相连的其他路由器的链路本地地址，并在报文转发的过程中将这些地址当成下一跳信息使用，IPv6 中使用组播地址 ff02::5 来表示链路本地范围内所有 OSPF 路由器。

路由安全性一般可大致分为三个部分：邻居认证、路由更新保护以及路由过滤，在 IPv6 中，须确保路由协议数据包来自本地网络以及所有内部网关协议都使用链路本地地址。

1. 邻居认证

路由的基本要素是与其他路由器形成邻接关系的过程。从安全角度来看，仅与信任的路由器和/或管理域建立这种关系是非常重要的。传统的方法是使用 MD5、HMAC（hash-based message authentication code，哈希消息认证码），允许路由器在建立路由关系之前进行相互认证。

OSPFv3 可以依靠 IPsec 来完成认证功能，但是应注意，并不是所有路由平台都支持 IPsec。在某些情况下，需要专用硬件将加密分流转移到专用集成电路（application specific integrated circuit，ASIC）或增强的软件映像以提供此类功能。增加的细节是确定 OSPFv3 IPsec 实现是使用 AH 还是 ESP-NULL 进行完整性保护，其中 ESP-NULL 为必须实现，而 AH 为可以实现，因为它遵循总体 IPsec 标准。同时，OSPFv3 也可以使用普通 ESP 来加密 OSPFv3 载荷以隐藏路由信息。

RFC 7166 通过在 OSPFv3 数据包的末尾附加一个认证，从而改变 OSPFv3 对 IPsec 的依赖，无需验证 OSPFv3 数据包的特定发起者，而是允许路由器确认该数据包是由具有访问共享身份认证密钥的路由器发出的。此外，使用所有认证机制，运营者应保证支持不会造成网络中断的密钥的更新机制。在某些情况下，任何密钥更新机制都可能会造成网络中断，因此，在使用此功能时需要权衡其所提供的保护机制。

2. 路由更新保护

从理论上讲，可以使用 IPsec 对两个 IPv6 节点（尤其是交换路由信息的路由器）之间的通信进行加密。然而实际上，鉴于已部署的各种平台的硬件和软件限制，部署 IPsec 并不总是可行的，会产生相当高的运营成本，因此，最新的 IPv6 节点要求标准中，已经从必须在所有节点中提供 IPsec 功能改为应该在所有节点中提供 IPsec 功能。

3. 路由过滤

取决于边缘路由过滤还是内部路由过滤，路由过滤有所不同，但至少在策略角度上，与不同管理域之间的路由有关的 IPv6 路由策略应保持与 IPv4 的同等性，如在边界过滤内部使用的、不可全球路由的 IPv6 地址，丢弃为假和保留空间的路由，配置入口路由过滤器，通过使用各种路由数据库来验证路由来源、前缀所有权等。

12.1.6　IPv6 日志

为在发生安全事件时进行取证研究或检测异常行为，网络运营者应以日志记录相关信息。

日志记录的信息包括：在可行时（如 Web 服务器），记录使用网络的所有应用程序的日志（包括用户空间和内核空间）；来自 IP 流信息导出的数据，也称为 IP 流信息输出（IP flow information export, IPFIX）；来自各种 SNMP 管理信息库（management information base, MIB）的数据；邻节点缓存条目的历史数据；DHCPv6 租用缓存，尤其是使用中继时；源地址验证改进（SAVI）事件，特别是将 IPv6 地址绑定到 MAC 地址和特定的交换机或路由器接口；记账记录。

一些数据源对维护安全性是非常重要的，主要有以下几个。

（1）应用程序日志，这些日志通常是文本文件，其中远程 IPv6 地址以字符（非二进制）形式存储。应该在所有可能的情况下对 IPv6 地址使用规范格式，如果现有应用程序无法以规范格式记录，则建议使用外部程序对所有 IPv6 地址进行规范化。

（2）IPv6 路由器导出的 IP 流信息，IPFIX 定义了一些对提高安全性有用的数据元素，包括下一报头、源 IPv6 地址和源 MAC 地址，IPFIX 在数据处理和传输方面非常有效。它还可以通过如源 MAC 地址来聚合流，以便具有与特定源 MAC 地址相关联的聚合数据。应该在下一报头、源 IPv6 地址和源 MAC 地址上使用 IPFIX 和聚合。

（3）IPv6 路由器的 SNMP MIB，RFC 4293 为 IP 两个地址家族定义了一个管理信息库（MIB），应该使用 ipIfStatsTable 表来收集每个接口的流量计数器，使用 ipNetToPhysicalTable 表来存放邻节点缓存信息。

（4）IPv6 路由器的邻节点缓存，路由器邻节点缓存包含 IPv6 地址和数据链路层地址之间的所有映射，可以通过多种方法收集邻节点缓存中的当前条目，如 SNMP MIB；使用 NETCONF（基于 XML 的网络配置协议而成立的工作组）等收集邻节点缓存的运行状态；通过安全管理通道（如 SSH）进行连接，并通过命令行界面或其他机制请求邻节点缓存信息。

当新的 IPv6 地址出现在网络上时，因为会添加映射，邻节点缓存是高度动态的，通常是使用隐私扩展地址或当状态从可达变为删除时被删除（对于 Windows 7 之类的典型主机，按照邻节点不可达检测算法进行删除的默认时间为 38s）。这意味着必须以不耗尽路由器资源并且仍提供有价值的信息（建议值为 30s，但要在实际设置中进行检查）的时间间隔定期获取邻节点缓存的内容，并存储以备后用。

当每个主机使用一个/64 地址段或 DHCPv6-PD 机制，并且在路由器和二层交换机上严格依据源地址前缀来防止 IPv6 欺骗时，保留已分配前缀的历史记录就足够了。

（5）有状态 DHCPv6 租约，在某些网络中，IPv6 地址/前缀由有状态 DHCPv6 服务器管理，该服务器将 IPv6 地址/前缀租借给客户端。实际上，它与用于 IPv4 的 DHCP 非常相似，因此很容易使用此 DHCP 的租用文件来发现 IPv6 地址/前缀与链路层地址之间的映射。

在 IPv6 时代这也并不容易，因为并非所有节点都使用 DHCPv6（有些节点只能进行无状态地址自动配置），此外，DHCPv6 客户端不是像 IPv4 那样通过其硬件客户端地址来标识，而是通过 DHCP 唯一标识符（DUID）来标识。DUID 可以有几种格式，如链路层地址、以时间信息为前缀的链路层地址、需要与另一个数据源关联才能用于操作安全的不透明数字。此外，当 DUID 基于链路层地址时，该地址可以是客户端的任何接口，如无线接口，而客户端实际上使用其有线接口连接到网络。

如果在二层交换机中使用了轻量级 DHCP 中继，则 DHCP 服务器还将接收接口标识符信息并保存，来识别接收特定租用 IPv6 地址的交换机接口。另外，如果普通（非轻量级）中继在中继 Remote-ID 选项中添加了链路层地址，则 DHCPv6 服务器可以跟踪数据链路和租用的 IPv6 地址。

数据链路层地址和 IPv6 地址之间的映射可以通过使用实现 SAVI 算法的交换机来确保。

（6）RADIUS（remote authentication dial in user service，远程用户拨号认证系统由 RFC 2865、RFC 2866 定义，是应用最广泛的 AAA 协议）记帐日志，对于通过 RADIUS 服务器对用户进行身份认证的接口，如果启用了 RADIUS 记帐，则 RADIUS 服务器会在连接的开始和结束时接收记帐状态类型（acct-status-type）记录，其中包括所有 IPv6（和用户使用的 IPv4）地址。此技术可特别用于具有 Wi-Fi 保护地址（WPA，Wi-Fi protected access，有 WPA、WPA2 和 WPA3 三个标准，是一种保护无线电脑网络（Wi-Fi）安全的系统）的 Wi-Fi 网络或以太网交换机上的任何其他 IEEE 802.1X 有线接口。

（7）其他数据源，包括 IPv6 地址到远程访问 VPN 的用户的历史映射和 MAC 地址到有线网络中交换机接口的历史映射。

这些日志信息和数据源的作用有：取证调查，如谁做了什么以及何时做的；特定节点使用哪些 IP 地址；网络上有哪些 IPv6 节点（资产清单）；发现异常流量模式与行为。

12.1.7　IPv6 共存与过渡安全

如何完成从 IPv4 到 IPv6 的过渡是 IPv6 发展需要解决的第一个问题。现有几乎每个网络及其连接设备都支持 IPv4，因此要想一夜间就完成从 IPv4 到 IPv6 的过渡是不切实际的。IPv6 必须能够支持和处理 IPv4 体系的遗留问题。可以预见，IPv4 向 IPv6 的过渡需要相当长的时间才能完成。

1. 双栈技术

IPv6 和 IPv4 是功能相近的网络层协议，两者都基于相同的物理层协议，而且其上的 TCP 和 UDP 传输层协议没有任何区别。

双栈通常是网络运营者的首要部署选择。与其他过渡机制相比，双栈网络具有一些优势：首先，减少了对现有 IPv4 操作的影响；其次，在没有隧道和翻译的情况下，IPv4 和 IPv6 流量是原生的（易于观察和保护），并且应该具有相同的网络处理（网络路径、服务质量等）。当 IPv6 网络已准备就绪时，双栈可逐步关闭 IPv4 操作。

另外，运营者必须管理两个具有复杂性的网络协议栈。从操作安全性的角度来看，这意味着面临的风险是原来的两倍，甚至更高。从安全策略的角度来看，双栈网络的 IPv6 部分至少应保持与 IPv4 一致，通常采用允许或拒绝流量的 ACL 或具有状态包检查的防火墙方法在边缘或安全范围内保护 IP 网络。

原则上应另外配置这些 ACL 和/或防火墙，以保护 IPv6 通信。强制实施的 IPv6 安全策略必须与 IPv4 安全策略一致，否则威胁者将使用具有更宽松的安全策略的协议版本。维持安全策略之间的一致性可能是一个挑战（尤其是随着时间的推移）；建议使用双栈防火墙或 ACL 管理器，即可以将单个 ACL 条目应用于 IPv4 和 IPv6 地址混合组的系统。另外，所有主机操作系统都默认启用了 IPv6，因此，当威胁者提供恶意 RA 或恶意 DHCPv6 服务时，即使在 IPv4 单栈网络中，也有可能通过其 IPv6 链路本地地址或 IPv6 全球单播地址危害二层相邻的受害者。

2. 隧道技术

随着 IPv6 网络的发展，出现了许多 IPv6 孤岛，这些 IPv6 孤岛需要通过 IPv4 骨干网络相连。将这些 IPv6 孤岛相互联通必须使用隧道技术，这是 IPv4 向 IPv6 过渡的初期最易于采用的技术。

路由器将 IPv6 数据包封装入 IPv4 数据包，IPv4 数据包报头的源地址和目的地址分别是隧道入口和出口的 IPv4 地址。在隧道的出口处，再将 IPv6 数据包取出转发给目的节点。隧道技术只要求在隧道的入口和出口处进行修改，对其他部分没有要求，因而非常容易实现。但是隧道技术不能实现 IPv4 主机与 IPv6 主机的直接通信。

对于特定隧道，除了受 IPsec 保护外，都存在一些安全问题。

（1）隧道注入。知道一些信息（如隧道端点和使用协议）的威胁者可以伪造一个看起来合法有效的封装数据包，该数据包将很容易被目标隧道端点接收。

（2）流量拦截。隧道协议不提供机密性（不使用 IPsec 或其他加密方法），因此，隧道路径上的任何人都可以拦截流量并可以访问明文 IPv6 数据包，再加上没有身份认证机制，还可以进行中间人威胁。

（3）服务盗窃。由于没有授权，即使是未经授权的用户，也可以免费使用隧道中继（这是隧道注入的一种特殊情况）。

（4）反射威胁。隧道注入的另一种特定情况是威胁者注入 IPv4 目的地址的数据包与 IPv6 地址不匹配时，会导致第一个隧道端点将数据包重新封装到目的地，因此，最终的 IPv4 目的地将看不到原始 IPv4 地址，而只能看到中继路由器的一个 IPv4 地址。

（5）安全策略绕过。如果防火墙或入侵防御系统（IPS）位于隧道的路径上，则它可能既不能检测，也不能检查隧道中所包含的恶意 IPv6 流量。

特别地，为避免安全策略绕过，应通过拒绝 IPv4 数据包匹配来阻止所有默认配置隧道，入口过滤也应该应用于所有隧道端点（若适用），以防止 IPv6 地址欺骗。

3. 翻译技术

NAT-PT 通过与 SIIT 协议翻译和传统的 IPv4 网络地址转换（NAT）以及适当的应用层网关（ALG）相结合，可实现 IPv6 单栈主机和 IPv4 单栈主机大部分应用之间的相互通信。

翻译技术是 IPv4 网络向 IPv6 网络过渡时的重要共存策略。RFC 6144 中定义了一个框架，每个单独的机制中都记录了特定的安全注意事项。在大多数情况下，特别提到了对 IPsec 或 DNSSEC 部署的干扰，如何减少欺骗流量以及一些有效的过滤策略。

12.1.8　通用设备增强

有许多环境依赖于网络基础设施来禁止恶意流量访问关键节点。在 IPv6 部署中，通常会看到启用了 IPv6 流量，但没有为 IPv6 设备访问启用任何典型的访问控制机制。由于网络设备配置错误的可能性以及 IPv6 在整个互联网中的增长，确保加固所有单个设备来防止不良行为就变得很重要。

无论是计算机还是路由器、防火墙、负载均衡、服务器等设备，都应该使用以下准则来确保对节点进行适当加固：限制授权人员访问设备；监视和审核对设备的访问；关闭节点上所有未使用的服务；了解哪些 IPv6 地址用于发送流量，并在必要时更改默认值；尽可能使用安全协议进行设备管理（SCP、SNMPv3、SSH、TLS 等）；使用主机防火墙功能来控制上层协议处理的流量；使用病毒扫描程序检测恶意程序。

12.2　特定网络安全防护措施

本节从企业、服务提供商、家庭用户角度分别介绍 IPv6 网络安全防护措施。

12.2.1　企业安全防护措施

企业通常具有适当的强大网络安全策略来保护现有的 IPv4 网络，这些策略是从多年保护 IPv4 网络的经验知识中提炼出来的。企业安全防护措施可大致分为外部和内部安全防护措施。

1. 外部安全防护措施

外部方面是在企业网络与服务提供商网络的边缘或外围提供安全性，这通常是通过带有状态包检查的专用防火墙或带有 ACL 的路由器来实现的。一个可以轻松移植到 IPv6 防火墙上的常见默认 IPv4 策略是允许所有流量出站，而仅允许特定流量（如已建立的会话）入站。

以下是一些可以增强默认策略的功能：

（1）在外围过滤内部使用的 IPv6 地址。

（2）丢弃来自或发往虚假和保留地址空间的数据包。

（3）接收某些 ICMPv6 报文以允许邻节点发现（ND）和路径 MTU 发现正常运行。

（4）在边缘和外围之内，仅接收所需的扩展报头（白名单方法），如 ESP、AH 等。

（5）过滤在外围（如果可能，也在网络内部）具有非法 IPv6 报头链的数据包。

（6）在外围过滤不需要的服务。

（7）在转发和控制平面中实施入口和出口反欺骗。

（8）基于流量基线实施适当的速率限制和控制平面策略。

2. 内部安全防护措施

内部方面涉及在网络外围（包括终端主机）内提供安全性。企业的内部网络往往不同，如大学校园、无线访客接入等，因此不存在"一刀切"的措施。

当使用站点到站点 VPN 时应注意，考虑到 IPv6 全球单播地址的全球范围特点，即使 VPN 机制不可用，站点也能够通过互联网相互通信，因此不执行流量加密就可以将流量从互联网注入到站点。因此在互联网连接上，对于入口和出口流量，应过滤具有属于站点内部前缀的源或目的地址的数据包。

需要通过安全策略直接加固主机，以防御安全威胁。必须清楚地了解主机防火墙的默认功能。在某些情况下，第三方防火墙不支持 IPv6，而默认安装的本机防火墙则支持 IPv6。

还应注意，许多主机仍使用 IPv4 来传输 RADIUS、终端访问控制器访问控制系统（terminal access controller access control system, TACACS+）、系统日志或系统记录（SYSLOG）等日志。操作员不能依靠仅 IPv6 的安全策略来保护仍在使用 IPv4 的此类协议。

12.2.2　服务提供商安全防护措施

IPv4 和 IPv6 之间的威胁和缓解技术是相同的。从广义上讲，对 BGP 安全，主要采用 TCP 会话验证、TTL 安全（在 IPv6 中为跳限制安全）、虚假 AS 过滤和前缀过滤等方法。

远程触发黑洞（remote triggered black hole, RTBH）在 IPv4 和 IPv6 中完全相同。RTBH 过滤是一种通常用于防止拒绝服务威胁的技术。IANA 已分配 100::/64 前缀用作丢弃前缀。此外，ISP 通常将使用过渡机制，如 6rd、6PE、MAP、NAT64 等。

IPv6 和 IPv4 体系结构的合法监听（lawful intercept）要求类似，并且受制于不同地理区域所实施的法律。企业法律和隐私权人员都应参与"什么信息需要被记录，日志记录保留策略是什么"的讨论。

合法监听目标通常是住宅用户[如 PPP 会话或物理线路或 CPE（customer premises equipment, 客户终端设备）MAC 地址]。由于 CPE 上没有 IPv6 NAT，因此 IPv6 可以监听来自单个主机（/128）的通信，而不是监听来自用户的整个主机集合（可能是/48、/60 或/64）。

相比之下，在移动环境中，由于 3GPP 规范为每个设备分配了一个/64，因此监听来自/64 而不是特定的/128 的流量可能就足够了（因为每次设备加电时都会获得新的接口标识符）。

12.2.3　家庭用户安全防护措施

IETF 家庭网络工作组正在研究如何完成 IPv6 住宅网络，包括运营安全方面的考虑。一些住宅用户缺乏有关安全性或网络的经验和知识。由于现在大多数的主机、智能手机和平板计算机都默认启用了 IPv6，因此 IPv6 安全性对于这些用户而言非常重要。

即使是 IPv4 单栈的 ISP，用户也可以通过 Teredo 隧道进行 IPv6 互联网访问。一些程序支持 IPv6，这些程序可以通过 IPv4 住宅网关启动 Teredo 隧道，从而使内部主机可以被互联网上的任何 IPv6 主机访问。因此，建议所有主机安全产品（包括个人防火墙）都配置双栈安全策略。

如果住宅用户前置设备具有 IPv6 连接性，那么安全策略的要求如下。

（1）仅允许出站。允许所有内部启动的连接并阻止所有外部启动的连接，这是 IPv4 住宅网关执行 NAT-PT 时实施的常见默认安全策略，但同时违反了 IPv6 端到端可达性原则。

（2）开放透明。允许所有内部和外部启动的连接，因此恢复了互联网 IPv6 流量的端到端性质，但 IPv6 的安全策略与 IPv4 的安全策略不同。

12.3　本章小结

本章介绍了 IPv6 通用安全防护措施，并从企业、服务提供商、家庭用户角度分别介绍了 IPv6 网络安全防护措施。为更好地防范 IPv6 可能带来的安全威胁，保障 IPv6 网络与 IPv4/IPv6 共存网络的安全，还需要多方面的积极配合和协作。

1. 各类 IPv6 协议栈的漏洞挖掘与修补

漏洞挖掘是加快 IPv6 漏洞发现的重要手段，通过分析和挖掘 IPv6 相关漏洞，有助于 IPv6 协议栈及相关防护的逐步完善。截至 2023 年 8 月 1 日，在美国国家漏洞数据库（national vulnerability database, NVD）中可查询到的 IPv6 漏洞数量已达 527 个，且 IPv6 漏洞数量整体呈现上升态势。

2. IPv6 网络安全防护产品开发优化与防护策略

推进现有安全设备在 IPv6 环境中的兼容和落地，避免出现运行在 IPv6 下的业务系统缺少必要的安全防护措施的局面，逐步丰富 IPv6 网络安全防护的最佳实践。目前安全厂商所获得 IPv6 Ready Logo 认证的可选安全设备，包含入侵检测系统（IDS）、入侵防御系统（IPS）、入侵检测防御系统（IDPS）、审计、防火墙、Web 应用防火墙（Web application firewall, WAF）、统一威胁管理（unified threat management, UTM）及其他安全设备，在逐步增多。

3. 加强共存网络与其他网络的综合防护

在对网络进行防护时，除应配置 IPv4 和 IPv6 的专用防护外，还应加强对过渡期间 IPv4 与 IPv6 共存网络的 IPv4 和 IPv6 之间的交叉威胁的防护，此外，还应加强云计算、物联网（车联网）、移动互联网（智能终端）等其他网络的综合防护。

相信随着 IPv6 部署和应用的日益推进和广泛，在各界的共同努力下，IPv6 的安全问题也会得到妥善解决。

习　　题

1. 针对 IPv6 网络安全防护问题，运营商和高校的安全需求是否一样？存在哪些区别与联系？

2. 既然 IPv6 过渡机制会引入安全问题，能否直接把 IPv6 过渡技术停掉？

3. 不同操作系统在默认情况下对 IPv6 流量采取不同的安全策略，请举一个例子说明 Windows 和 Linux 系统对 IPv6 流量默认策略的不同。

4. 对于 IPv6 扩展报头，有哪些好的防护策略与方法？

5. 网络运营商可以采用哪些措施来缓解或减轻 DoS 威胁？

6. 如何缓解路由器丢失 OSPF 或 BGP 邻接关系导致的严重的网络中断问题？

7. 请列举不同威胁类型对 IPv4 和 IPv6 网络的影响。

8. 如果住宅用户前置设备具备 IPv6 连接，其安全要求是什么？

9. IPv6 网络环境中是否存在地址解析和地址自动配置安全威胁？

10. 使用 IPv4 网络的用户需要针对 IPv6 进行安全部署吗？

11. 为更好地防范 IPv6 可能带来的安全威胁，有哪些新的途径和方式？

12. 有哪些方式可以对 IPv6 网络资产进行清点？

13. 利用 IPv6 新特性，可否实现一些 IPv4 下难以实现的新安全能力？请举例说明。

参 考 文 献

崔北亮, 徐斌, 丁勇, 2021. IPv6 网络部署实战[M]. 北京: 人民邮电出版社.

崔勇, 吴建平, 2014. 下一代互联网与 IPv6 过渡[M]. 北京: 清华大学出版社.

格拉西亚尼, 2020. IPv6 技术精要[M]. 2 版. 孙余强, 王涛, 译. 北京: 人民邮电出版社.

霍格, 维恩克, 2011. IPv6 安全[M]. 王玲芳, 李沛, 陈海英, 等译. 北京: 人民邮电出版社.

黎松, 诸葛建伟, 李星, 2013. BGP 安全研究[J]. 软件学报, 24(1): 121-138.

李彦峰, 丁丽萍, 吴敬征, 等, 2019. 网络隐蔽信道关键技术研究综述[J]. 软件学报, 30(8): 2470-2490.

施凡, 钟瑶, 薛鹏飞, 等, 2023. 基于 SSDP 和 DNS-SD 协议的双栈主机发现方法及其安全分析[J]. 网络与信息安全学报, 9(1): 56-66.

覃遵颖, 李国栋, 李卫, 等, 2013. OSPF 协议脆弱性分析与检测系统的设计和实现[J]. 通信学报, 34(S2): 58-63.

田辉, 李振斌, 2023. "IPv6+"网络技术创新: 构筑数字经济发展基石[M]. 北京: 人民邮电出版社.

王翀, 王秀利, 吕荫润, 等, 2020. 隐蔽信道新型分类方法与威胁限制策略[J]. 软件学报, 31(1): 228-245.

王相林, 2022. IPv6 网络——基础、安全、过渡与部署[M]. 2 版. 北京: 电子工业出版社.

张千里, 姜彩萍, 王继龙, 等, 2019. IPv6 地址结构标准化研究综述[J]. 计算机学报, 42(6): 1384-1405.

赵序琦, 孙亮, 王轶骏, 等, 2021. 基于 IPv6 协议的隐蔽信道构建方法研究[J]. 通信技术, 54(1): 158-163.

中国信息与电子工程科技发展战略研究中心, 2019. 中国电子信息工程科技发展研究: 下一代互联网 IPv6 专题[M]. 北京: 科学出版社.

朱绪全, 包婉宁, 张进, 等, 2023. OSPF 路由协议脆弱性研究及分析[J]. 信息安全学报, 8(2): 42-53.

ABDULLAH S, 2020. A Neuro-fuzzy system to detect IPv6 router alert option DoS packets[J]. The international Arab journal of information technology, 17(1): 16-25.

ACKERMAN G, JOHNSON D, STACKPOLE B, 2015. Covert channel using ICMPv6 and IPv6 addressing[C]. Proceedings of the international conference on security and management. Piscataway.

Al-ANI A, ANBAR M, LAGHARI S A, et al., 2020. Mechanism to prevent the abuse of IPv6 fragmentation in OpenFlow networks[J]. PLoS one, 15(5): e0232574.

ATLASIS A, 2012. Attacking IPv6 implementation using fragmentation[C]. Proceedings of the 2012 Blackhat security Europe. Amsterdam, Netherlands.

ATLASIS A, 2012. Security impacts of abusing IPv6 extension headers[C]. Proceedings of the 2012 Blackhat security Europe. Amsterdam, Netherlands.

ATLASIS A, REY E, 2014. Evasion of high-end IPS devices in the age of IPv6[C]. Proceedings of the 2014 Blackhat security Europe. Las Vegas, USA.

BALRAJ S, LEELASANKAR K, AYYANAR A, et al., 2021. An effective traceback network attack procedure for source address verification[J]. Wireless personal communications, 118(2): 1675-1696.

BLUMBERGS B, PIHELGAS M, KONT M, et al., 2016. Creating and detecting IPv6 transition mechanism-based information exfiltration covert channels[C]. Nordic Conference on Secure IT Systems. Oulu, Finland.

CAVIGLIONE L, SCHAFFHAUSER A, ZUPPELLI M, et al., 2022. IPv6CC: article nuCham IPv6 covert channels for testing networks against stegomalware and data exfiltration[J]. SoftwareX, 17: 1-6.

CAVIGLIONE L, ZUPPELLI M, MAZURCZYK W, et al., 2021. Code augmentation for detecting covert channels targeting the IPv6 flow label[C]. 2021 IEEE 7th international conference on network softwarization (NetSoft). Tokyo.

CUI T Y, GOU G P, XIONG G, et al., 2021. 6GAN: IPv6 multi-pattern target generation via generative adversarial nets with reinforcement learning[C]. IEEE INFOCOM 2021-IEEE conference on computer communications. Vancouver.

DUA A, JINDAL V, BEDI P, 2022. Detecting and locating storage-based covert channels in internet protocol version 6[J]. IEEE access, 10: 110661-110675.

DUA A, JINDAL V, BEDI P, 2022. DICCh-D: detecting IPv6-based covert channels using DNN[J]. Communications in computer and information science, 1670: 42-53.

DURUMERIC Z, WUSTROW E, HALDERMAN J A, 2013. ZMap: fast internet-wide scanning and its security applications[C]. Proceedings of the 22nd USENIX conference on security. Washington.

FOREMSKI P, PLONKA D, BERGER A, 2016. Entropy/IP: uncovering structure in IPv6 addresses[C]. Proceedings of the 2016 internet measurement conference. New York.

GAMILLA A P, NAAGAS M A, 2022. Header of death: security implications of IPv6 extension headers to the open-source firewall[J]. Bulletin of electrical engineering and informatics, 11(1): 319-326.

HANSEN R A, GINO L, SAVIO D, 2016. Covert6: a tool to corroborate the existence of IPv6 covert channels[C]. Annual ADFSL conference on digital forensics, security and law. Daytona Beach.

HE L, KUANG P, LIU Y, et al., 2021. Towards securing duplicate address detection using P4[J]. Computer networks, 198: 108323.

HOU B N, CAI Z P, WU K, et al., 2021. 6Hit: a reinforcement learning-based approach to target generation for internet-wide IPv6 scanning[C]. IEEE INFOCOM 2021-IEEE conference on computer communications. Vancouver.

HOU B N, CAI Z P, WU K, et al., 2023. 6Scan: a high-efficiency dynamic internet-wide IPv6 scanner with regional encoding[J]. IEEE/ACM transactions on networking, 31(4): 1870-1885.

Internet Engineering Task Force. Generation of IPv6 atomic fragments considered harmful: RFC 8021: 2017[S/OL]. [2023-08-01]. https://www.rfc-editor.org/rfc/rfc8021.

Internet Engineering Task Force. Implementation advice for IPv6 router advertisement guard (RA-guard): RFC 7113: 2014[S/OL]. [2023-08-01]. https://www.rfc-editor.org/rfc/rfc7113.

Internet Engineering Task Force. Implications of oversized IPv6 header chains: RFC 7112: 2013[S/OL]. [2023-08-01]. https://www.rfc-editor.org/rfc/rfc7112.

Internet Engineering Task Force. Internet protocol, version 6 (IPv6) specification: RFC 8200: 2017[S/OL]. [2023-08-01]. https://www.rfc-editor.org/rfc/rfc8200.

Internet Engineering Task Force. IP fragmentation considered fragile: RFC 8900: 2020[S/OL]. [2023-08-01]. https://www.rfc-editor.org/rfc/rfc8900.

Internet Engineering Task Force. IPv6 neighbor Discovery (ND) trust models and threats: RFC 3756: 2001[S/OL]. [2023-08-01]. https://www.rfc-editor.org/rfc/rfc3756.

Internet Engineering Task Force. IPv6 router advertisement guard: RFC 6105: 2011[S/OL]. [2023-08-01]. https://www.rfc-editor.org/rfc/rfc6105.

Internet Engineering Task Force. Network reconnaissance in IPv6 networks: RFC 7707: 2016[S/OL]. [2023-08-01]. https://www.rfc-editor.org/rfc/rfc7707.

Internet Engineering Task Force. Observations on the dropping of packets with IPv6 extension headers in the real world: RFC 7872: 2016[S/OL]. [2023-08-01]. https://www.rfc-editor.org/rfc/rfc7872.

Internet Engineering Task Force. Operational security considerations for IPv6 networks: RFC 9099: 2021[S/OL]. [2023-08-01]. https://www.rfc-editor.org/rfc/rfc9099.

Internet Engineering Task Force. Path MTU discovery for IP version 6: RFC 8201: 2017 [S/OL]. [2023-08-01]. https://www.rfc-editor.org/rfc/rfc8201.

Internet Engineering Task Force. Privacy considerations for DHCPv6: RFC 7824: 2016[S/OL]. [2023-08-01]. https://www.rfc-editor.org/rfc/rfc7824.

Internet Engineering Task Force. Recommendations on the filtering of IPv6 packets containing IPv6 extension headers at transit routers: RFC 9288: 2022[S/OL]. [2023-08-01]. https://www.rfc-editor.org/rfc/rfc9288.

Internet Engineering Task Force. Security and privacy considerations for IPv6 address generation mechanisms: RFC 7721: 2016[S/OL]. [2023-08-01]. https://www.rfc-editor.org/rfc/rfc7721.

Internet Engineering Task Force. Security implications of IPv6 fragmentation with IPv6 neighbor discovery: RFC 6980: 2013[S/OL]. [2023-08-01]. https://www.rfc-editor.org/rfc/rfc6980.

Internet Engineering Task Force. Security implications of IPv6 on IPv4 networks: RFC 7123: 2014[S/OL]. [2023-08-01]. https://www.rfc-editor.org/rfc/rfc7123.

Internet Engineering Task Force. Transmission and processing of IPv6 extension headers: RFC 7045: 2014[S/OL]. [2023-08-01]. https://www.rfc-editor.org/rfc/rfc7045.

LI Q, ZHANG X W, ZHANG X, et al. Invalidating idealized BGP security proposals and countermeasures[J]. IEEE transactions on dependable and secure computing, 2015, 12(3): 298-311.

LI X, LIU B J, ZHENG X F, et al., 2021. Fast IPv6 network periphery discovery and security implications[C]. 2021 51st annual IEEE/IFIP international conference on dependable systems and networks (DSN). Taipei, China.

LIU N, XIA J, CAI Z P, et al., 2022. A survey on IPv6 security threats and defense mechanisms[C]. International conference on adaptive and intelligent systems. Qinghai, China.

LIU Z Z, XIONG Y Q, LIU X, et al., 2019. 6Tree: efficient dynamic discovery of active addresses in the IPv6 address space[J]. Computer networks, 155(C): 31-46.

MURDOCK A, LI F, BRAMSEN P, et al., 2017. Target generation for internet-wide IPv6 scanning[C]. Proceedings of the 2017 internet measurement conference. London.

SALIH A, 2017. An adaptive approach to detecting behavioural covert channels in IPv6[D]. Nottingham: Nottingham Trent University.

SÁNCHEZ J R P, 2015. Analysis of the security IPv6 and comparative study between two routing protocols oriented to IPv6[C]. 2015 Asia-Pacific conference on computer aided system engineering. Quito.

WANG J C, ZHANG L C, LI Z H, et al., 2022. CC-Guard: an IPv6 covert channel detection method based on field matching[C]. 2022 IEEE 24th Int Conf on high performance computing & communications; 8th Int Conf on data science & systems; 20th International Conference on smart city. Hainan.

YANG T, HOU B N, CAI Z P, et al., 2022. 6Graph: a graph-theoretic approach to address pattern mining for internet-wide IPv6 scanning[J]. Computer networks, 203(C): 108666.

ZHAO D Y, WANG K X, 2020. BNS-CNN: a blind network steganalysis model based on convolutional neural network in IPv6 network[C]. International workshop on digital watermarking. Chengdu, China.